高等院校机械类创新型应用人才培养规划教材

金属工艺学

主　编　侯书林　于文强
副主编　徐　杨　高英杰
　　　　侯艳君　刘婷婷
参　编　张建国　徐云杰
　　　　刘　亮　孔建铭　张林海

U0246825

北京大学出版社

PEKING UNIVERSITY PRESS

内 容 简 介

本书是按照高等学校机械学科本科专业规范、培养方案和课程教学大纲的要求，组织富有多年教学经验的教学一线骨干教师编写的，主要包括金属材料导论、铸造、锻压、焊接、金属切削加工等内容。每章后面附有习题。

本书十分注重学生获取知识、分析问题与解决工程技术问题能力的培养，特别注重学生工程素质与创新思维能力的提高。在本书的编写内容上既体现了现代制造技术、材料科学和现代信息技术的密切交叉与融合，又体现了工程材料和制造技术的历史传承与发展趋势。

本书可作为高等工科院校、高等农林院校等机械类、近机类各专业的教材和参考书，也可作为高职类工科院校及机械制造工程技术人员的学习参考书。

图书在版编目(CIP)数据

金属工艺学/侯书林，于文强主编. —北京：北京大学出版社，2012.8
（高等院校机械类创新型应用人才培养规划教材）
ISBN 978 - 7 - 301 - 21082 - 6

Ⅰ.①金…　Ⅱ.①侯…②…于　Ⅲ.①金属加工—工艺学—高等学校—教材　Ⅳ.①TG

中国版本图书馆 CIP 数据核字(2012)第 186396 号

书　　　　名：	金属工艺学
著作责任者：	侯书林　于文强　主编
策 划 编 辑：	童君鑫
责 任 编 辑：	童君鑫　黄红珍
标 准 书 号：	ISBN 978 - 7 - 301 - 21082 - 6/TG · 0032
出　版　者：	北京大学出版社
地　　　　址：	北京市海淀区成府路 205 号　　100871
网　　　　址：	http://www.pup.cn　　http://www.pup6.cn
电　　　　话：	邮购部 010 - 62752015　发行部 010 - 62750672　编辑部 010 - 62750667
电 子 邮 箱：	pup_6@163.com
印　刷　者：	北京虎彩文化传播有限公司
发　行　者：	北京大学出版社
经　销　者：	新华书店
	787 毫米×1092 毫米　16 开本　15.25 印张　345 千字
	2012 年 8 月第 1 版　2022 年 8 月第 7 次印刷
定　　　　价：	46.00 元

前　言

　　"金属工艺学"课程是学生要学习的机械制造系列课程中必不可少的先修课程，是机械类专业学生必修的一门主干技术基础课程，也是近机类和部分非机类专业普遍开设的一门课程。

　　"金属工艺学"是一门实践性很强的技术基础课程，是研究产品从原材料到合格零件或机器的制造工艺技术的科学。机械制造的生产过程一般是先用铸造、锻压或焊接等成形方法将材料制作成零件的毛坯(或半成品)，再经切削加工制成尺寸精确的零件，最后把零件装配成机器。毛坯材料和成形方法的选用直接影响零件的质量、成本和生产率。要合理选择毛坯种类和成形方法，必须掌握各种材料的性能、特点、应用及各种成形方法的工艺实质、成形特点和选择方法。

　　通过本课程的学习，学生将在工程实践过程中通过独立实践操作和综合工艺过程训练所获得的丰富的感性知识条理化，并上升到理性知识，实现认识的第一次飞跃；然后通过后续课程的学习和创新实践过程实现从理性知识到指导实践的第二次飞跃。

　　工科院校是培养工程师的摇篮，"金属工艺学"课程是提供工程师所应具备的基本知识和工程素质、实践能力、创新设计能力的基础课程。

　　本书是按照高等学校机械学科本科专业规范、培养方案和课程教学大纲的要求，合理定位，由长期在教学第一线从事教学工作，富有教学经验的教师立足于 21 世纪机械制造学科发展的需要，以科学性、先进性、系统性和实用性为目标进行编写的，以适应不同类型、不同层次的学校教学的需要。

　　本书既注重学生获取知识、分析问题与解决工程技术问题能力的培养，又注重学生工程素质与创新思维能力的培养。在本书的编写上既体现了现代制造技术、材料科学、现代信息技术的密切交叉与融合，又体现了工程材料和制造技术的历史传承和发展趋势。在内容的选择和编写上本书具有如下特点。

　　(1) 本书的编写力求适应机械类及近机类专业的应用实际，力求处理好常规工艺与现代新技术的关系。

　　(2) 内容的选择和安排上既系统丰富又重点突出，每个章节既相互联系，又相对独立，以便适应不同专业、不同学习背景、不同学时、不同层次的学生选用。

　　(3) 介绍现代机械制造技术的概念，反映机械制造新工艺和新成就，开阔学生视野，培养学生的创新素质和能力。

　　(4) 在内容的选择和安排上考虑到了机械类各专业的不同需要，具有一定的通用性。

　　(5) 为加深学生对课程内容的理解、掌握和巩固所学的基本知识，在分析问题和独立解决问题的能力方面得到应有的训练，每章后附有习题，供学生学完有关内容后及时进行消化和复习。

　　本书包括金属材料导论、铸造、锻压、焊接、金属切削加工等内容。

　　本书由侯书林、于文强任主编，徐杨、高英杰、侯艳君、刘婷婷任副主编。第 0 章由侯书林编写，第 1、2 章由华北水利水电学院侯艳君编写，第 3 章由解放军军械工程学院刘亮编写，第 4 章由中国农业大学徐杨编写，第 5 章 5.1～5.4 节由晋中学院张建国编写，第 5 章 5.5 节由中国农业大学侯书林编写，第 5 章 5.6、5.8 节由浙江农林大学徐云杰编写，第 5 章 5.7 节由杭州电子科技大学刘婷婷编写，第 5 章 5.9 节由山东理工大学于文强编写。参与材料整理工作的有晋中学院高英杰、中国农业大学孔建铭等。全书由南阳理工学院张林海统稿。

　　本书可作为高等工科院校、高等农林院校等机械类、近机类各专业的教材和参考书，也可供高职类工科院校选用及机械制造工程技术人员学习参考。

　　在全书的编写过程中，吸收了许多教师对编写工作的宝贵意见，在编写和出版过程中得到了北京大学出版社和印刷单位有关工作人员的大力支持，在此一并表示由衷的感谢。

　　本书在编写过程中参考和引用了一些教材中的部分内容和插图，所用参考文献均已列于书后，在此对有关出版社和作者表示衷心的感谢。

　　由于编者水平有限，时间仓促，不足之处在所难免，衷心希望广大读者批评指正。

编　者
2012 年 7 月

目　　录

第 0 章
绪　　论

0.1　本课程的性质、地位和作用

"金属工艺学"(含"工程材料及热加工工艺基础"、"机械加工工艺基础")是学生要学习的机械制造系列课程中必不可少的先修课程,是机械类专业学生必修的一门主干技术基础课程,也是近机类和部分非机类专业普遍开设的一门课程。

"金属工艺学"是一门实践性很强的技术基础课程,是研究产品从原材料到合格零件或机器的制造工艺技术的科学。机械制造的生产过程一般是先用铸造、锻压或焊接等成形方法将材料制作成零件的毛坯(或半成品),再经切削加工制成尺寸精确的零件,最后把零件装配成机器。毛坯材料和成形方法的选用直接影响零件的质量、成本和生产率。要合理选择毛坯种类和成形方法,必须掌握各种材料的性能、特点、应用及各种成形方法的工艺实质、成形特点和选择方法。

通过本课程的学习,学生将在工程实践过程中通过独立实践操作和综合工艺过程训练所获得的丰富的感性知识条理化,并上升到理性知识,实现认识的第一次飞跃;然后通过后续课程的学习和创新实践过程实现从理性知识到指导实践的第二次飞跃。

工科院校是培养工程师的摇篮,"金属工艺学"是提供工程师所应具备的基本知识和工程素质、实践能力、创新设计能力的基础课程。

0.2　本课程的内容和特点

1. 本课程的内容

"金属工艺学"教材主要研究机械制造过程中工程材料的应用、零件毛坯的成形工艺及切削加工工艺基础,包括以下几方面内容。

1) 工程材料

这部分主要介绍了金属学的基础知识、钢铁及其合金、有色金属及其合金和工程用非金属材料，同时还介绍了钢的热处理。

用于制作工程结构、机械零件和工具等的固体材料，统称为工程材料。

为保证机器的制造工艺简单、生产成本低廉、使用安全可靠和经久耐用，工程材料应具有良好的使用性能和工艺性能。材料的性能取决于其内部结构，而材料的内部结构则由材料的化学成分和加工工艺所决定。为此本章的教学目的就是通过介绍材料性能与成分、组织和工艺之间的关系，使学生具有正确选择和合理使用工程材料的初步能力。

工程材料包括金属材料和非金属材料。金属材料包括钢铁、有色金属及其合金。由于金属材料具有优良的使用性能和工艺性能，故其不仅是传统的，而且目前仍然是重要的工程材料。非金属材料包括陶瓷、高分子和复合材料等。随着科学技术的发展，非金属材料的发展异常迅速，其性能也在不断地提高，已在国民经济的各部门中部分地替代了金属材料，特别是替代有色金属和其他贵重金属制造各种零部件。为此本章在着重介绍金属材料基本知识的同时，也对工程用的非金属材料进行简单介绍，以期对其有所认识、了解。

钢经过适当的热处理，能显著提高其力学性能、工艺性能和使用寿命，其在机器制造业中占有十分重要的地位，重要的机器零件都要进行热处理。

2）热加工工艺基础

这部分主要介绍金属零件毛坯的成形方法，即热加工工艺基础，介绍成形工艺、工艺特点及成形方法，最后简要介绍了各种零件毛坯的选择原则和典型零件的毛坯类型。

将液态金属浇注到具有与零件形状、尺寸相适应的铸型型腔中待其冷却凝固，以获得毛坯或零件的生产方法，称为铸造。

利用金属在外力作用下所产生的塑性变形，来获得具有一定形状、尺寸和力学性能的原材料、毛坯或零件的生产方法，称为金属压力加工或金属塑性加工。

利用加热或加压力等手段，借助于金属原子的结合与扩散作用，使分离的金属材料或非金属材料牢固地连接在一起的生产方法，称为焊接。

铸造、锻造和焊接等成形方法，除少数特种铸造和精密锻造所获得的零件能得到较高的精度和形状外，其表面粗糙、精度较低，主要是零件毛坯的成形或零件改性的方法，是机器零件加工的基础，在机器制造业中具有重要的作用。

上述加工工艺都是在再结晶温度以上的加热条件下成形的，属于热加工的范畴。

3）切削加工

这部分主要介绍金属切削的基本规律、各种表面的常用加工方法与相关的工艺知识及所用的设备和刀具等，同时对先进制造技术进行了简单介绍。

金属切削加工是零件制造过程中的最终成形方法。其是用刀具从毛坯上切去多余的金属，使被加工件达到符合要求的形状、尺寸和表面质量的一种加工方法。

前面介绍的铸造、锻造和焊接等成形方法，除少数特种铸造和精密锻造所获得的零件能得到较高的精度和形状外，主要是零件毛坯的成形方法，其表面粗糙、精度较低，而精度和表面质量要求高的零件几乎都要经过切削加工。切削加工在机械制造业中仍占有主导地位。

切削加工包括钳工和机械加工。通常所说的切削加工是指机械加工。

机械加工的方法很多，其中常用的方法有车削、钻削、铣削、刨削和磨削等，相应的加工刀具有车刀、钻削刀具（钻头、绞刀等）、铣刀、刨刀和砂轮等，相应的加工设备有车床、钻床、铣床、刨床和磨床等。

2. 本课程的特点

1) 综合性强

本课程系统介绍了从工程材料到成形技术，包括工程材料、铸造、锻压、焊接、热处理及切削加工工艺基础等内容在内的机械产品生产过程。它既具有高度浓缩的基础理论知识，又具有实践性很强的应用技术知识。这门课不像数学课有严谨的逻辑性和绝对性，而是广泛存在着合理与不合理，先进与不先进，可行与不可行等需要因时因地适当选择问题，而不是绝对的非此即彼。因此会使学生感到有难度。但正因为如此，学好这门课会有效地促进学生的思维方法逐渐成熟，克服绝对化、片面性，使学生认识到事物的复杂性，这无疑对学生的成才颇有益处。

2) 传统知识与现代知识的结合

工程材料与成形技术及切削加工工艺历史悠久，但由于现代科学技术的发展使传统的材料学和成形技术及切削加工工艺日益受到现代制造技术的严峻挑战。同时，现代制造技术又要以传统的工程材料和成形技术及切削加工工艺为基础。因此，本教材将以传统的工程材料和成形工艺为主，以先进的材料和成形技术为辅。传统的工程材料和成形技术的使用在当今的工业规模生产中仍然占有相当大的比重。然而，现代制造技术的使用在大中型制造类企业的生产中所占的比例不断提高。因此，除了充分掌握传统工程材料和成形技术的基本知识外，还要努力学习先进材料和制造技术。

0.3 本课程的主要任务和教学方法

1. 本课程的主要任务

（1）掌握工程材料和材料热加工工艺与现代机械制造的完整概念，培养良好的工程意识。

（2）掌握金属材料的成分、组织、性能之间的关系，强化金属材料的基本途径，钢的热处理原理和方法，常用金属材料和非金属材料的性质、特点、用途和选用原则。初步具有正确选用常用金属材料和常规热处理工艺的能力。

（3）掌握各种热加工工艺方法的成形原理、工艺特点和应用场合，具有选用毛坯种类、成形方法和制定简单毛坯(零件)加工工艺规程的初步能力。

（4）掌握毛坯(零件)的结构工艺性，具有分析零件结构工艺性的基本能力，能够进行简单产品的结构设计和工艺设计，培养综合运用知识的能力。

（5）掌握零件的切削加工工艺知识及结构工艺性，具有分析零件结构工艺性、编制零件切削加工工艺规程的基本能力。

（6）了解与本课程有关的新技术、新工艺。

2. 本课程的主要教学方法

本课程主要结合工程实践的教学，通过课堂讲授、作业和实验等方式完成教学任务。为了有效地使用本教材进行课程教学，应注意以下几点。

（1）教学过程中应结合工程实践，以基本工艺原理为主。本课程教学要求学生应具有一定的实践基础，为达到课程教学基本要求，学习本教材之前必须进行工程实践教学（金工实习）。教材中的基本工艺都是在工程实践中学生亲手做过的或现场教学看过的。因此，教师和学生都应十分注意将课程内容与实践内容紧密地联系起来。对于部分由于实习条件不够，一时难以实现的内容，可用 CAI(Computer Aided Instruction，计算机辅助教学)的方式进行简单地介绍。

（2）处理好与相关教学内容的关系。本教材的内容既具有自身的相对独立性，同时又与其他教学环节有一定的联系，如热加工工艺与"工程实践"中的内容基本相同。因此，在教学中不要重复工艺操作过程，而应该将重点放在工艺原理和分析及实习中缺少的理论知识上，同时减少重复讲授，提高教学效率。零件或毛坯结构工艺性的内容具有相对独立性，应以工艺原理和特点为基础，以零件或毛坯结构设计的合理性为目标，使学生掌握分析零件或毛坯结构工艺性的原理和方法，具有初步的结构设计能力。

（3）重视教学资源的开发与利用。借助幻灯、录像，特别是计算机辅助教学等手段，直观、准确、清晰地描述微观的、抽象的空间概念，能大大提高教学效果，激发学生学习兴趣。

（4）加大实验项目的开发。多开设综合性、开发性实验，探索理论与实践相结合的教学模式，最大限度地利用实验室、实训基地的设备和条件，亲身实践，学做结合。

（5）综合性训练。工程技术是综合性活动，综合运用所学知识解决工程实际问题是工程技术人员必备的基本素质，因此应多进行课堂讨论，多采用综合性大作业等教学方法进行培养。

第1章
金属材料导论

本章学习目标

★ 了解金属的力学性能及测试方法；
★ 了解金属的晶体结构及结晶过程；
★ 了解二元合金相图及应用；
★ 掌握铁碳合金相图；
★ 了解钢的热处理方法；
★ 了解金属材料的分类、牌号及应用。

本章教学要点

知识要点	能力要求	相关知识
金属材料的力学性能	了解金属的力学性能及测试方法	强度、塑性、硬度、冲击韧度和疲劳强度
金属的结晶构造和结晶过程	了解金属的晶体结构、结晶过程、二元合金相图及应用	金属晶格的基本类型，金属的结晶过程，纯铁的同素异构转变，合金的基本显微组织结构及二元合金相图
铁碳合金	掌握铁碳合金相图	铁碳合金基本组织，铁碳合金状态图，含碳量对碳钢组织和性能的影响
钢的热处理	了解钢的热处理方法	钢的普通热处理：退火、正火、淬火和回火及钢的表面热处理
金属的分类、牌号及应用	了解金属材料的分类、牌号及应用	金属材料的分类、牌号及应用

金属材料是制造工程构件、设备、机器和零件的最主要材料。由于各种构件和零件使用时的性能要求不同，必须要有多种金属材料来满足不同零件的使用要求。即使是同一种材料，人们也可能会依据其功能、工况的不同而将其付诸不同的加工方式。那么，选材的依据是什么呢？满足使用性能是选材时首先要考虑的。例如，起重机钢丝绳及吊钩承受拉伸应力，选材时应考虑抗拉强度；汽车传动轴承受转矩和剪切应力，选材时应考虑刚度和剪切强度；齿轮心部及齿根部承受剪切应力，而齿部表面承受磨损，这就要求齿轮心部韧性好、齿部耐磨性好；石油化工的储存和输送设备以及航海舰船壳体处于腐蚀介质中，选材时应考虑耐蚀性等。随着科学技术和国民经济的不断发展，零件的使用要求也愈来愈高。因此，近几年发展了多种新的金属材料，例如超塑合金、超导材料、形状记忆合金、功能材料和非晶材料等。为了便于材料的生产、应用与管理，也为了便于材料的研究与开发，我们有必要了解其性能、晶体结构、结晶过程、相图、热处理方式、分类牌号及应用等。

1.1 金属材料的力学性能

金属材料是以过渡族金属为基础的纯金属及含有金属、半金属或非金属的合金。由于金属材料具有良好的力学性能、物理性能、化学性能及工艺性能，能采用比较简便和经济的加工方法制成零件，因此金属材料是目前应用最广泛的材料。在生产实践中，往往由于选材不当造成设备或器件达不到使用要求或过早失效，因此了解和熟悉金属材料的性能成为合理选材、充分发挥工程材料内在性能潜力的主要依据。

材料的力学性能是指材料在外力作用下所表现出的抵抗能力。由于载荷的形式不同，材料可表现出不同的力学性能，如强度、硬度、塑性、韧度、疲劳强度等。

1.1.1 强度

材料在外力作用下抵抗变形和断裂的能力称为材料的强度。根据外力的作用方式，材料的强度分为抗拉强度、抗压强度、抗弯强度和抗剪强度等。在使用中一般多以抗拉强度作为基本的强度指标，简称强度。强度单位 MPa(MN/m^2)。

材料的强度、塑性是依据国家标准(GB 6397—1986)通过静拉伸试验测定的。它是把一定尺寸和形状的试样装夹在拉力试验机上，然后对试样逐渐施加拉伸载荷，直至把试样拉断为止。拉伸前后的试样如图 1.1 所示。标准试样的截面有圆形的和矩形的，圆形试样用得较多，圆形试样有长试样($l_0=10d_0$)和短试样($l_0=5d_0$)。一般拉伸试验机上都带有自动记录装置，可绘制出载荷(F)与试样伸长量(ΔL)之间的关系曲线，并据此测定应力(σ)-应变(ε)关系：$\sigma=F/S$(S 为试样原始截面积)、$\varepsilon=(L-L_0)/L_0$(%)。图 1.2 为低碳钢的应力-应变曲线(σ-ε 曲线)。研究表明低碳钢在外加载荷作用下的变形过程一般可分为 3 个阶段，即弹性变形、塑性变形和断裂。

(1) 弹性极限。在图 1.2 中，OE 段为弹性阶段，即去掉外力后，变形立即恢复，这种变形称为弹性变形，其应变值很小，E 点的应力 σ_e 称为弹性极限。OE 线中 OP 部分为一斜直线，因为应力与应变始终成比例，所以 P 点的应力 σ_p 称为比例极限。由于 P 点和 E 点很接近，一般不作区分。

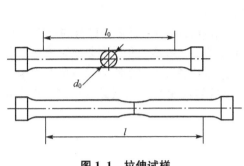

图 1.1　拉伸试样

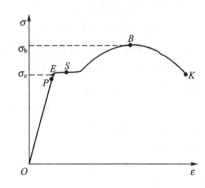

图 1.2　低碳钢的应力-应变曲线

在弹性变形范围内，应力与应变的比值称为材料的弹性模量 E(MPa)。弹性模量 E 是衡量材料产生弹性变形难易程度的指标，工程上常把它叫做材料的刚度。E 值越大，则使其产生一定量弹性变形的应力也越大，即材料的刚度越大，说明材料抵抗产生弹性变形的能力越强，越不容易产生弹性变形。

（2）屈服点。在 S 点附近，曲线较为平坦，不需要进一步增大外力，便可以产生明显的塑性变形，该现象称为材料的屈服现象，S 点称为屈服点，σ_s 称为屈服强度。

工业上使用的某些材料（如高碳钢、铸铁和某些经热处理后的钢等）在拉伸试验中没有明显的屈服现象发生，故无法确定屈服强度 σ_s。国家标准规定，可用试样在拉伸过程中标距部分产生 0.2% 塑性变形量的应力值来表征材料对微量塑性变形的抗力，将其称为屈服强度，即所谓的"条件屈服强度"，记为 $\sigma_{0.2}$。

（3）抗拉强度。经过一定的塑性变形后，必须进一步增加应力才能继续使材料变形。当达到 B 点时，σ_b 为材料能够承受的最大应力，称为强度极限。超过 B 点后，试样的局部迅速变细，产生颈缩现象，迅速伸长，应力明显下降，到达 K 点后断裂。

1.1.2　塑性

金属材料在外力作用下，产生永久变形而不致引起破坏的性能，称为塑性。许多零件和毛坯是通过塑性变形而成形的，这要求材料有较高的塑性；并且为了防止零件工作时脆断，也要求材料有一定的塑性。塑性通常由伸长率和断面收缩率表示。

1. 伸长率

$$\delta = \frac{l - l_0}{l_0} \times 100\% \qquad (1-1)$$

式中　δ——伸长率；

　　　l_0——试样原始标距长度(mm)；

　　　l——试样受拉伸断裂后的标距长度(mm)。

2. 断面收缩率

$$\psi = \frac{A_0 - A}{A_0} \times 100\% \qquad (1-2)$$

式中　ψ——断面收缩率；

　　A_0——试样原始截面积（mm²）；

　　A——试样受拉伸断裂后的截面积（mm²）。

δ 或 ψ 值愈大，材料的塑性愈好。两者比较，用 ψ 表示塑性更接近材料的真实应变。

长试样（$l_0=10d_0$）的伸长率写成 δ 或 δ_{10}；短试样（$l_0=5d_0$）的伸长率须写成 δ_5。同一种材料 $\delta_5 > \delta$，所以，不同材料的 δ 值和 δ_5 值不能直接比较。一般把 $\delta > 5\%$ 的材料称为塑性材料，$\delta < 5\%$ 的材料称为脆性材料。铸铁是典型的脆性材料，而低碳钢是黑色金属中塑性最好的材料。

1.1.3　硬度

金属材料抵抗更硬物体压入的能力称为硬度。常用的硬度指标有布氏硬度、洛氏硬度等。

（1）布氏硬度。图 1.3 是布氏硬度测试原理，在载荷 F 的作用下迫使淬火钢球或硬质合金球压向被测试金属的表面，保持一定时间后卸除载荷，并形成凹痕。

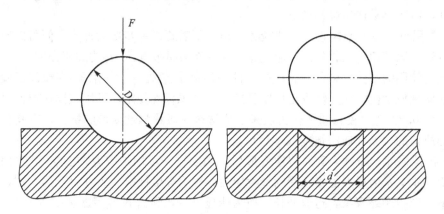

图 1.3　布氏硬度测试原理

布氏硬度值按下式计算：

$$HB=\frac{所加载荷}{压痕表面积}(\text{N/mm}^2) \tag{1-3}$$

采用不同材料的压头测试的布氏硬度值，用不同的符号加以表示，当压头为淬火钢球时，硬度符号为 HBS，适用于硬度值低于 450 的金属材料；当压头为硬质合金球时，硬度符号为 HBW，适用于布氏硬度值为 450～650 的金属材料。

布氏硬度试验适用于测量退火钢、正火钢及常见的铸铁和有色金属等较软材料。布氏硬度试验的压痕面积较大，测试结果的重复性较好，但操作较烦琐。

布氏硬度试验是由瑞典工程师布利涅尔（J. B. Brinell）于 1900 年提出的。

（2）洛氏硬度。洛氏硬度也是以规定的载荷将坚硬的压头垂直压向被测金属，从而测定硬度的。它由压痕深度计算硬度。实际测试时，直接从刻度盘上读值。

为了适应不同材料的硬度测试，采用不同的压头与载荷组合成几种不同的洛氏硬度标尺，每一种标尺用一个字母在洛氏硬度符号后注明，如 HRA、HRB、HRC 等，几种常用洛氏硬度的级别试验规范及应用范围见表 1-1。

表 1-1　常用洛氏硬度的级别及其应用范围

洛氏硬度	压头	总载荷/N	测量范围	适用材料
HRA	120°金刚石圆锥体	588.4	60～85	硬质合金材料、表面淬火钢等
HRB	φ1.588mm 淬火钢球	980.7	25～100	软钢、退火钢、铜合金等
HRC	120°金刚石圆锥体	1471.1	20～67	淬火钢、调质钢等

　　洛氏硬度试验测试方便，操作简捷；试验压痕较小，可测量成品件；测试硬度值范围宽，采用不同标尺可测定各种软硬不同和厚薄不同的材料，但应注意，不同级别的硬度值间无可比性。由于压痕较小，测试值的重复性差，必须进行多点测试，取平均值作为材料的硬度。

　　洛氏硬度试验是由美国人洛克威尔(S. P. Rockwell 和 H. M. Rockwell)于 1919 年提出的。

1.1.4　冲击韧度

　　以很大速度作用于机件上的载荷称为冲击载荷，许多机器零件和工具在工作过程中，往往受到冲击载荷的作用，如蒸汽锤的锤杆、冲床上的一些部件、柴油机曲轴、飞机的起落架等。瞬时冲击的破坏作用远远大于静载荷的破坏作用，所以在设计受冲击载荷件时还要考虑抗冲击性能。材料在冲击载荷作用下抵抗变形和断裂的能力称为冲击韧度 α_K，常采用一次冲击试验来测量。

　　一次冲击试验通常是在摆锤式冲击试验机上进行的。试验时将带有缺口的试样放在试验机两支座上(图 1.4(a))，将质量为 m 的摆锤抬到 H 高度(图 1.4(b))，使摆锤具有的势能为 mHg(g 为重力加速度)。然后让摆锤由此高度下落将试样冲断，并向另一方向升高到 h 的高度，这时摆锤具有的势能为 mhg。因而冲击试样消耗的能量(即冲击功 A_K)为

$$A_K = m(H-h)g \tag{1-4}$$

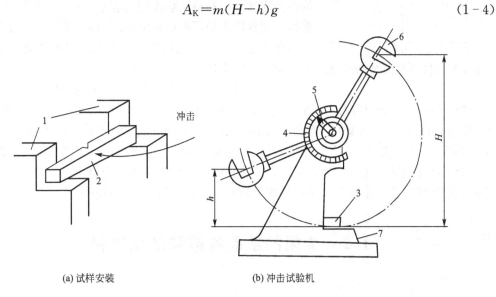

(a) 试样安装　　　　　(b) 冲击试验机

图 1.4　冲击韧度试验原理
1、7—支座；2、3—试样；4—刻度盘；5—指针；6—摆锤

在试验时，冲击功 A_K 值可以从试验机的刻度盘上直接读得。标准试样断口处单位横截面所消耗的冲击功，即代表材料的冲击韧度的指标。

$$\alpha_K = \frac{A_K}{A_0} \tag{1-5}$$

式中　α_K——试样的冲击韧度值(J/cm^2)；

　　　A_K——冲断试样所消耗的冲击功(J)；

　　　A_0——试样断口处的原始截面积(cm^2)。

α_K 的值越大，材料的冲击韧度越好。冲击韧度是对材料一次冲击破坏测得的。在实际应用中许多受冲击件，往往是受到较小冲击能量的多次冲击而破坏的，它受很多因素的影响。由于冲击韧度的影响因素较多，α_K 值仅作设计时的选材参考。

1.1.5　疲劳强度

许多机械零件是在交变应力下工作的，如机床主轴、连杆、齿轮、弹簧、各种滚动轴承等。所谓交变应力是指零件所受应力的大小和方向随时间作周期性变化。例如，受力发生弯曲的轴，在转动时材料要反复受到拉应力和压应力，属于对称交变应力循环。零件在交变应力作用下，当交变应力值远低于材料的屈服强度时，经长时间运行后也会发生破坏，这种破坏称为疲劳破坏。疲劳破坏往往突然发生，无论是塑性材料还是脆性材料，断裂时都不产生明显的塑性变形，具有很大的危险性，常常造成事故。

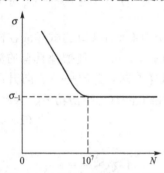

图 1.5　钢铁材料的疲劳曲线图

材料抵抗疲劳破坏的能力由疲劳试验获得。通过疲劳试验，把被测材料承受交变应力与材料断裂前的应力循环次数的关系曲线称为疲劳曲线(图 1.5)。由图中可以看出，随着应力循环次数 N 的增大，材料所能承受的最大交变应力不断减小。材料能够承受无数次应力循环的最大应力称为疲劳强度。材料疲劳强度用 σ_r 表示，r 表示交变应力循环系数，对称应力循环时的疲劳强度用 σ_{-1} 表示。由于无数次应力循环难以实现，规定钢铁材料经受 10^7 循环，有色金属经受 10^8 循环时的应力值为 σ_{-1}。

一般认为，产生疲劳破坏的原因是材料的某些缺陷，如夹杂物，气孔等。交变应力下，缺陷处首先形成微小裂纹，裂纹逐步扩展，导致零件的受力截面减小，以致突然产生破坏。零件表面的机械加工刀痕和构件截面突然变化的部位，均会产生应力集中。交变应力下，应力集中处易于产生显微裂纹，而这也是产生疲劳破坏的主要原因。

为了防止或减少零件的疲劳破坏，除应合理设计结构防止应力集中外，还要尽量减小零件表面粗糙度值，采取表面硬化处理等措施来提高材料的抗疲劳能力。

1.2　金属的结晶构造和结晶过程

1.2.1　金属晶格基本类型

一切物质都是由原子组成的，根据原子在物质内部排列的特征，固态物质可分为晶体与非晶体两类。晶体内部原子在空间呈一定的规则排列，如金刚石、石墨、雪花、食盐等。晶体具有固定熔点和各向异性的特征。非晶体内部原子是无规则堆积在一起的，如玻璃、松香、沥青、石蜡、木材、棉花等。非晶体没有固定熔点，并具有各向同性。

金属在固态下通常都是晶体，在自然界中包括金属在内的绝大多数固体都是晶体。晶体之所以具有这种规则的原子排列，主要是各原子之间相互吸引力和排斥力相平衡的结果。由于晶体内部原子排列的规律性，有时甚至可以见到某些物质的外形也具有规则的轮廓，如水晶、食盐、钻石、雪花等，而金属晶体一般看不到有这种规则的外形。晶体中原子排列情况如图 1.6(a)所示。

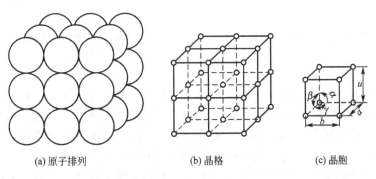

(a) 原子排列　　　　　(b) 晶格　　　　　(c) 晶胞

图 1.6　晶体的结构

为了便于描述晶体中原子的排列规律，把每一个原子的核心视为一个几何点，用直线按一定的规律把这些几何点连接起来，形成空间格子，把这种假想的格子称为晶格，如图 1.6(b)所示。晶格所包含的原子数量相当多，不便于研究分析，将能够代表原子排列规律的最小单元体划分出来，这种最小的单元体称为晶胞，如图 1.6(c)所示。晶胞的大小和形状常以晶胞的棱边长度 a、b、c 和棱边间夹角 α、β、γ 来表示，其中 a、b、c 称作晶格常数。通过分析晶胞的结构可以了解金属的原子排列规律，判断金属的某些性能。

金属的晶格类型有很多，纯金属常见的晶体结构主要为体心立方、面心立方及密排六方三种类型。

1. 体心立方晶格

体心立方晶格的晶胞如图 1.7 所示。其晶胞是一个正立方体，晶胞的三个棱边长度 $a=b=c$，晶胞棱边夹角 $\alpha=\beta=\gamma=90°$，其晶格常数通常只用一个晶格常数 a 表示即可。在体心立方晶胞的每个角上和晶胞中心都排列有一个原子。体心立方晶胞的每个角上的原子为相邻的八个晶胞所共有。体心立方晶胞中属于单个晶胞的原子数为 $\frac{1}{8}×8+1=2$ 个。

属于这种类型的金属有 Cr、Mo、W、V、α - Fe 等。它们大多具有较高的强度和韧性。

2. 面心立方晶格

面心立方晶格的晶胞如图 1.8 所示。其晶胞也是一个正立方体，晶胞的三个棱边长度 $a=b=c$，晶胞棱边夹角 $\alpha=\beta=\gamma=90°$，其晶格常数也只用一个晶格常数 a 表示。在面心立方晶胞的每个角上和立方体六个面的中心都排列有一个原子。面心立方晶胞的每个角上的原子为相邻的八个晶胞所共有，而每个面中心的原子为相邻的两个晶胞所共有。面心立方晶胞中属于单个晶胞的原子数为 $\frac{1}{8} \times 8 + \frac{1}{2} \times 6 = 4$ 个。

属于这种类型的金属有 Al、Cu、Ni、γ-Fe 等，它们大多具有较高的塑性。

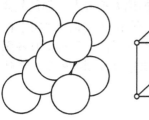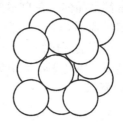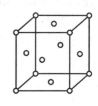

图 1.7　体心立方晶胞示意图　　　　图 1.8　面心立方晶胞示意图

3. 密排六方晶格

密排六方晶格的晶胞如图 1.9 所示。其晶胞是一个正六棱柱体，晶胞的三个棱边长度 $a = b \neq c$，晶胞棱边夹角 $\alpha = \beta = 90°$、$\gamma = 120°$，其晶格常数用正六边形底面的边长 a 和晶胞的高度 c 表示。在密排六方晶胞的两个底面的中心处和十二个角上都排列有一个原子，柱体内部还包含着三个原子。每个角上的原子同时为相邻的六个晶胞所共有，面中心的原子为相邻的两个晶胞所共有，而体中心的三个原子为该晶胞所独有。密排六方晶胞中属于单个晶胞的原子数为 $\frac{1}{6} \times 12 + \frac{1}{2} \times 2 + 3 = 6$ 个。

属于这种类型的金属有 Mg、Zn、Be、α-Ti、α-Co 等，它们大多具有较大的脆性，塑性较差。

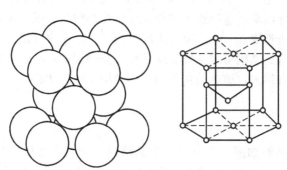

图 1.9　密排六方晶胞示意图

1.2.2　金属的结晶过程

金属自液态经冷却转变为固态的过程是原子从排列不规则的液态转变为排列规则的晶态的过程，此过程称为金属的结晶过程。研究金属结晶过程的基本规律，对改善金属材料的组织和性能都具有重要的意义。

广义地讲，金属从一种原子排列状态过渡为另一种原子规则排列状态的转变都属于结晶过程。金属从液态过渡为固体晶态的转变称为一次结晶，而金属从一种固态过渡为另一种固态的转变称为二次结晶。

1. 纯金属的冷却曲线和过冷现象

纯金属都有一个固定的熔点(或称平衡结晶温度、理论结晶温度),因此纯金属的结晶过程总是在一个恒定的温度下进行的。金属的理论结晶温度可用热分析法测定,即将液体金属放在坩埚中以极其缓慢的速度进行冷却,在冷却过程中,每隔一段时间测量一次温度并记录下来。这样就可以获得如图 1.10(a)所示的纯金属冷却曲线。

由此曲线可见,液态金属从高温开始冷却时,由于周围环境的吸热,温度均匀下降,状态保持不变,当温度下降到 θ_0 时,金属开始结晶,放出结晶潜热,抵消了金属向四周散出的热量,因而冷却曲线上出现了"平台"。持续一段时间之后,结晶完毕,固态金属的温度继续均匀下降,直至室温。

曲线上平台所对应的温度 θ_0 为理论结晶温度。平台所对应的时间就是结晶过程所用的时间。

在实际生产中,金属自液态向固态结晶,有较快的冷却速度,使液态金属的结晶过程在低于理论结晶温度的某一温度 θ_1 下进行图 1.10(b)所示,通常把实际结晶温度低于理论结晶温度的现象称为过冷现象,理论结晶温度与实际结晶温度的差 $\Delta\theta$ 称为过冷度,过冷度 $\Delta\theta = \theta_0 - \theta_1$。

实际上金属总是在过冷的情况下进行结晶的,但同一种金属结晶时的过冷度不是一个恒定值,它与冷却速度有关。结晶时的冷却速度越快,过冷度就越大,金属的实际结晶温度也就越低。

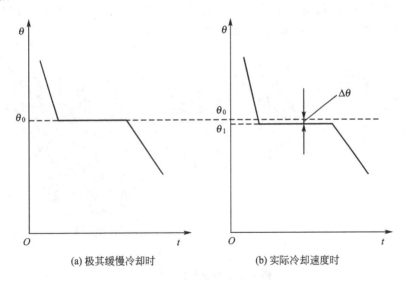

(a) 极其缓慢冷却时　　　　　　　　(b) 实际冷却速度时

图 1.10　纯金属的冷却曲线

2. 纯金属的结晶过程

金属的结晶都要经历晶核的形成和晶核的长大两个过程,如图 1.11 所示。

(1)晶核的形成。液态金属中原子作不规则运动,随着温度的降低,原子活动能力减弱,原子的活动范围也缩小,相互之间逐渐接近。当液态金属的温度下降到接近 θ_1 时,某些原子按一定规律排列聚集,形成极细微的小集团。这些小集团很不稳定,遇到热流和振动就会消失。当低于理论结晶温度时，这些小集团的一部分就成为稳定的结晶核心，称为晶核，这种形核是自发形核。在实际金属熔液中总是存在某些未熔的杂质粒子，以这些粒子为核心形成的晶核称为非自发形核。

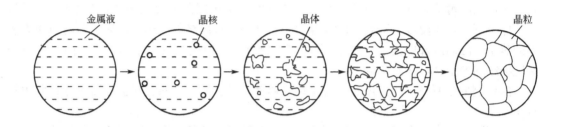

金属液　　　　晶核　　　　晶体　　　　　　　　晶粒

图 1.11　金属结晶过程示意图

(2) 晶核长大。晶核形成后，开始长大。晶体长大时由于散热情况不同，有两种长大方式：平面长大和树枝状（枝晶）长大。枝晶长大是实际金属最常见的生长方式。枝晶长大如图 1.12 所示，晶核向液体中温度较低的方向发展长大，如同树枝的生长，先生长出主干再形成分枝，在长大的同时又有新晶核出现、长大，当相邻晶体彼此接触时，被迫停止长大，而只能向尚未凝固的液体部分伸展，直到全部结晶完毕，成为树枝状的晶体。金属结晶时先形成晶核，晶核长大成为晶体的颗粒，简称晶粒。

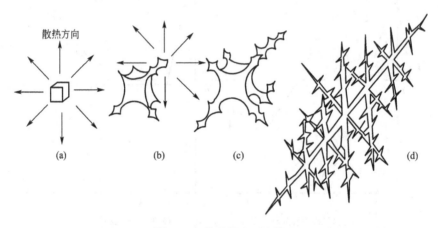

散热方向

(a)　　　　　(b)　　　　　(c)　　　　　(d)

图 1.12　枝晶长大示意图

冷却速度越快，过冷度越大，晶核的数量越多，晶粒越细小，金属的力学性能越好。

1.2.3　纯铁的同素异构转变

多数固态纯金属的晶格类型不会改变，但有些金属（如铁、锰、锡、钛、钴等）的晶格会因温度的改变而发生变化，固态金属在不同温度区间具有不同晶格类型的性质，称为同素异构性。材料在固态下改变晶格类型的过程称为同素异构转变。

图 1.13 为纯铁的冷却曲线图，由图可知纯铁在结晶后继续冷却至室温的过程中，会

发生两次晶格结构转变，其转变过程如下。

液态纯铁在 1538℃进行结晶，得到具有体心立方晶格的 δ-Fe。δ-Fe 继续冷却到 1394℃时发生同素异构转变，成为面心立方晶格的 γ-Fe。γ-Fe 再冷却到 912℃时又发生一次同素异构转变，成为体心立方晶格的 α-Fe。

同素异构转变具有十分重要的实际意义，钢的性能之所以是多种多样的，正是由于对其施加合适的热处理，从而利用同素异构转变来改变钢的性能。此外，由于同素异构转变的过程中有因为体积的变化而形成较大的内应力。例如，γ-Fe→α-Fe 时，体积膨胀约为 1%，这样导致产生变形和裂纹，须采取适当的工艺措施予以防止。

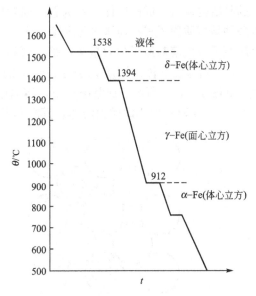

图 1.13 纯铁的冷却曲线

1.2.4 合金的基本显微组织结构

由两种或两种以上的金属元素或金属元素与非金属元素组成的具有金属特性的物质称为"合金"。例如，黄铜是铜和锌组成的合金，碳钢和铸铁是铁和碳组成的合金。

组成合金的最基本、独立的物质称为"组元"。组元可以是纯元素，也可以是稳定的化合物。金属材料的组元多为纯元素，陶瓷材料的组元多为化合物。

由给定组元可按不同比例配制出一系列不同成分的合金，这一系列合金就构成一个合金系，简称合金系。两组元组成的为二元系，三组元组成的为三元系等。

材料中具有同一聚集状态、同一化学成分、同一结构并与其他部分有界面分开的均匀组成部分称为"相"。若材料是由成分、结构相同的同种晶粒构成，尽管各晶粒之间有界面隔开，但它们仍属同种相。若材料由成分、结构都不相同的几部分构成，则它们应属不同的相。例如，纯金属是单相合金，钢在室温下由铁素体和渗碳体两相组成，普通陶瓷系由晶相、玻璃相（即非晶相）与气相三相组成。"相结构"指的是相中原子的具体排列规律。

通常人眼看到或借助于显微镜观察到的材料内部的微观形貌（图像）称为组织。人眼（或放大镜）看到的组织为宏观组织；用显微镜所观察到的组织为显微组织。固态的合金有固溶体、金属化合物和机械混合物三种基本显微组织结构，它们既可以单独存在于固态合金中，也可共同存在于固态合金中。

1. 固溶体

合金在固态时，组元之间相互溶解，形成在某一组元晶格中包含有其他组元原子的新相，这种新相称为固溶体。保持原有晶格的组元称为溶剂，而其他组元称为溶质。一般来说，溶质的含量比溶剂的含量要少，其晶格可能消失。

在一定的温度和压力的外界条件下，溶质在固溶体中的极限浓度称为溶解度。溶解度有一定限制的固溶体称为有限固溶体。溶剂与溶质能在任何比例下互溶的固溶体称为无限固溶体，根据溶质原子在溶剂晶格中所占位置的不同，固溶体可以分为置换固溶体和间隙固溶体。

（1）置换固溶体。溶质原子替代溶剂的部分原子占据着晶格的正常位置，仍结合成溶剂的晶格类型所形成的固体，称为置换固溶体，如图 1.14(a)所示。形成置换固溶体的基本条件是溶质原子直径与溶剂原子直径相差较小。如果溶质与溶剂的晶格类型又相同时，溶质原子替代溶剂原子的数量可以很大（即溶解度很大）。

（2）间隙固溶体。溶质原子存在于溶剂晶格间隙处所形成的固溶体，称为间隙固溶体，如图 1.14(b)所示。通常条件下，溶质原子直径与溶剂原子直径相差较大，两直径之比小于 0.59 时易形成此类固溶体。其溶解度是有限的。

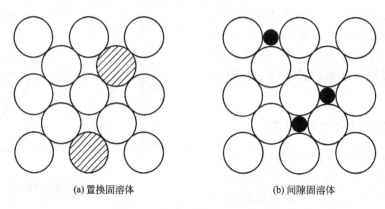

(a) 置换固溶体　　　　　　　　(b) 间隙固溶体

图 1.14　固溶体的晶体结构示意图

（3）固溶强化。无论哪种固溶体，由于溶质原子的渗入，固溶体的晶格都存在畸变现象，如图 1.15 所示，从而改变了合金性能，表现为强度指标升高。因而可利用此现象获取高强度合金材料，称为固溶强化。碳与 α - Fe 形成的固溶体称作铁素体，以符号"F"表示。

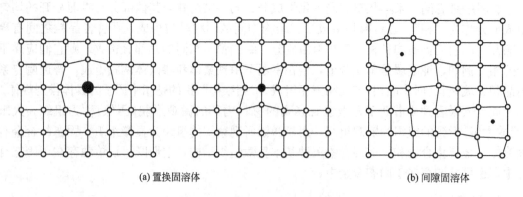

(a) 置换固溶体　　　　　　　　　　　　　(b) 间隙固溶体

图 1.15　形成固溶体时的晶格畸变

2. 金属化合物

当溶质的含量超过溶剂的溶解度时，溶质元素与溶剂元素相互作用形成一种不同于任一组元晶格的新物质，即金属化合物。一般可用分子式来表示其组成，如钢中的渗碳体（Fe_3C）。

金属化合物的晶格类型完全不同于组元的晶格类型，一般都属于复杂晶格结构。因此，金属化合物都表现出熔点高、硬度较高、脆性较大等特点。金属化合物很少单独使用。当金属化合物细小而均匀地分布在合金中时，可以提高合金的强度、硬度和耐磨性，但塑性和韧性会明显下降。因而不能单纯通过增加金属化合物的数量来提高合金的性能。

3．机械混合物

合金中的组元以各自的晶格类型相互掺杂在一起的结构，称为机械混合物。碳的质量分数为0.77%的钢的组织结构，如图 1.16 所示。它由铁素体和渗碳体片层相间的机械混合物组成，称为珠光体，以符号 P 表示。珠光体比铁素体的强度和硬度高，塑性比铁素体差。

图 1.16　珠光体组织结构

1.2.5　二元合金相图简介

1．相图的建立

二元合金相图是表示两种组元构成的具有不同比例的合金，在平衡状态（即极其缓慢加热或冷却的条件）下，随温度、成分发生变化的相图。由该图可了解合金的结晶过程以及各种组织的形成和变化规律。

目前，合金相图主要还是应用试验方法测定出来的。如热分析法，膨胀法，磁性法等。这里仅采用热分析试验法建立相图：首先将各种成分的熔融态合金，以极缓慢的冷却速度冷却，测定它们的冷却曲线（温度-时间曲线）；然后找出各冷却曲线上的临界点（即转折点和平台）的温度值。在温度-成分坐标系中，标注各临界点，连接各个相同意义的临界点，即得出该合金的相图，如图 1.17 所示。图中 A、B 分别为 Cu 和 Ni 的熔点，1 线是起始凝固点的轨迹线，称为液相线，该线以上合金都是高温熔融的液态。2 线是终止凝固点的轨迹线，称为固相线，在该线以下合金全部呈 α 固溶体。在固相线和液相线之间是液相和固相平衡共存的两相区，表明 Cu - Ni 合金的结晶是在一定温度范围内进行的。

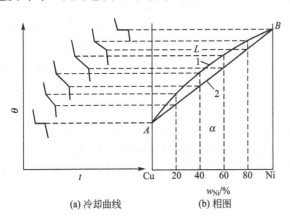

(a) 冷却曲线　　　(b) 相图

图 1.17　Cu - Ni 相图的测定

2. 匀晶相图

两组元在液态和固态均能无限互溶时,所构成的相图称为二元匀晶相图。二元合金中的 Cu-Ni、Cu-Au、Au-Ag、Fe-Ni、W-Mo 等都具有这类相图。今以 Cu-Ni 合金相图为例进行分析。

1) 相图分析

如图 1.18 所示,Cu-Ni 合金相图属于匀晶相图。图中只有两条曲线,其中曲线 A1B 称为液相线,是各种成分的 Cu-Ni 合金在冷却时开始结晶或加热时结束熔化温度的连接线;曲线 A2B 称为固相线,是各种成分合金在冷却时结晶终止或加热时开始熔化温度的连接线。液相线以上全为液相 L,称为液相区;固相线以下全为固相,称为固相区;液相线与固相线之间,则为液、固两相(L+α)区。A 为 Cu 的熔点(1083℃),B 为 Ni 的熔点(1452℃)。

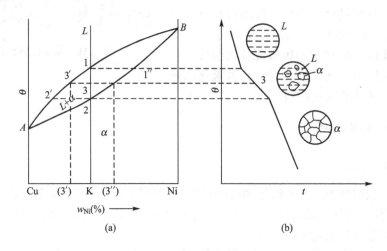

图 1.18　匀晶相图

2) 合金的结晶过程

现以合金 K 为例,讨论合金的结晶过程。

当合金自高温液态缓慢冷却至液相线上 1 点温度时,开始从液相中结晶出固溶体 α,此时 α 的成分为 1″(即含镍量高于合金的含镍量)。随着温度的下降,固溶体 α 量逐渐增多,剩余的液相 L 量逐渐减少。当温度冷却至 3 点温度时,固溶体的成分为 3″,液相的成分为 3′(即含镍量低于合金的含镍量)。冷却至 2 点温度时,最后一滴成分为 2′ 的液相也转变为固溶体而完成结晶,此时固溶体成分又回到合金的成分。可见,在结晶过程中,液相的成分是沿液相线向低镍量的方向变化,固溶体的成分是沿固相线由高镍量向低镍量变化。液相和固相在结晶过程中,其成分之所以能在不断的变化中逐步一致化,是由于在十分缓慢冷却的条件下,不同成分的液相与液相、液相与固相,以及先后析出的固相与固相之间,原子进行充分扩散的结果。

3. 共晶相图

两组元在液态时能以任何比例互溶,在固态时有限互相溶解或不能溶解,并发生共晶反应的合金系所形成的相图,称为二元共晶相图。具有这类相图的合金系有 Pb-Sn、

Pb-Sb、Cu-Ag、Zn-Sn等。

1) 相图分析

Pb-Sn合金相图如图1.19所示。下面就以此相图为例进行分析。

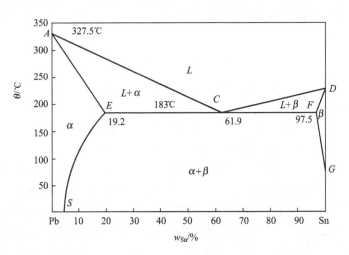

图 1.19 Pb-Sn 共晶相图

(1) 在 Pb-Sn 合金系中，基本相有液相 L 和两种溶解度有限的固溶体 α 相和 β 相。其中，α 固溶体是以 Pb 为溶剂，Sn 为溶质的固溶体；β 固溶体是以 Sn 为溶剂，Pb 为溶质的固溶体。在相图的两边下方，分别形成 α 单相区和 β 单相区。

(2) $L+\alpha$ 相区和 $L+\beta$ 相区为两个形状和成分范围均不完整的匀晶相图两相区，对它们的相分析及结晶过程的分析与匀晶相图相同。

(3) C 点为液相线 AC 与液相线 DC 的交点，称为共晶点，C 点对应的成分称为共晶成分，C 点对应的温度称为共晶温度。

为了表示某相的成分，可在该相的名称字母右下角位置标以成分点字母或成分百分数。例如 C 点共晶成分的液相 L 可表示为 L_C。

如图1.19所示，当共晶成分的合金从液相冷却到共晶温度时，从 C 点成分的液相 L_C 同时结晶出两种成分和结构均不相同的固相 α_E 和 β_F。这种由一定成分的液相在恒定的温度下同时结晶出两种一定成分固相的反应称为共晶反应。共晶反应的产物($\alpha_E+\beta_F$)是两种相的细小晶粒交错分布的非常致密的机械混合物，称为共晶体或共晶组织。共晶反应表达式为

$$L_C \xrightarrow[\text{恒温}]{183℃} (\alpha_E + \beta_F) \tag{1-6}$$

(4) 如图1.19所示，水平线 ECF 为共晶线。凡成分在 E 点和 F 点之间的合金在平衡结晶过程中都会发生共晶反应。因此 ECF 线段也是液相 L、固相 α 和固相 β 共存的三相区。

(5) A 点为 Pb 的熔点(327.5℃)，D 点是 Sn 的熔点(231.9℃)，ACD 线是液相线，AECFD 线是固相线。

(6) ES 线和 FG 线分别 α 和 β 固溶体的溶解度曲线。

2) 合金的结晶过程

对于具有共晶相图的合金系，根据其结晶特点不同，可分为三种类型合金，共晶成分

的合金称为共晶合金；化学成分低于或高于共晶成分的合金分别称为亚共晶合金或过共晶合金；没有共晶转变而只有固溶体匀晶转变的合金称为固溶体合金。

四种合金的结晶过程如下。

(1) 共晶合金。当合金成分为 C 点成分的合金（图 1.20 中合金 Ⅰ）冷却到液相线 C 点时发生共晶反应，即

$$L_C \underset{恒温}{\overset{183℃}{\rightleftharpoons}} (\alpha_E + \beta_F) \tag{1-7}$$

同时结晶出 α_E 和 β_F 两相的共晶体。从 183℃ 至室温，共晶体中两个固溶体分别析出 β_{II} 和 α_{II}，并与共晶体中原来的 β 和 α 相混合在一起，仍保持一个有 C 点成分的共晶体整体，只是共晶体内的 α 相和 β 相的化学成分降到室温时的溶解度成分，所以室温时固溶体可不用下角标来表明成分含量，共晶合金的组织可写成 $(\alpha+\beta)$。

(2) 亚共晶合金。在 E 点与 C 点之间成分的合金称为亚共晶合金。这类合金如图 1.20 中的合金 Ⅱ。当合金 Ⅱ 冷却到液相线上 1 点时从液相中结晶出 α 固溶体，随着温度下降，α 固溶体量不断增加，液相量不断减少，液相成分沿液相线 AC 变化，固相 α 的成分沿固相线 AE 变化。当温度降到 2 点（共晶温度）时，α 固溶体的成分为 E 点成分，剩余液相的成分达到 C 点成分（共晶成分），发生共晶反应生成共晶体。当温度降到 183℃ 以下直至室温时，α 相中的溶 Sn 量沿 ES 线变化，析出 β_{II}。最终的组织为 $\alpha+\beta_{\mathrm{II}}+(\alpha+\beta)$。

$$L \xrightarrow{1} L+\alpha \xrightarrow{2} \alpha+(\alpha+\beta) \xrightarrow{2以下} \alpha+\beta_{\mathrm{II}}+(\alpha+\beta)$$

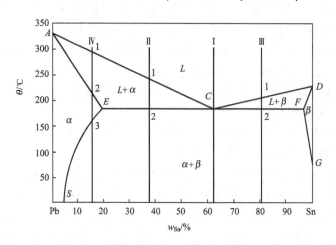

图 1.20　Pb-Sn 合金系的典型合金

(3) 过共晶合金。如图 1.20 所示，C 点与 F 点之间成分的合金称为过共晶合金。这类合金如图 1.20 中的合金 Ⅲ。其详细结晶过程与亚共晶合金相似。即合金 Ⅲ 冷却到液相线上 1 点时从液相中结晶出 β 固溶体，随着温度下降，β 固溶体量不断增加，液相量不断减少。当温度降到 2 点（共晶温度）时，β 固溶体的成分为 F 点成分，剩余液相的成分达到 C 点成分（共晶成分），发生共晶反应生成共晶体。当温度降到 183℃ 以下直至室温时，β 相中的溶 Pb 量沿 FG 线变化，析出 α_{II}。室温组织为 $\beta+\alpha_{\mathrm{II}}+(\alpha+\beta)$。

$$L \xrightarrow{1} L+\beta \xrightarrow{2} \beta+(\alpha+\beta) \xrightarrow{2以下} \beta+\alpha_{\mathrm{II}}+(\alpha+\beta)$$

(4) 固溶体合金。如图 1.20 所示，E 点左侧和 F 点右侧的合金在冷却过程中不会发

生共晶反应。如图 1.20 中的合金Ⅳ。合金冷却至 1 点时结晶出 α 相，随着温度下降，α 固溶体量不断增加，液相量不断减少，液相成分沿液相线 AC 变化，固相 α 的成分沿固相线 AE 变化。当温度降到 2 点时，液相全部结晶成 α 固溶体，其成分为原合金成分。在 2～3 点温度范围内，α 固溶体不发生变化。当合金冷却到 3 点（即溶解度曲线）时开始析出 β_II 相，直到室温，合金组织为 $\alpha + \beta_\text{II}$。

$$L \xrightarrow{1} L + \alpha \xrightarrow{2} \alpha \xrightarrow{3\text{以下}} \alpha + \beta_\text{II}$$

同理，F 点右侧的合金在冷却过程中会结晶出 β 相，并从 β 相中析出 α_II，最终组织为 $\beta + \alpha_\text{II}$。

4. 共析相图

二元共析相图与二元共晶相图的形式相似，只是二元共析相图中的某固相相应于二元共晶相图中的液相。图 1.21 的下半部为二元共析相图。ECF 线与共晶线类似，称为共析线，C 点与共晶点类似，称为共析点，共析反应式为

$$\gamma_C \xrightleftharpoons[\text{恒温}]{} (\alpha_E + \beta_F) \qquad (1-8)$$

这种在恒温（共析温度）下由一种固相同时析出两种固相的过程称为共析反应。反应的产物称为共析体或共析组织。由于共析反应是在固态下进行的，原子的扩散困难，转变的过冷度大，因此与共晶体相比，为更加细小的均匀

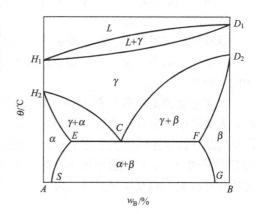

图 1.21　二元共析相图

的两种相晶粒交错分布的致密的机械混合物，其主要形态有片层状和粒状两种。与共晶体一样，常用片层状形态示意表示共析体。

5. 在固态下组元之间不溶解的共晶相图

图 1.22 为二元合金的两组元 A 和 B 在固态时彼此不溶解的共晶相图，称为简单共晶相图。相图中两个固相的单相区退化为垂直成分线。属于这类相图的二元合金有 Cd - Bi 等。

图 1.23 为在固态下组元 B 不能溶解组元 A，而组元 A 能有限溶解组元 B 的二元共晶相图。此相图右边的固态单相区退化为一垂直成分线。铁-渗碳体（Fe - Fe₃C）相图的部分属于这类相图。

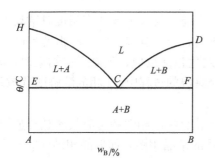

图 1.22　简单二元共晶相图

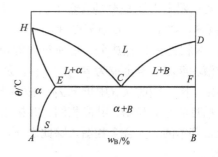

图 1.23　一组元不能溶于另一组元的二元共晶相图

6. 形成稳定化合物的相图

稳定化合物是指在熔化前既不分解也不产生任何化学反应的化合物。它具有一定化学成分和固定的熔点,在状态图中可以用一条通过固定成分的垂直线来表示。它的结晶过程与纯金属相似。因此可以把稳定化合物看成一组元。具有稳定化合物的相图,如图 1.24 所示。在相图中,化合物以通过 A_mB_n 点的成分垂线表示,它将整个相图分为两个相对独立的相图,即 $A - A_mB_n$ 系和 $A_mB_n - B$ 系相图。

7. 二元包晶相图

两组元在液态时无限互溶,在固态时形成有限固溶体,并发生包晶反应的合金系构成的相图,即为二元包晶相图。

具有包晶相图的合金系主要有 Pt - Ag、Ag - Sn、Al - Pt 等,应用最多的 Cu - Zn、Cu - Sn、Fe - C 等合金系中也包含这种类型的相图。因此,二元包晶相图也是二元合金相图的一种基本形式。

二元包晶相图如图 1.25 所示。图中 HCI 为液相线,$HDEI$ 为固相线,DF 为 A 组元在 α 固溶体中的溶解度曲线,EG 是 B 组元在 β 固溶体中的溶解度曲线,DEC 是包晶线,E 是包晶点。包晶线代表在这个合金系统中发生包晶反应的温度和成分范围。成分在 D 点与 C 点间的合金,在包晶温度下,均发生包晶反应。所谓的包晶反应是指由一种液相与一种固相在恒温下相互作用而转变为另一种固相的反应。可用式(1 - 9)表达

$$\alpha_D + L_C \underset{\text{恒温}}{\rightleftharpoons} \beta_E \tag{1-9}$$

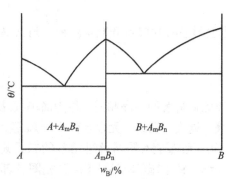

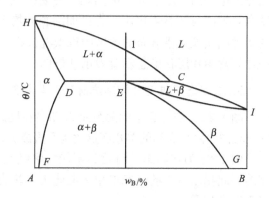

图 1.24　含稳定化合物的相图　　　　图 1.25　二元包晶相图

现以图中 E 点成分的合金为例,分析其结晶过程。液态合金冷却至 1 点温度时结晶出 α 固溶体,在 1 点与 E 点温度间,按匀晶相图的结晶进行。冷却至 E 点时,液相具有 C 点成分,α 相具有 D 点成分,在所对应的包晶温度下,发生包晶反应。包晶反应结束时,α 相与液相耗尽,合金成为单一的 β 相。从包晶温度降至室温的过程中,β 相的溶解度沿 EG 线不断下降,同时从 β 中析出 α_{II}。故室温下的组织为 $\beta + \alpha_{II}$。

前述的匀晶相图、共晶相图、共析相图、形成稳定化合物的相图和包晶相图是合金结晶中最基本的二元合金相图。除此之外,还有一些类型的结晶相图,如偏晶相图(Cu - Pb系)等。

而更多的合金系其相图是由多种基本相图组合而成的复杂相图。如 Fe-C 合金相图就

是一复杂相图。

在上述各类相图中，图中的每一个点都代表一定成分的合金在一定温度下所处的状态。在单相区中表示合金由单相组成，相的成分即合金的成分。两个单相区之间必定存在一个两相区。在两相区中，通过某点的合金的两个平衡相的成分由通过该点的水平线与相应单相区分界线的交点确定。三相等温线（水平线）必然联系三个单相区，这三个单相区分别处于等温线的两端和中间，它表示三相平衡共存。三相等温线主要有共晶线、共析线和包晶线。

1.3　铁　碳　合　金

碳钢和铸铁是现代机械制造工业中应用最广泛的金属材料，它们是由铁和碳为主构成的铁碳合金。合金钢和合金铸铁实际上是有目的地加入一些合金元素的铁碳合金。为了合理地选用钢铁材料，必须掌握铁碳合金的成分、组织结构与性能之间的关系。

1.3.1　铁碳合金基本组织

铁碳合金在液态时铁和碳可以无限互溶；在固态时根据含碳量的不同，碳可以溶解在铁中形成固溶体，也可以与铁形成化合物，或者形成固溶体与化合物组成的机械混合物。因此，铁碳合金在固态下出现以下几种基本组织。

1. 铁素体（Ferrite）

碳溶于 α-Fe 形成的间隙固溶体称为铁素体，常用符号 F 表示。铁素体的溶碳能力很小，随着温度的升高溶碳能力增加，727℃时溶碳能力最大，达到 0.0218%。

铁素体的力学性能接近纯铁，强度、硬度很低，塑性和韧性很好。所以含有较多铁素体的铁碳合金（如低碳钢），易于进行冲压等塑性变形加工。铁素体的显微组织如图 1.26 所示。

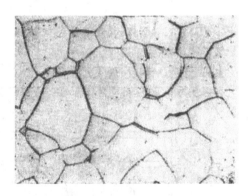

图 1.26　铁素体的显微组织

2. 奥氏体（Austenite）

奥氏体是碳溶解在 γ-Fe 中形成的间隙固溶体，常用符号 A 表示。奥氏体在 1148℃时其溶碳能力最大，达到 2.11%。在单纯铁碳合金中奥氏体存在于 727℃ 以上。奥氏体的硬度不高，塑性极好。因此通常把钢加热到奥氏体状态进行锻造。

3. 渗碳体（Cementite）

渗碳体是铁和碳形成的金属化合物 Fe_3C。渗碳体中碳的质量分数为 6.69%，其硬度高（>800HBW），脆性大，塑性很差。因此，铁碳合金中的渗碳体量过多将导致材料力学性能变坏。一定量的渗碳体若细小而均匀地分布于基体之上，可以提高材料的强度和硬度。

渗碳体在一定的条件下, 能分解形成石墨状的自由碳和铁: $Fe_3C \rightarrow 3Fe + C$(石墨)。这一过程对铸铁具有重要的意义。

4. 珠光体 (Pearlite)

珠光体是铁素体和渗碳体两相组织的机械混合物, 常用符号 P 表示。碳的质量分数为 0.77%。常见的珠光体形态是铁素体与渗碳体片层相间分布的, 片层愈细密, 强度愈高。

5. 莱氏体 (Ledeburite)

莱氏体是由奥氏体(或珠光体)和渗碳体组成的机械混合物, 常用符号 L_d 表示。碳的质量分数为 4.3%, 莱氏体中的渗碳体较多, 其脆性大, 硬度高, 塑性很差。

1.3.2　铁碳合金状态图

铁碳合金相图是研究铁碳合金的基础。由于 $w_C > 6.69\%$ 的铁碳合金脆性极大, 没有使用价值。另外, 渗碳体中 $w_C = 6.69\%$, 即渗碳体是个稳定的金属化合物, 可以作为一个组元。因此, 研究的铁碳合金相图实际上是 Fe - Fe$_3$C 相图, 如图 1.27 所示。

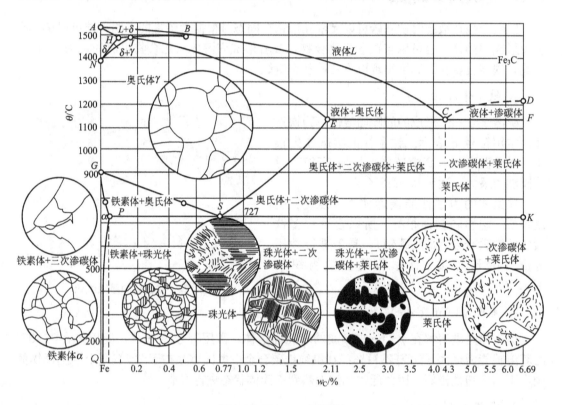

图 1.27　Fe - Fe$_3$C 相图

1. 相图中的点、线、区

相图中各主要点的温度、含碳量及含义见表 1 - 2。

表 1 - 2　Fe - Fe₃C 相图中各主要点的温度、含碳量及含义

点的符号	温度/℃	含碳量(%)	说明
A	1538	0	纯铁的熔点
B	1495	0.53	包晶转变时液态合金成分
C	1148	4.3	共晶点
D	1227	6.69	渗碳体的熔点
E	1148	2.11	碳在 γ - Fe 中的最大溶解度
F	1148	6.69	渗碳体的成分
G	912	0	α - Fe $\Longleftrightarrow \gamma$ - Fe 转变温度
H	1495	0.09	碳在 δ - Fe 中的最大溶解度
J	1495	0.17	包晶点
K	727	6.69	渗碳体的成分
N	1394	0	γ - Fe $\Longleftrightarrow \delta$ - Fe 转变温度
P	727	0.0218	碳在 α - Fe 中的最大溶解度
S	727	0.77	共析点
Q	室温	0.0008	室温时碳在 α - Fe 中的溶解度

相图中各主要线的意义。

$ABCD$ 线。为液相线，该线以上的合金为液态，合金冷却至该线以下便开始结晶。

$AHJECF$ 线。为固相线，该线以下合金为固态。加热时温度达到该线后合金开始融化。

HJB 线。为包晶线，含碳量为 $0.09\% \sim 0.53\%$ 的铁碳合金，在 1495℃ 的恒温下均发生包晶反应，即

$$L_B + \sigma_H \xrightleftharpoons[\text{恒温}]{1495℃} A_J \qquad (1-10)$$

ECF 线。为共晶线，碳的质量分数大于 2.11% 的铁碳合金当冷却到该线时，液态合金均要发生共晶反应，即

$$L_C \xrightleftharpoons[\text{恒温}]{1148℃} L_d(A_E + Fe_3C) \qquad (1-11)$$

共晶反应的产物是奥氏体与渗碳体(或共晶渗碳体)的机械混合物，即莱氏体(L_d)。

PSK 线。为共析线。当奥氏体冷却到该线时发生共析反应，即

$$A_S \xrightleftharpoons[\text{恒温}]{727℃} P(F_P + Fe_3C) \qquad (1-12)$$

共析反应的产物是铁素体与渗碳体(或共析渗碳体)的机械混合物，即珠光体(P)。共晶反应所产生的莱氏体冷却至 PSK 线时，内部的奥氏体也要发生共析反应转变成为珠光体，这时的莱氏体叫低温莱氏体(或变态莱氏体)，用 L_d' 表示。PSK 线又称 A₁ 线。

NH、NJ 和 GS、GP 线。为固溶体的同素异构转变线。在 NH 与 NJ 线之间发生 δ - Fe $\Longleftrightarrow \gamma$ - Fe 转变，NJ 线又称 A₄ 线，在 GS 与 GP 之间发生 γ - Fe $\Longleftrightarrow \alpha$ - Fe 转变，GS 线又称 A₃ 线。

ES 线和 PQ 线。为溶解度曲线,分别表示碳在奥氏体和铁素体中的极限溶解度随温度的变化线,ES 线又称 A_{cm} 线。当奥氏体中碳的质量分数超过 ES 线时,就会从奥氏体中析出渗碳体,称为二次渗碳体,用 Fe_3C_{II} 表示。同样,当铁素体中碳的质量分数超过 PQ 线时,就会从铁素体中析出渗碳体,称为三次渗碳体,用 Fe_3C_{III} 表示。

此外,CD 线是从液体中结晶出渗碳体的起始线,从液体中结晶出的渗碳体称为一次渗碳体(Fe_3C_I)。

值得说明的是,本节讲述的一次渗碳体(Fe_3C_I)、二次渗碳体(Fe_3C_{II})、三次渗碳体(Fe_3C_{III})以及共晶渗碳体、共析渗碳体,它们的化学成分、晶体结构、力学性能都是一致的,并没有本质上的差异,不同的命名仅表示它们的来源、结晶形态及在组织中的分布情况有所不同而已。

相图中有五个基本相,相应的有五个单相区:$ABCD$ 以上为液相区 L,$AHNA$ 区为 δ 固相区,$NJESGN$ 区为奥氏体(A)相区,$GPQG$ 区为铁素体(F)相区,DFK 为渗碳体(Fe_3C)相区。

相图中有七个两相区:$L+\delta$,$L+A$,$L+Fe_3C_I$,$\delta+A$,$A+F$,$A+Fe_3C_{II}$,$F+Fe_3C_{III}$。

相图中有三个三相共存区:HJB 线($L+\delta+A$)、ECF 线($L+A+Fe_3C$)、PSK 线($A+F+Fe_3C$)。

2. 图中铁碳合金的分类

$Fe-Fe_3C$ 相图中不同成分的铁碳合金,在室温下将得到不同的显微组织,其性能也不同。

通常根据相图中的 P 点和 E 点将铁碳合金分为工业纯铁、钢及白口铸铁三类。

(1)工业纯铁。工业纯铁是指室温下为铁素体和少量三次渗碳体的铁碳合金,P 点以左(含碳量小于 0.0218%)。

(2)钢。钢是指高温固态组织为单相固溶体的一类铁碳合金,P 点成分与 E 点成分之间(含碳量 0.0218%~2.11%),具有良好的塑性,适于锻造、轧制等压力加工,根据室温组织的不同又分为 3 种。

① 亚共析钢。P 点成分与 S 点成分之间(含碳量 0.0218%~0.77%)的铁碳合金。室温组织为铁素体+珠光体,随含碳量的增加,组织中珠光体的量增多。

② 共析钢。S 点成分(含碳量 0.77%)的铁碳合金,室温组织全部是珠光体的铁碳合金。

③ 过共析钢。S 点成分与 E 点成分之间(含碳量 0.77%~2.11%)的铁碳合金。室温组织为珠光体+渗碳体,渗碳体分布于珠光体晶粒的周围(即晶界),在金相显微镜下观察呈网状结构,故又称网状渗碳体。含碳量越高,渗碳体层越厚。

(3)白口铸铁。白口铸铁是指 E 点成分以右(含碳量 2.11%~6.69%)的铁碳合金。有较低的熔点,流动性好,便于铸造加工,脆性大。根据室温组织的不同又分为 3 种。

① 亚共晶白口铸铁。E 点成分与 C 点成分之间(含碳量 2.11%~4.3%)的铁碳合金。室温组织为低温莱氏体+珠光体+二次渗碳体。

② 共晶白口铸铁。C 点成分(含碳量 4.3%)的铁碳合金。室温组织为低温莱氏体。

③ 过共晶白口铸铁。C 点成分以右(含碳量 4.3%~6.69%)的铁碳合金。室温组织为低温莱氏体+一次渗碳体。

3. 典型铁碳合金结晶过程分析

为了认识工业纯铁、钢和白口铸铁组织的形成规律，现选择几种典型的合金，分析其平衡结晶过程及组织变化。图 1.28 中标有①～⑦的 7 条垂直线，分别是工业纯铁、钢和白口铸铁 3 类铁碳合金中的典型合金所在位置。

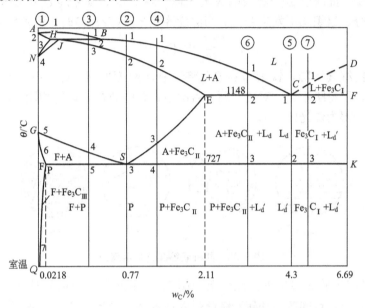

图 1.28 简化的 Fe-Fe₃C 相图

(1) $w_C = 0.01\%$ 的工业纯铁。此合金为图 1.28 中的①，其结晶过程如图 1.29 所示。合金在 1 点温度以上为液态，在 1 点至 2 点温度间，按匀晶转变结晶出 δ 铁素体。δ 铁素体冷却到 3 点至 4 点间发生同素异构转变 δ→γ，奥氏体不断在 δ 铁素体的晶界上形核并长大，这一转变在 4 点结束，合金全部转变成单相奥氏体。冷却到 5 点至 6 点间又发生同素异构转变 γ→α，铁素体同样是在奥氏体晶界上形核并长大。6 点以下全部是铁素体。冷却到 7 点时，碳在铁素体中的溶解量达到饱和。在 7 点以下，随着温度的下降，从铁素体中析出三次渗碳体。工业纯铁的室温组织为铁素体和少量三次渗碳体。

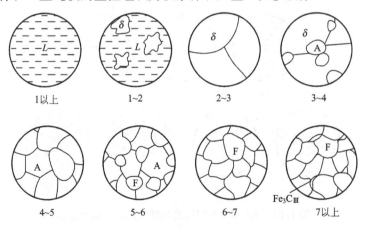

图 1.29 $w_C = 0.01\%$ 的工业纯铁结晶过程示意图

（2）$w_C = 0.77\%$ 的共析钢。此合金为图 1.28 中的②，其结晶过程如图 1.30 所示。S 点成分的液态钢合金缓冷至 1 点温度时，其成分垂线与液相线相交，于是从液体中开始结晶出奥氏体。在 1 点至 2 点温度间，随着温度的下降，奥氏体量不断增加，其成分沿 JE 线变化，而液相的量不断减少，其成分沿 BC 线变化。当温度降至 2 点时，合金的成分垂线与固相线相交，此时合金全部结晶成奥氏体，在 2 至 3 点之间是奥氏体的简单冷却过程，合金的成分、组织均不发生变化。当温度降至 3 点（727℃）时，将发生共析反应，即

$$A_S \underset{恒温}{\overset{727℃}{\rightleftharpoons}} P(F_P + Fe_3C) \qquad\qquad (1-13)$$

随着温度的继续下降，铁素体的成分将沿着溶解度曲线 PQ 变化，并析出三次渗碳体。数量极少，可忽略不计。对此问题，后面各合金的分析处理皆相同。因此，共析钢的室温平衡组织全部为珠光体（P）。

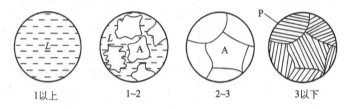

1以上　　　　1~2　　　　2~3　　　　3以下

图 1.30　共析钢结晶过程示意图

（3）$w_C = 0.4\%$ 的亚共析钢。此合金为图 1.28 中的③，其结晶过程如图 1.31 所示。亚共析钢在 1 点至 2 点间按匀晶转变结晶出 δ 铁素体。冷却到 2 点（1495℃）温度时，在恒温下发生包晶反应。包晶反应结束时还有剩余的液相存在，冷却至 2~3 点温度间液相继续变为奥氏体，所有的奥氏体成分均沿 JE 线变化。3 点至 4 点间，组织不发生变化。当缓慢冷却至 4 点温度时，合金的成分垂线与 GS 线相交，此时由奥氏体析出铁素体（这是个相变过程，它与金属的结晶一样，包括形核和长大两个阶段）。随着温度的下降，奥氏体和铁素体的成分分别沿 GS 和 GP 线变化。当温度降至 5 点（727℃）时，铁素体的成分变为 P 点成分（0.0218%），奥氏体的成分变为 S 点成分（0.77%），此时，剩余奥氏体发生共析反应转变成珠光体，而铁素体不变化。从 5 点温度继续冷却至室温，可以认为合金的组织不再发生变化。因此，亚共析钢的室温组织为铁素体和珠光体（F+P）。

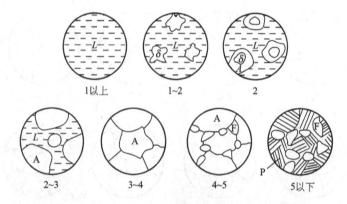

1以上　　　　1~2　　　　2

2~3　　　　3~4　　　　4~5　　　　5以下

图 1.31　$w_C = 0.4\%$ 的亚共析钢的结晶过程示意图

（4）$w_C=1.2\%$ 的过共析钢。此合金为图 1.28 中的④，其结晶过程如图 1.32 所示。过共析钢在 1 点至 3 点温度间的结晶过程与共析钢相似。当缓慢冷却至 3 点温度时，合金的成分垂线与 ES 线相交，此时由奥氏体开始析出二次渗碳体。随着温度的下降，奥氏体成分沿 ES 线变化，且奥氏体的数量愈来愈少，二次渗碳体的相对量不断增加。当温度降至 4 点（727℃）时，奥氏体的成分变为 S 点成分（0.77%），此时，剩余奥氏体发生共析反应转变成珠光体，而二次渗碳体不变化。从 4 点温度继续冷却至室温，合金的组织不再发生变化。因此，过共析钢的室温组织为二次渗碳体和珠光体（$Fe_3C_{II}+P$）。

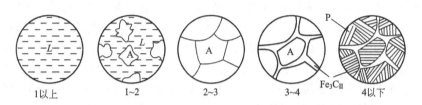

图 1.32　$w_C=1.2\%$ 的过共析钢的结晶过程示意图

（5）$w_C=4.3\%$ 的共晶白口铸铁。此合金为图 1.28 中的⑤，其结晶过程如图 1.33 所示。共晶铁碳合金冷却至 1 点共晶温度（1148℃）时，将发生共晶反应，生成莱氏体（L_d），在 1 点至 2 点温度间，随着温度降低，莱氏体中的奥氏体的成分沿 ES 线变化，并析出二次渗碳体（它与共晶渗碳体连在一起，在金相显微镜下难以分辨）。随着

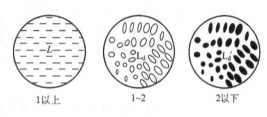

图 1.33　共晶白口铸铁的结晶过程示意图

二次渗碳体的析出，奥氏体的含碳量不断下降，当温度降至 2 点（727℃）时，莱氏体中的奥氏体的含碳量达到 0.77%，此时，奥氏体发生共析反应转变为珠光体，于是莱氏体也相应转变为低温莱氏体 L_d'（$P+Fe_3C_{II}+Fe_3C$）。从 2 点温度继续冷却至室温，合金的组织不再发生变化。因此，共晶白口铸铁的室温组织为低温莱氏体（L_d'）。

（6）$w_C=3.0\%$ 的亚共晶白口铸铁。此合金为图 1.28 中的⑥，其结晶过程如图 1.34 所示。1 点温度以上为液相，当合金冷却至 1 点温度时，其成分垂线与液相线相交，从液体中开始结晶出奥氏体（称初生奥氏体）。在 1 点至 2 点温度间，随着温度的下降，奥氏体不断增加，液体的量不断减少，液相的成分沿 BC 线变化。奥氏体的成分沿 JE 线变化。当温度至 2 点（1148℃）时，奥氏体的成分变为 E 点成分（2.11%），剩余液体的成分变为 C 点成分（4.3%），此时，剩余液体发生共晶反应，生成 L_d（$A+Fe_3C$），而初生奥氏体不发生变化。从 2 点至 3 点温度间，随着温度降低，奥氏体（包括初生的和莱氏体中的奥氏体）

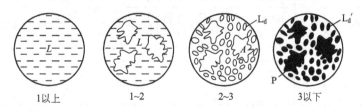

图 1.34　$w_C=3.0\%$ 的亚共晶白口铸铁的结晶过程示意图

的含碳量沿 ES 线变化，并析出二次渗碳体。当温度降至 3 点（727℃）时，奥氏体（包括初生的和莱氏体中的奥氏体）的含碳量达到 0.77%，发生共析反应转变为珠光体（P），从 3 点温度冷却至室温，合金的组织不再发生变化。因此，亚共晶白口铸铁室温组织为 P+ Fe_3C_{II} +L_d'（P+ Fe_3C_{II} +Fe_3C）。

（7） w_C=5.0% 的过共晶白口铸铁。此合金为图 1.28 中的⑦，其结晶过程如图 1.35 所示。1 点温度以上为液相，当合金冷却至 1 点温度时，其成分垂线与液相线相交，从液体中开始结晶出一次渗碳体。在 1 点至 2 点温度间，随着温度的下降，一次渗碳体不断增加，液体的量不断减少，液相的成分沿 CD 线变化。当温度至 2 点（1148℃）时，剩余液体的成分变为 C 点成分（4.3%），此时，剩余液体发生共晶反应，生成 L_d（A+Fe_3C），而一次渗碳体不发生变化。从 2 点至 3 点温度间，随着温度降低，莱氏体中的奥氏体的含碳量沿 ES 线变化，并析出二次渗碳体。当温度降至 3 点（727℃）时，奥氏体的含碳量达到 0.77%，发生共析反应转变为珠光体（P），从 3 点温度冷却至室温，合金的组织不再发生变化。因此，过共晶白口铸铁的室温组织为 Fe_3C_I +L_d'（P+ Fe_3C_{II} +Fe_3C）。

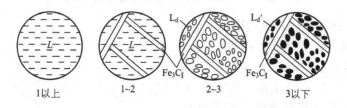

图 1.35　w_C=5.0% 的过共晶白口铸铁的结晶过程示意图

1.3.3　含碳量对碳钢组织和性能的影响

1. 碳对平衡组织的影响

由上面的讨论可知，随碳的质量分数增高，铁碳合金的组织发生如下变化。

$$F+Fe_3C_{III} \rightarrow F+P \rightarrow P \rightarrow P+Fe_3C_{II} \rightarrow$$
工业纯铁　　亚共析钢　共析钢　过共析钢
$$P+Fe_3C_{II}+L_d' \rightarrow L_d' \rightarrow Fe_3C_I+L_d'$$
亚共晶白口铸铁　　共晶白口铸铁　过共晶白口铸铁

根据杠杆定律可以计算出铁碳合金中相组成物和组织组成物的相对量与碳的质量分数的关系。图 1.36 为铁碳合金中含碳量与平衡组织组分及相组分间的定量关系。

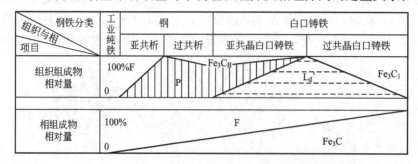

图 1.36　铁碳合金中含碳量与组织及相的关系

当碳的质量分数增高时，不仅其组织中的渗碳体数量增加，而且渗碳体的分布和形态发生如下变化。

Fe_3C_{III}（沿铁素体晶界分布的薄片状）→共析 Fe_3C（分布在铁素体内的片层状）→Fe_3C_{II}（沿奥氏体晶界分布的网状）→共晶 Fe_3C（为莱氏体的基体）→Fe_3C_I（分布在莱氏体上的粗大片状）

2. 碳对力学性能的影响

室温下铁碳合金由铁素体和渗碳体两个相组成。铁素体为软、韧相；渗碳体为硬、脆相。当两者以层片状组成珠光体时，则兼具两者的优点，即珠光体具有较高的硬度、强度和良好的塑性、韧性。

渗碳体是铁碳合金中的强化相。工业纯铁中渗碳体量极少，其强度、硬度很低，不能制造受力的零件，但它具有优良的铁磁性，可作铁磁材料。碳钢具有良好的力学性能和压力加工性能，经热处理其力学性能可以大幅度提高，在工业中被广泛应用。碳钢中渗碳体量愈多，分布愈均匀，其强度愈高，图 1.37 是碳的质量分数对缓冷碳钢力学性能的影响。由图可知，随碳的质量分数增加，强度、硬度增加，塑性、韧性降低。当 w_C 大于 1.0% 时，由于网状 Fe_3C_{II} 出现，导致钢的强度下降。为了保证工业用钢具有足够的强度和适宜的塑性、韧性，其 w_C 一般不超过 $1.3\% \sim 1.4\%$。w_C 大于 2.11% 的铁碳合金（白口铸铁），由于其组织中存在大量渗碳体，具有很高硬度，但性脆，难以切削加工，已不能锻造，故除作少数耐磨零件外，很少应用。

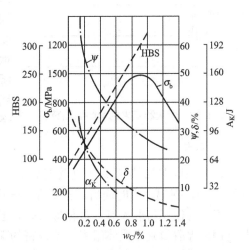

图 1.37　碳的质量分数对缓冷碳钢力学性能的影响

1.4　钢的热处理

钢的热处理工艺是指根据钢在加热和冷却过程中的组织转变规律制定的具体加热、保温和冷却的工艺参数。热处理的目的在于不改变材料的形状和尺寸，只改变材料内部的组织结构，得到所需要的性能。热处理工艺种类很多，根据加热、冷却方式及获得组织和性能的不同，钢的热处理可分为普通热处理（退火、正火、淬火和回火）、表面热处理（表面淬火和化学热处理等）及特殊热处理（形变热处理和磁场热处理）。根据在零件生产工艺流程中的位置和作用，热处理又可分为预备热处理和最终热处理。

1.4.1　钢的普通热处理

1. 退火

退火是把钢加热到适当的温度（图 1.38），经过一定时间的保温，然后缓慢冷却（一般为随炉冷却)，以获得接近平衡状态组织的热处理工艺。

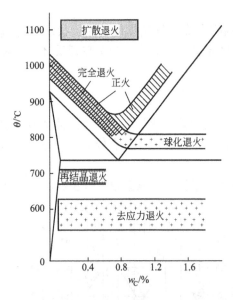

图 1.38　退火和正火的加热温度范围

退火可以降低钢的硬度，有利于切削加工；细化钢中的粗大晶粒，改善组织和性能；增加钢的塑性和韧性；消除内应力，为淬火做好组织准备。

退火的种类很多，包括完全退火、球化退火、扩散退火、再结晶退火及去应力退火等。完全退火最为常见，主要用于亚共析钢的铸件、锻件和焊件。它是将工件加热到 A_3 线以上 $30 \sim 50℃$，保温一定的时间，使组织完全转变为均匀的奥氏体，然后缓慢冷却，获得铁素体和珠光体。完全退火可以使铸、锻、焊件中的粗大晶粒细化；改善钢铁中的不均匀组织，降低钢铁的硬度，利于切削加工。另外，完全退火也可以消除钢铁中的内应力。球化退火与完全退火的作用有所不同，这里不作详述。另外，铸铁件也经常采用完全退火，主要是为了消除应力、均匀组织和降低硬度等。

2. 正火

正火是将钢加热到 A_3（亚共析钢）、A_1（共析钢）和 A_{cm}（过共析钢）以上 $30 \sim 50℃$（图 1.38），保温适当时间后，出炉在空气中冷却的热处理工艺。

正火的作用与退火有许多相似之处，但正火的冷却速度较快，所得到的组织较细，如共析钢正火后得到索氏体组织，即细密的珠光体组织。

正火后钢的硬度和强度较退火略高，这对低、中碳钢的切削加工性能有利。但消除内应力不如退火彻底。过共析钢中的渗碳体有时以网状分布在晶界上，影响钢的正常性能，采用正火可以使网状渗碳体消除网状分布。正火的冷却过程不占用设备，因而生产上经常用正火来代替退火。

正火常用于普通构件，如螺钉、不重要的轴类等工件的最终热处理；较重要件大多利用正火作为预先热处理。

3. 淬火

淬火是将钢加热到 A_3（亚共析钢）、A_1（共析钢和过共析钢）线以上 $30 \sim 50℃$（图 1.39），保温后在水或油中快速冷却的热处理工艺。

马氏体强化是钢的主要强化手段，因此淬火的目的就是为了获得马氏体，提高钢的力学性能。淬火是钢的最重要的热处理工艺，也是热处理中应用最广的工艺之一。

淬火工艺的实质是奥氏体化后进行马氏体转变（或下贝氏体转变）。淬火钢得到的组织主要是马氏体（或下贝氏体），此外，还有少量的残余奥氏体及未溶的第二相。各种工具、模具和许多重要件都要通过淬火来改善力学性能。

4. 回火

回火是将淬火后的钢加热到 A_1 线以下某一温度，保温一定时间，然后冷却到室温的热处理工艺。淬火钢一般不直接使用，必须进行回火。其原因为经淬火后得到的马氏体性能很脆，存在组织应力，容易产生变形和开裂。可利用回火降低脆性，消除或减少内应力。其次，淬火后得到的组织是淬火马氏体和少量的残余奥氏体，它们都是不稳定的组织，在工作中会发生分解，导致零件尺寸的变化。在随后的回火过程中，不稳定的淬火马氏体和残余奥氏体会转变为较稳定的铁素体和渗碳体或碳化物的两相混合物，从而保证了工件在使用过程中形状和尺寸的稳定性。此外，通过适当的回火可满足零件不同的使用要求，获得强度、硬度、塑性和韧性的适当配合。

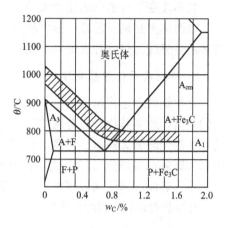

图 1.39　碳钢的淬火温度范围

淬火钢回火后的组织和性能决定于回火温度。按回火温度范围的不同，可将钢的回火分为 3 类。

（1）低温回火。回火温度范围一般为 150～250℃。淬火钢经低温回火后，钢的淬火脆性降低，能够保持高硬度、高强度和良好的耐磨性，又适当提高了韧性。主要用来处理各种高碳钢工具、模具、滚动轴承以及渗碳和表面淬火的零件。

（2）中温回火。回火温度范围一般为 350～500℃。这时可以大大减轻淬火后的内应力，降低脆性，提高弹性极限和屈服极限，但硬度有所降低。中温回火适于各种弹性零件、锻模等。

（3）高温回火。回火温度范围一般为 500～650℃。淬火钢经高温回火后，硬度为 25～35HRC，在保持较高强度的同时，又具有较好的塑性和韧性，即综合力学性能较好。通常把淬火加高温回火的热处理称为调质处理。它被广泛应用于处理各种重要的结构零件，如轴类、齿轮、连杆等。

1.4.2　钢的表面热处理

钢的表面热处理主要是用以强化零件表面的热处理方法。机械制造业中，许多零件如齿轮、凸轮、曲轴等在动载荷及摩擦条件下工作，表面要求高硬度、耐磨性好和高的疲劳强度，而心部应有足够的塑性和韧性；一些零件如量规仅要求表面硬度高和耐磨；还有些零件要求表面具有抗氧化性和抗蚀性等。上述情况仅从选材角度考虑，可以选择某些钢种通过普通热处理就能满足性能要求，但不经济，有时也是不可能的。因此在生产中广泛采用表面热处理来解决。常用的表面热处理工艺可分为两类：一类是只改变表面组织而不改变表面化学成分的表面淬火；另一类是同时改变表面化学成分和组织的表面化学热处理。

1. 钢的表面淬火

很多承受弯曲、扭转、摩擦和冲击的机器零件，如轴、齿轮、凸轮等，要求表面具有高的强度、硬度和耐磨性，不易产生疲劳破坏，而心部则要求有足够的塑性和韧性。采用表面淬火可使钢的表面得到强化，满足工件这种"表硬心韧"的性能要求。

表面淬火是通过快速加热，在零件表面很快奥氏体化而内部还没有达到临界温度时迅速冷却，使零件表面获得马氏体组织而心部仍保持塑性韧性较好的原始组织的局部淬火方法，它不改变工件表面的化学成分。

表面淬火是钢表面强化的方法之一，具有工艺简单、变形小、生产率高等优点。应用较多的是感应加热法和火焰加热法。

2. 钢的表面化学热处理

化学热处理是将金属或合金置于一定温度的活性介质中保温，使一种或几种元素渗入它的表面，改变其化学成分和组织，达到改进表面性能，满足技术要求的热处理工艺。钢的化学热处理分为渗碳、渗氮、碳氮共渗、渗硫、渗硼、渗金属（铝、铬等）等，以渗碳、渗氮和碳氮共渗最为常用。化学热处理过程包括渗剂的分解、工件表面对活性原子的吸收、渗入表面的原子向内部扩散三个基本过程。

化学热处理后，再配合常规热处理，可使同一工件的表面与心部获得不同的组织和性能。

1.5　金属的分类、牌号及应用

工业上通常把金属材料分为两大类：一类是黑色金属，它是指铁、锰、铬及其合金，其中以铁为基的合金——钢和铸铁应用最广，占整个结构和工具材料的 80% 以上；另一类是有色金属，它是指黑色金属以外的所有金属及其合金。

钢的种类繁多，按化学成分可分为碳素钢和合金钢两大类；按用途可分为结构钢、工具钢和特殊性能钢三类；按质量可分为普通钢、优质钢和高级优质钢。由于磷和硫是钢中的有害元素，因此要规定钢中的磷、硫含量。普通钢允许磷的质量分数不大于 0.045%，硫的质量分数不大于 0.055%；优质钢允许磷的质量分数不大于 0.04%，硫的质量分数不大于 0.045%；工具钢允许磷、硫的质量分数均不大于 0.04%；高级优质钢允许磷、硫的质量分数均不大于 0.03%。

钢的综合分类及牌号举例如下。

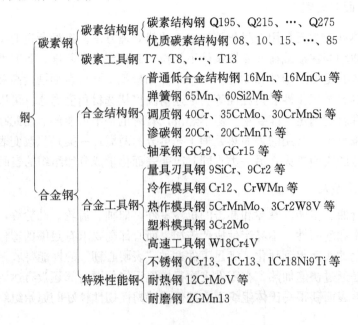

1.5.1　碳素钢

碳素钢的碳的质量分数在 1.5% 以下，其中还含有少量的硅、锰、硫、磷等杂质。碳的质量分数小于 0.25% 的为低碳钢，碳的质量分数在 0.30%~0.60% 之间的为中碳钢，碳的质量分数大于 0.60% 的为高碳钢。碳的质量分数对力学性能的影响在 1.3.3 节中已有提及，这里不再赘述。硅、锰、硫、磷等杂质对钢的组织结构和力学性能有一定影响，其中磷和硫是有害杂质。磷可以提高钢的硬度，但在低温时脆性显著增加，称为冷脆现象。而硫容易使钢在高温轧制时破裂，称为热脆现象。

1. 碳素结构钢

碳素结构钢的塑性和韧性较好，但机械强度不高。碳素结构钢牌号的意义如下。

Q——钢的屈服强度(MPa)；

A、B、C、D——分别为质量等级，其中 A 级质量最低，D 级质量最高。

如 Q235A 即表示屈服极限值为 235NMPa 的 A 级碳素结构钢。（试样厚度≤16mm 时为 235NMPa，若厚度增加，其值相应减小。）

碳素结构钢的应用举例见表 1-3。

表 1-3　碳素结构钢的应用举例

牌号	应用
Q195、Q215A、Q215B	薄板、焊接钢管、铁丝、钉等
Q235A、Q235B、Q235C、Q235D	薄板、中板、钢筋、带钢、焊接件、小轴、螺栓、连杆等
Q255A、Q255B、Q275	拉杆、连杆、键、轴、销钉、要求较高强度的某些件

2. 优质碳素结构钢

优质碳素结构钢的牌号用两位数字表示，该两位数字为钢中平均碳的质量分数的万分量。如 45 钢，表示平均碳的质量分数为 0.45% 的优质碳素结构钢。

优质碳素结构钢的应用举例见表 1-4。

表 1-4　优质碳素结构钢的应用举例

牌号	类属	力学性能	应用
08、10、15、20、25	低碳钢	强度低，塑性好，可焊性好	冲压件、焊接构件、垫圈、螺钉、螺母等小件
30、35、40、45、50	中碳钢	韧性和机加工性能好，常用热处理方法提高力学性能	轴类、齿轮、丝杠、连杆等
65、70	高碳钢	进行合理的热处理可以得到较高的弹性	弹性零件，如弹簧、弹性垫片

3. 碳素工具钢

碳素工具钢的牌号为 T7、T8、…、T13，牌号后的数字表示钢中平均碳的质量分数的千分量。如 T8 表示平均碳的质量分数为 0.8% 的碳素工具钢。硫、磷质量分数小于 0.03% 的碳素工具钢为高级优质碳素工具钢。在牌号末尾加字母"A"，如 T10A。碳素工具钢由于碳的质量分数高，经淬火热处理后可获得很高的硬度，经常用于制造木工刃具和某些形状简单、尺寸较小的工模具。

　　4. 一般工程铸造碳素钢

　　许多形状复杂的零件，不便通过锻压等方法加工成形，用铸铁时性能又难以满足需求，此时常常通过铸造获取铸钢件，所以，铸造碳素钢在机械制造尤其是重型机械制造业中应用非常广泛。铸造合金钢的牌号根据 GB/T 5613—1995 的规定，有两种表示方法：以强度表示的铸钢牌号，是由铸钢代号"ZG"与表示力学性能的两组数字组成，第一组数字代表最低屈服强度值，第二组数字代表最低抗拉强度值。例如 ZG200 - 400，表示 σ_s ($\sigma_{0.2}$) 不小于 200MPa，σ_b 不小于 400MPa；另一种用化学成分表示的牌号在此不作介绍。工程用铸造碳素钢的应用举例见表 1 - 5。

表 1 - 5　铸造碳素钢的应用举例

牌号	应用
ZG200 - 400	用于受力不大、要求韧性高的各种机械零件，如机座、变速箱壳等
ZG230 - 450	用于受力不大、要求韧性高的各种机械零件，如砧座、外壳、轴承盖、底板、阀体等
ZG270 - 500	用于轧钢机机架、轴承座、连杆、箱体、曲轴、缸体、飞轮、蒸汽锤等
ZG310 - 570	用于载荷较高的零件，如大齿轮、缸体、制动轮、辊子等
ZG340 - 640	用于起重运输机中的齿轮、联轴器及重要的机件

1.5.2　合金钢

　　为了提高钢的性能，在炼钢时特意加入一定量合金元素的钢称为合金钢。其具有较高的强度、韧性和某些特殊性能，一般通过热处理可更好发挥合金元素的作用。

　　1. 合金结构钢

　　合金结构钢主要用于制造重要的工程构件。其牌号通常按如下编排。

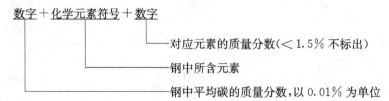

　　如 60Si2Mn 钢，表示平均碳的质量分数为 0.60%，平均硅的质量分数为 2%，平均锰的质量分数小于 1.5%。

　　常用的合金结构钢的牌号有 16Mn、20CrMnTi、35CrMo、40Cr、50CrV、60Si2Mn、GCr15 等。其中 GCr15 为轴承钢，G 代表滚动轴承钢，平均碳的质量分数为 1.0%，平均铬的质量分数为 1.5%。

2. 合金工具钢

合金工具钢主要用于刀具、模具、量具的制造。牌号与合金结构钢相似，不同之处在于平均碳的质量分数大于或等于 1% 时，不标注；小于 1% 时在牌号前用一位数字标注出含碳千分量。如 9SiCr 钢，表示平均碳的质量分数为 0.9%，硅的质量分数和铬的质量分数均小于 1.5%。高速工具钢和某些冷作模具钢，即使其平均碳的质量分数小于 1% 也不予标注出。例如高速工具钢 W18Cr4V，碳的质量分数为 0.7%~0.8%，在牌号中不标出，其中钨的质量分数为 18%，铬的质量分数为 4%，钒的质量分数小于 1.5%。

常用合金工具钢的牌号有 9SiCr、Cr12、CrWMn、5CrMnMo、3Cr2W8V 等。

3. 特殊性能合金钢

特殊性能合金钢包括不锈钢、耐热钢、耐磨钢等具有特殊的物理、化学性能的钢，用于制造特殊性能要求的金属构件。

特殊性能钢的牌号的表示方法与合金工具钢的表示方法基本相同，如不锈钢 9Cr18 表示钢中碳的平均质量分数为 0.90%，铬的平均质量分数为 18%。但也有少数例外，不锈钢、耐热钢在碳的质量分数较低时，表示方法有所不同，若碳的平均质量分数小于 0.03% 及 0.08% 时，则在钢号前分别冠以 "00" 及 "0" 的数字来表示其平均质量分数，如 0Cr18Ni9，00Cr17Ni14Mo2。

1.5.3 铸铁

铸铁是指不能锻造或不能塑性变形的铁碳合金。铸铁除了含碳外，还含有锰、硅、磷、硫等杂质。铸铁由于含碳量高，碳的存在形态发生了变化。在钢中碳是以化合态的 Fe_3C（渗碳体）存在，而在铸铁中碳不仅以化合态的 Fe_3C 存在，同时出现了游离态的石墨。铸铁的组织可以认为是在铁素体或珠光体，或铁素体＋珠光体的基体上分布着不同形态的石墨。

根据碳在铸铁中的存在形式不同，可以将铸铁分为以下几种类型。

1. 白口铸铁

白口铸铁中的碳绝大部分以渗碳体的形式存在（少量的碳溶入铁素体），因其断口呈白亮色，故称白口铸铁。其组织中都含有莱氏体组织。由于性能脆而硬，难以进行切削加工，工业上很少用白口铸铁做机械零件，主要用做炼钢原料或表面要求高耐磨的零件，比如犁铧、轧辊等耐磨件。

2. 灰铸铁

灰铸铁中碳大部分以片状石墨的形式存在，断面呈暗灰色。显微组织结构如图 1.40 所示。

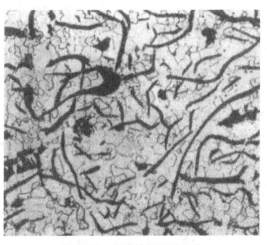

图 1.40　灰铸铁的显微组织

灰铸铁组织相当于在钢的基体上分布着片状石墨，其基体的强度和硬度不低于相应的钢。石墨的存在使灰铸铁的抗拉强度、塑性及韧性都明显低于碳钢。石墨片的数量越多，尺寸越大，分布越不均匀，对基体的割裂作用越严重。灰铸铁的硬度和抗压强度主要取决于基体组织，与石墨无关。因此，灰铸铁的抗压强度明显高于其抗拉强度（约为抗拉强度的3～4倍）。石墨的存在，使灰铸铁的铸造性能、减磨性、减振性和切削加工性都优于碳钢，缺口敏感性也较低。灰铸铁在机械制造中占有重要地位，应用十分广泛。

灰铸铁的牌号由"HT＋数字"组成。其中"HT"是"灰铁"二字汉语拼音字首，数字表示30mm单铸试棒的最低抗拉强度值。常用灰铸铁的牌号、力学性能及用途见表1-6。另外，通过向灰铸铁铁水中加入孕育剂，可使石墨细小、分散，减轻片状石墨对金属基体的割裂作用，提高力学性能。该种铸铁称为孕育铸铁，牌号为HT250～HT350。

表1-6　灰铸铁的牌号、力学性能及用途(GB/T 9439—1988)

牌号	铸件壁厚/mm	最小抗拉强度 σ_b/MPa	硬度 HBS	显微组织		用途举例
				基体	石墨	
HT100	2.5～10	130	110～167	F＋P(少量)	粗片	低载荷和不重要的零件，如盖、外罩、手轮、支架等
	10～20	100	93～140			
	20～30	90	87～131			
	30～50	80	82～122			
HT150	2.5～10	175	136～205	F＋P	较粗片	承受中等应力(抗弯应力小于100 MPa)的零件，如支柱、底座、齿轮箱、工作台、刀架、端盖、阀体等
	10～20	145	119～179			
	20～30	130	110～167			
	30～50	120	105～157			
HT200	2.5～10	220	157～236	P	中等片状	承受较大应力(抗弯应力小于300MPa)和较重要零件，如汽缸体、齿轮、机座、飞轮、床身、缸套、活塞、刹车化、联轴器、齿轮箱、轴承座、液压缸等
	10～20	195	148～222			
	20～30	170	134～200			
	30～50	160	129～192			
HT250	4.0～10	270	174～262	细珠光体	较细片状	
	10～20	240	164～247			
	20～30	220	157～236			
	30～50	200	150～225			
HT300	10～20	290	182～272	索氏体或托氏体	细小片状	承受高弯曲应力(小于500MPa)及抗拉应力的重要零件，如齿轮、凸轮、车床卡盘、剪床和压力机的机身、床身、高压液压缸、滑阀壳体等
	20～30	250	168～251			
	30～50	230	161～241			
HT350	10～20	340	199～298			
	20～30	290	182～272			
	30～50	260	171～257			

从表1-6中可以看出，灰铸铁的强度与铸件的壁厚有关，铸件壁厚增加则强度降低，这主要是由于壁厚增加使冷却速度降低，造成基体组织中铁素体增多而珠光体减少。因此在根据性能选择铸铁牌号时，必须注意到铸件的壁厚。

3. 球墨铸铁

球墨铸铁中的碳大部分以球状石墨形态存在，显微组织如图1.41所示。球墨铸铁是

20世纪50年代发展起来的优良的铸铁材料，是通过在浇注时向铁水中加入一定量的球化剂(稀土镁合金等)进行球化处理而得到的，球化剂可使石墨呈球状结晶。为防止铁液球化处理后出现白口，必须进行孕育处理，使石墨球数量增加，球径减小，形状圆整，分布均匀，显著改善其力学性能。其抗拉强度不亚于碳钢，塑性、韧性比其他铸铁好。另外还有许多胜过钢的优点，如良好的铸造性能、切削加工性能、减磨性和减振性等。因此，在某些条件下可以代替钢材制造形状复杂而承载较大的构件，如曲柄等。

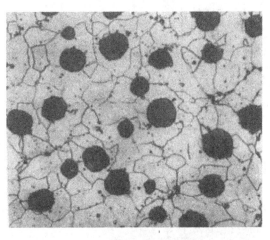

图1.41　球墨铸铁的显微组织

球墨铸铁的牌号由"QT＋数字—数字"组成。其中"QT"是"球铁"二字汉语拼音字首，其后的第一组数字表示最低抗拉强度(MPa)，第二组数字表示最小拉断后伸长率(％)。球墨铸铁的牌号、力学性能和用途举例见表1-7。

表1-7　球墨铸铁的牌号、力学性能及用途(GB/T 1348—1988)

牌号	基体组织	力学性能				用途举例
		σ_b /MPa	$\sigma_{0.2}$ /MPa	δ (％)	硬度 HBS	
		不小于				
QT400—18	铁素体	400	250	18	130～180	承受冲击、振动的零件，如汽车、拖拉机的轮毂、驱动桥壳、差速器壳、拨叉，农机具零件，中低压阀门，上、下水及输气管道，压缩机上高低压汽缸，电动机机壳，齿轮箱，飞轮壳等
QT400—15		400	250	15	130～180	
QT450—10		450	310	10	160～210	
QT500—7	铁素体＋珠光体	500	320	7	170～230	机器座架、传动轴、飞轮，内燃机的液压泵齿轮、铁路机车车辆轴瓦等
QT600—3	珠光体＋铁素体	600	370	3	190～270	载荷大、受力复杂的零件，如汽车、拖拉机的曲轴、连杆、凸轮轴、汽缸套，部分磨床、铣床、车床的主轴，机床蜗杆、蜗轮，轧钢机轧辊、大齿轮，小型水轮机主轴，汽缸体，桥式起重机大小滚轮等
QT700—2	珠光体	700	420	2	225～305	
QT800—2	珠光体或回火组织	800	480	2	245～335	
QT900—2	贝氏体或回火马氏体	900	600	2	280～360	高强度齿轮，如汽车后桥螺旋锥齿轮，大减速器齿轮，内燃机曲轴、凸轮轴等

4. 可锻铸铁

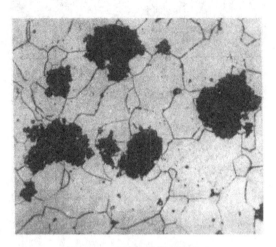

图 1.42　可锻铸铁的显微组织

可锻铸铁是由一定化学成分的白口铸铁坯件经退火得到的具有团絮状石墨的铸铁。它的生产过程分两步：先浇注成白口铸铁，然后通过高温石墨化退火（也叫可锻化退火），使渗碳体分解得到团絮状石墨。由于团絮状石墨对基体的割裂作用比片状石墨小，使铸铁的韧性和塑性得到提高。可锻铸铁经常用于生产形状小而复杂，并且要求韧性较高的小型薄壁构件，如管接头等。但因生产周期长、成本高，使其应用受到一定限制。可锻铸铁因其较高的强度、塑性和冲击韧度而得名，实际上并不能锻造。可锻铸铁的显微组织如图 1.42 所示。

常用两种可锻铸铁的牌号由 "KTH＋数字—数字" 或 "KTZ＋数字—数字" 组成。"KTH"、"KTZ" 分别代表 "黑心可锻铸铁" 和 "珠光体可锻铸铁"，符号后的第一组数字表示最低抗拉强度（MPa），第二组数字表示最小断后伸长率。常用可锻铸铁的牌号、力学性能及用途见表 1-8。

表 1-8　可锻铸铁的牌号、力学性能及用途（GB/T 9440—2010）

种类	牌号	试样直径/mm	力学性能				用途举例
			σ_b/MPa	$\sigma_{0.2}$ MPa	δ（%）	硬度 HBS	
			不小于				
黑心可锻铸铁	KTH300—06	12 或 15	300		6	≤150	弯头、三通管件、中低压阀门等
	KTH330—08		330		8		扳手、犁刀、犁柱、车轮壳等
	KTH350—10		350	200	10		汽车、拖拉机前后轮壳、差速器壳、转向节壳、制动器及铁道零件等
	KTH370—12		370		12		
珠光体可锻铸铁	KTZ450—06	12 或 15	450	270	6	150～200	载荷较高和耐磨损零件，如曲轴、凸轮轴、连杆、齿轮、活塞环、轴套、耙片、万向接头、棘轮、扳手、传动链条等
	KTZ550—04		550	340	4	180～250	
	KTZ650—02		650	430	2	210～260	
	KTZT00—02		700	530	2	240～290	

1.5.4　有色金属

1. 铝及铝合金

铝及铝合金在工业上是仅次于钢的一种重要金属，也是应用最广泛的一种有色金属。

　　1）工业纯铝

　　工业上使用的纯铝呈银白色，具有面心立方晶格，无同素异构转变。熔点 660℃，密度为 2.7g/cm³，除 Mg 和 Be 外，Al 是工程金属中最轻的。纯铝的导电性、导热性好，仅次于金(Au)、铜(Cu)和银(Ag)。在大气中有良好的耐蚀性，强度、硬度很低，塑性很高，可铸造、压力加工、机械加工成各种形状，并且无低温脆性，无磁性。冷变形强化可提高其强度，但塑性会有所降低。纯铝因强度低，一般不作结构材料使用。适宜制作电线、电缆及对强度要求不高的用品和器皿。

　　工业纯铝通常含有 Fe、Si、Cu、Zn 等杂质，是由冶炼原料铁钒土带入的。杂质含量越多，其导电性、导热性、耐蚀性及塑性越差。

　　纯铝按纯度可分为 3 类。

　　(1) 工业纯铝。纯度为 98.0％～99.0％，牌号有 L1、L2、L3、L4、L5、L6 和 L7。铝材用汉语拼音第一个字母"L"表示，数字越大，纯度越低。

　　L1、L2、L3：用于高导电体、电缆、导电机件和防腐机械。

　　L4、L5、L6：用于器皿、管材、棒材、型材和铆钉等。

　　L7：用于日用品。

　　(2) 工业高纯铝。纯度为 98.85％～99.9％。牌号有 L0 和 L00 等。用于制造铝箔、包铝及冶炼铝合金的原料。

　　(3) 高纯铝。纯度为 99.93％～99.99％，牌号有 L01、L02、L03、L04 等。数字越大，纯度越高。主要用于特殊化学机械、电容器片和科学研究等。

　　2）铝合金

　　向铝中加入适量的 Si、Cu、Mg、Mn 等合金元素，进行固溶强化和第二相强化而得到的铝合金，其强度比纯铝高几倍，并保持纯铝的特性。铝合金由于比强度高，用它代替某些钢铁材料，可减轻机械产品的质量，因此，铝合金在机械、电子、化工、仪表、航空航天等部门得到了广泛的应用。铝合金分为变形铝合金和铸造铝合金两大类。

　　(1) 变形铝合金。变形铝合金根据其特点和用途可分为防锈铝合金(LF)、硬铝合金(LY)、超硬铝合金(LC)及锻铝合金(LD)。其代号分别用 LF5、LY12、LC4、LD5 等表示，数字为顺序号。按 GB/T 16474—1996 规定，变形铝合金采用四位数字体系表达牌号。牌号的第一位数字依主要合金元素 Cu、Mn 、Si、Mg、Mg+Si、Zn、其他元素顺序来表示铝及铝合金的组别。第二组数字或字母表示纯铝或铝合金的改型情况，字母 A 表示原始纯铝，数字 0 表示原始合金，B～Y 或 1～9 表示改型情况；牌号最后两位数字用以标识同一组中不同的铝合金，纯铝则表示铝的最低质量分数(％)。

　　常用变形铝合金的代号、牌号及用途见表 1-9。

表 1-9　常用变形铝合金的代号、牌号及用途(GB/T 3190—2008)

类别		牌号	代号	用途举例
不能热处理强化的铝合金	防锈铝合金	5A05	LF5	焊接油箱、油管、焊条、铆钉以及中等载荷零件及制品
		3A21	LF21	焊接油箱、油管、焊条、铆钉以及轻载荷零件及制品
能热处理强化的铝合金	硬铝合金	2A01	LY1	工作温度不超过 100℃的结构用中等强度铆钉
		2A11	LY11	中等强度结构零件，如骨架、模锻的固定接头、支柱、螺旋桨叶片、局部镦粗的零件、螺栓和铆钉

（续）

类别		牌号	代号	用途举例
能热处理 强化的铝合金	硬铝合金	2A12	LY12	高强度结构零件，如骨架、蒙皮、隔框、肋、梁、铆钉等在150℃以下工作的零件
	超硬铝合金	7A04	LC4	结构中主要受力件，如飞机大梁、桁架、加强框、蒙皮、接头及起落架
	锻铝合金	2A50	LD5	形状复杂中等强度的锻件及模锻件
		2A70	LD7	内燃机活塞、高温下工作的复杂锻件、板材，可作高温下工作的结构件

（2）铸造铝合金。用来制作铸件的铝合金称为铸造铝合金。按主加合金元素的不同，铸造铝合金可分为 Al-Si 系、Al-Cu 系、Al-Mg 系、Al-Zn 系等 4 类。

铸造铝合金的代号由"ZL＋三位阿拉伯数字"组成。"ZL"是"铸铝"二字汉语拼音字首，其后第一位数字表示合金系列，如 1、2、3、4 分别表示铝硅、铝铜、铝镁、铝锌系列合金；第二、第三位数字表示顺序号。例如，ZL102 表示铝硅系 02 号铸造铝合金。若为优质合金在代号后加"A"，压铸合金在牌号前面冠以字母"YZ"。

铸造铝合金的牌号由"Z＋基体金属的化学元素符号＋合金元素符号＋数字"组成。其中，"Z"是"铸"字汉语拼音字首，合金元素符号后的数字是以名义百分数表示的该元素的质量分数。例如 ZAlSi12 表示 $w_{Si} \approx 12\%$ 的铸造铝合金。

铸造铝硅合金（又称硅铝明）由于具有良好的力学性能、耐蚀性和铸造性能，所以是应用最广泛的铸造铝合金。

铸造铝铜合金具有较高的强度和耐热性，但铸造性能和耐蚀性较差，因此主要用于要求高强度和高温（300℃以下）条件下工作，且外形不太复杂便于铸造的零件。

铸造铝镁合金的耐蚀性好，强度高，密度小（2.55g/cm³），但铸造性能不好，耐热性低。该合金可以进行淬火时效处理。主要用于制造能承受冲击载荷、可在腐蚀介质中工作的、外形不太复杂便于铸造的零件。

铸造铝锌合金价格便宜，铸造性能优良，经变质处理和时效处理后强度较高，但耐蚀性差，热裂倾向大。常用于制造汽车、拖拉机、发动机零件、形状复杂的仪器零件和医疗器械等。

常用铸造铝合金的代号、牌号及用途见表 1-10。

表 1-10　常用铸造铝合金的牌号（代号）、成分、力学性能及用途（GB/T 1173—1995）

类别	牌号	代号	用途举例
铝硅合金	ZAlSi12	ZL102	形状复杂、低载的薄壁零件，如仪表、水泵壳体、船舶零件等
	ZAlSi5Cu1Mg	ZL105	工作温度 225℃以下的发动机曲轴箱、气缸体、盖等
铝铜合金	ZAlCu5Mn	ZL201	工作温度小于 300℃的零件，如内燃机气缸头、活塞
铝镁合金	ZAlMg10	ZL301	承受冲击载荷，在大气或海水中工作的零件，如水上飞机、舰船配件
	ZAlMg5Si1	ZL303	
铝锌合金	ZAlZn11Si7	ZL401	承受高静载荷或冲击载荷，不能进行热处理的铸件，如汽车、仪表零件、医疗器械等
	ZAlZn6Mg	ZL402	

2. 铜及铜合金

在有色金属中，铜的产量仅次于铝。铜及其合金在我国有着悠久的使用历史，而且范围很广。

1）工业纯铜

工业纯铜呈玫瑰红色，但容易和氧化合，表面形成氧化铜薄膜后，外观呈紫红色，故又称紫铜。纯铜的导电性、导热性和抗氧化性、抗腐蚀性很好，具有优良的塑性，易于加工成各种板、线、管材，大量用于制造各种电器设备。

压力加工工业纯铜代号有 T1、T2、T3、T4 四种。数字越大，表示铜的纯度越低。由于纯铜的强度较低，在机械制造中多用铜合金。

2）黄铜

黄铜是以 Zn 为主加元素的铜合金，黄铜按成分分为普通黄铜和特殊黄铜；按加工方式分为加工黄铜和铸造黄铜。

（1）普通黄铜。普通黄铜中的加工黄铜，其代号由"H＋数字"组成。其中"H"是"黄"字汉语拼音字首，数字是以名义百分数表示的 Cu 的质量分数。如 H62 表示 Cu 的平均质量分数为 62％，其余为 Zn 的普通黄铜。普通黄铜中的铸造黄铜，其牌号表示法由"Z＋Cu＋合金元素符号＋数字"组成。其中，"Z"是"铸"字汉语拼音字首，合金元素符号后的数字是以名义百分数表示的该元素的质量分数。如 ZCuZn38，其含义是 $w_{Zn} \approx$ 38％，其余为 Cu 的铸造黄铜。

（2）特殊黄铜。特殊黄铜是在铜锌的基础上加入 Pb、Al、Sn、Mn、Si 等元素后形成的铜合金，并相应称之为铅黄铜、铝黄铜、锡黄铜等。它们具有比普通黄铜更高的强度、硬度、耐蚀性和良好的铸造性能。若特殊黄铜中加入的合金元素较少，塑性较高，则称为加工特殊黄铜；加入的合金元素较多，强度和铸造性能好，则称为铸造特殊黄铜。

加工特殊黄铜代号由"H＋合金元素符号（Zn 除外）＋数字—数字"组成。其中"H"是"黄"字汉语拼音字首，第一组数字是以名义百分数表示的 Cu 的质量分数，第二组数字是以名义百分数表示的主添加合金元素的质量分数，有时还有第三组数字，用以表示其他元素的质量分数。如 HSn62—1 表示 $w_{Cu} \approx 62％$，$w_{Sn} \approx 1％$，其余为 Zn 的加工锡黄铜。

铸造特殊黄铜的牌号表示法由"Z＋Cu＋合金元素符号＋数字"组成。其中，"Z"是"铸"字汉语拼音字首，合金元素符号后的数字是以名义百分数表示的该元素的质量分数。如 ZCuZn40Mn3Fe1，其含义是 $w_{Zn} \approx 40％$、$w_{Mn} \approx 3％$、$w_{Fe} \approx 1％$，其余为 Cu 的铸造特殊黄铜。

常用加工黄铜的代号及用途见表 1-11。

表 1-11　常用加工黄铜的代号及用途（GB/T 5231—2001）

类别	代号	用途举例
普通黄铜	H96	冷凝、散热管、汽车水箱带、导电零件
	H70	弹壳、造纸用管、机械电器零件
铅黄铜	HPb63—3	要求可加工性极高的钟表、汽车零件
	HPb59—1	热冲压及切削加工零件，如销子、螺钉、垫片

（续）

类别	代号	用途举例
铝黄铜	HA167—2.5	海船冷凝器管及其他耐蚀零件
	HA160—1—1	齿轮、蜗轮、衬套、轴及其他耐蚀零件
锡黄铜	HSn90—1	汽车、拖拉机弹性套管及耐蚀减摩零件等
	HSn62—1	船舶、热电厂中高温耐蚀冷凝器管

常用铸造黄铜的牌号及用途见表 1-12。

表 1-12　常用铸造黄铜的牌号及用途（GB/T 1176—1987）

类别	牌号（旧牌号）	用途举例
普通铸造黄铜	ZCuZn38 （ZH62）	一般结构件和耐蚀零件，如法兰、阀座、支架、手柄、螺母等
铸造铝黄铜	ZCuZn25Al6Fe3Mn3 （ZHA166—6—3—2）	高强耐磨零件，如桥梁支撑板、螺母、螺杆、耐磨板、蜗轮等
	ZCuZn31Al2 （ZHAl67—2.5）	适于压力铸造零件，如电动机、仪表等压铸件、耐蚀零件
铸锰黄铜	ZCuZn38Mn2Pb2 （ZHMn58—2—2）	一般用途的结构件，如套筒、被套、轴瓦、滑块等

注：括号内材料牌号为旧标准（GB 1176—1974）牌号。

3）青铜

除黄铜和白铜以外的其他铜合金称为青铜。常见的如锡青铜、铝青铜、铍青铜等。按生产方式，可分为加工青铜和铸造青铜。

加工青铜的代号由"Q＋第一个主加元素符号＋数字—数字"组成。其中"Q"是"青"字汉语拼音字首，第一组数字是以名义百分数表示的第一个主加元素的质量分数，第二组数字是以名义百分数表示的其他合金元素的质量分数。例如，QSn4—3 表示平均 $w_{Sn} \approx 4\%$、$w_{Zn} \approx 3\%$，其余为 Cu 的加工锡青铜。

铸造青铜的牌号表示法由"Z＋Cu＋合金元素符号＋数字"组成。其中"Z"是"铸"字汉语拼音字首，合金元素符号后的数字是以名义百分数表示的该元素的质量分数。例如，ZCuSn10Pb1，表示平均 $w_{Sn} \approx 10\%$、$w_{Zn} \approx 2\%$，其余为 Cu 的铸造锡青铜。

锡青铜的铸造收缩率很小，适于铸造外型及尺寸要求严格的铸件，但其流动性差，易于形成分散缩孔，不宜用作要求致密度较高的铸件。锡青铜对大气、海水与无机盐溶液有极高的抗蚀性，但对氨水、盐酸与硫酸的抗蚀性却不够理想。磷及含铝的锡青铜具有良好的耐磨性，适于用作轴承和轴套材料。

铝青铜具有可与钢相比的强度，它具有高的冲击韧度与疲劳强度、耐蚀、耐磨、受冲击时不产生火花等优点。铝青铜的结晶温度间隔小，流动性好，铸造时形成集中缩孔，可获得致密的铸件。常用来制造轴承、齿轮、摩擦片、涡轮等要求高强度、高耐磨性的零件。

常用加工青铜的代号及用途见表 1-13。

表 1-13　常用加工青铜的代号及用途(GB/T 5231—2001)

类别	代号	用途举例
锡青铜	QSn4—3	弹性元件,化工机械耐磨零件和抗磁零件
	QSn6.5—0.1	弹簧接触片,精密仪器中的耐磨零件和抗磁零件
铝青铜	QAl9—2	海轮上的零件,在250℃以下工作的管配件和零件
	QAl10—3—1.5	船舶用高强度耐蚀零件,如齿轮、轴承
硅青铜	QSi3—1	弹簧、耐蚀零件以及蜗轮、蜗杆、齿轮、制动杆等
	QSi1—3	发动机和机械制造中的构件,在300℃以下工作的摩擦零件
铍青铜	QBe2	重要的弹簧和弹性元件,耐磨零件以及高压、高速、高温轴承

常用铸造青铜的牌号、成分、力学性能及用途见表 1-14。

表 1-14　常用铸造青铜的牌号、成分、力学性能及用途(GB/T 1176—1987)

类别	牌号(旧牌号)	用途举例
铸造锡青铜	ZCuSn3Zn7Pb5Ni1 (ZQSn3—7—5—1)	在各种液体燃料、海水、淡水和蒸汽(<225℃)中工作的零件、压力小于2.5MPa的阀门和管配件
	ZCuSn5Pb5Zn5 (ZQSn5—5—5)	在较高负荷、中等滑动速度下工作的耐磨、耐蚀零件,如轴瓦、缸套、活塞、离合器、蜗轮等
	ZCuSn10Pb1 (ZQSn10—1)	在高负荷、高滑动速度下工作的耐磨零件,如连杆、轴瓦、衬套、缸套、蜗轮等
铸造铅青铜	ZCuPb10Sn10 (ZQPb10—10)	表面压力高、又存在侧压的滑动轴承、轧辊、车辆轴承及内燃机的双金属轴瓦等
	ZCuPb30 (ZQPb30)	高滑动速度的双金属轴瓦、减摩零件等
铸造铝青铜	ZCuAl8Mn13Fe3 (ZQAl8—13—3)	重型机械用轴套及要求强度高、耐磨、耐压零件,如衬套、法兰、阀体、泵体等
	ZCuAl8Mn13Fe3Ni2 (ZQAl8—13—3—2)	要求强度高、耐蚀的重要铸件,如船舶螺旋桨、高压阀体及耐压、耐磨零件,如蜗轮、齿轮等

注:括号内材料牌号为旧标注(GB 1176—1974)牌号。

小　结

　　金属材料的力学性能是指金属材料在外力作用下所表现出的抵抗能力。由于载荷的形式不同,材料可表现出不同的力学性能,如强度、硬度、塑性、韧度、疲劳强度等。
　　纯金属常见的晶格结构主要有体心立方、面心立方及密排六方3种类型。
　　过冷是金属结晶的必要条件,金属的结晶过程包括形核和长大两个阶段。冷却速度越快,过冷度越大,晶核的数量越多,晶粒越细小,金属的力学性能越高。

当合金溶液凝固后，由于各组元之间的相互作用不同，可能出现 3 种基本情况：合金呈单相的固溶体；合金呈单相的金属化合物；合金由两相(固溶体相和化合物相)组成的机械混合物。它们既可以单独存在于固态合金中，也可共同存在于固态合金中。

简单介绍了二元合金相图，重点分析了铁碳合金相图。相图中的主要相变线有液相线 $ABCD$，固相线 $AHJECF$，共晶线 ECF，共析线 PSK，溶解度曲线 ES 和 PQ 等。主要的相变点有共晶点 C，含碳量 4.3%；共析点 S，含碳量 0.77%。

钢的热处理是通过加热、保温和冷却改变钢材内部组织或表面的组织，从而获得所需性能的工艺方法。钢的热处理工艺主要有退火、正火、淬火和回火。

还介绍了金属的分类、牌号及应用。

习　题

1. 简答题

(1) 什么是材料的力学性能，力学性能主要包括哪些指标？它们各自的代表符号是什么？

(2) 布氏硬度与洛氏硬度测试方法的特点有何不同？

(3) 什么是疲劳现象？什么是疲劳强度？

(4) 简述各力学性能指标是在什么载荷作用下测试的？

(5) 用标准试样测得的材料的力学性能能否直接代表材料制成零件的力学性能，为什么？

(6) 常见的金属晶胞类型有哪几种？

(7) 金属结晶时，液体的冷却速度如何影响固态金属的强度？

(8) 简述铁碳状态图中的主要点、线、区的内容。

(9) 铸铁种类的根本区别何在？

(10) 普通热处理的工艺方法有哪几种？各有何作用？

(11) 简述下列牌号的意义。

Q235A　　　45钢　　　T8　　　20CrMnTi　　　Cr12　　　HT150　　　QT400—15

KTH300—06　　　KTZT00—02　　　2A11　　　ZAlMg10

2. 计算题

现有标准圆形长、短试样各一根，原始直径 $d_0 = 10mm$，经拉伸试验测得其伸长率 δ_5、δ_{10} 均为 25%，求两试样拉断时的标距长度？这两试样中哪一个塑性较好？为什么？

第 **2** 章
铸　　造

本章学习目标

　　★ 了解铸造的特点、分类及应用；

　　★ 掌握铸造合金液体的充型能力与流动性及其影响因素，缩孔与缩松的产生与防止，铸造应力、变形与裂纹的产生与防止；

　　★ 了解常用铸造合金的铸造性能特点；

　　★ 掌握砂型铸造工艺及铸件的结构工艺性；

　　★ 了解特种铸造。

本章教学要点

知识要点	能力要求	相关知识
合金的铸造性能	掌握铸造合金液体的充型能力与流动性及其影响因素，缩孔与缩松的产生与防止，铸造应力、变形与裂纹的产生与防止	合金的流动性及其影响因素，铸件的凝固方式，铸造合金的收缩，铸造应力、变形、裂纹
常用铸造合金的铸造性能特点	了解常用铸造合金的铸造性能特点	铸铁、铸钢和铸造有色金属的铸造性能特点
砂型铸造	掌握砂型铸造工艺	造型方法，铸造工艺设计
特种铸造	了解特种铸造	熔模铸造，金属型铸造，压力铸造，低压铸造，离心铸造及铸造方法的选择
铸件结构设计	掌握铸件的结构工艺性	铸造工艺、合金铸造性能及不同铸造方法对铸件结构设计的要求

　　铸造的实质是材料的液态成形，它是机械制造中毛坯成形的主要工艺之一。铸件应用历史悠久。古代人们用铸件作钱币、祭器、兵器、工具和一些生活用具。近代，铸件主要用作机器零部件的毛坯，有些精密铸件，也可直接用作机器的零部件。铸件在机械产品中占有很大的比重，如拖拉机中，铸件重量占整机重量的 50%～70%，农业机械中占 40%～70%，机床、内燃机等中达 70%～90%。各类铸件中，以机械用的铸件品种最多，形状最复杂，用量也最大，约占铸件总产量的 60%。其次是冶金用的钢锭模和工程用的管道。铸件也与日常生活有密切关系。例如经常使用的门把、门锁、暖气片、上下水管道、铁锅、煤气炉架、熨斗等，都是铸件。

　　铸造是将液态金属在重力或外力作用下充填到型腔中，待其凝固冷却后，获得所需形状和尺寸的毛坯或零件的方法。

　　铸造有以下优点。

　　(1) 适应性广，工艺灵活性大(材料、大小、形状几乎不受限制)。

　　(2) 最适合制造形状复杂的箱体、机架、阀体、泵体、缸体等。

　　(3) 成本较低(铸件与最终零件的形状相似、尺寸相近)。

　　主要缺点有：铸件组织疏松、晶粒粗大，内部常有缩孔、缩松、气孔等缺陷产生，导致铸件力学性能，特别是冲击性能较低。

　　铸造从造型方法来分，可分为砂型铸造和特种铸造两大类。目前最常用和最基本的铸造方法是砂型铸造。

2.1　合金的铸造性能

　　铸件的质量与合金的铸造性能密切相关。合金的铸造性能是指合金在铸造过程中呈现出的工艺性能，如充型能力、收缩性、偏析、吸气等。其中液态合金的充型能力和收缩性是影响铸造工艺及铸件质量的两个最基本的问题。

2.1.1　合金的流动性及其影响因素

　　液态合金充满型腔的过程称为充型。液态合金充满型腔是获得形状完整、轮廓清晰合格铸件的保证，铸件的很多缺陷都是在此阶段形成的。

1. 合金的流动性及充型能力

　　液态合金的流动能力称为流动性。液态合金充满型腔，形成轮廓清晰、形状和尺寸符合要求的优质铸件的能力，称为液态合金的充型能力。流动性是液态合金本身的属性。液态合金的充型能力首先取决于液态合金本身的流动性，同时又与外界条件，如铸型性质、浇注条件、铸件结构等因素密切相关，是各种因素的综合反应。

　　液态合金的流动性好，易于充满型腔，有利于气体和非金属夹杂物上浮和对铸件进行补缩。流动性差，则充型能力差，铸件易产生浇不到、冷隔、气孔和夹渣等缺陷。

　　合金的流动性通常用螺旋形流动性试样衡量，如图 2.1 所示。浇注的试样越长，其流动性越好。常用合金的流动性见表 2-1。

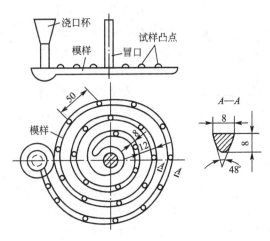

图 2.1　螺旋形流动试样

表 2-1　常用合金的流动性(砂型，试样截面 8mm×8mm)

合金种类	铸型种类	浇注温度/℃	螺旋线长度/mm
铸铁　$w_{C+Si}=6.2\%$	砂型	1300	1800
$w_{C+Si}=5.9\%$	砂型	1300	1300
$w_{C+Si}=5.2\%$	砂型	1300	1000
$w_{C+Si}=4.2\%$	砂型	1300	600
铸钢　$w_C=0.4\%$	砂型	1600	100
	砂型	1640	200
铝硅合金(硅铝明)	金属型(预热温度 300℃)	680~720	700~800
镁合金(含 Al 和 Zn)	砂型	700	400~600
锡青铜($w_{Sn}\approx10\%$, $w_{Zn}\approx2\%$)	砂型	1040	420
硅黄铜($w_{Si}=1.5\%\sim4.5\%$)	砂型	1100	1000

2. 影响流动性和充型能力的因素

1) 化学成分

纯金属和共晶成分的合金在恒温下进行结晶，液态合金从表层逐渐向中心凝固，固液界面比较光滑，对液态合金的流动阻力较小，同时，共晶成分合金的凝固温度最低，可获得较大的过热度(过热度 $\Delta t=t_{浇}-t_{液}$)，推迟了合金的凝固，故流动性最好；非共晶成分的合金是在一定温度范围内结晶的，由于初生树枝状晶体与液体金属两相共存，粗糙的固液界面使合金的流动阻力加大，合金的流动性大大下降，且合金的结晶温度区间越宽，流动性越差。

图 2.2 所示为铁-碳合金的流动性与含碳量之间的关系。由图可见，亚共晶铸铁随含碳量增加，结晶温度区间减小，流动性逐渐提高。愈接近共晶成分，合金的流动性愈好。

2) 铸型的结构和性质

当合金的流动性一定时，铸型结构对液态合金的充型能力有较大影响，主要影响为型腔的阻力和铸型的导热能力。

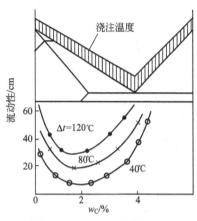

图 2.2　Fe-C 合金的流动
性与含碳量的关系

（1）铸件结构越复杂，型腔结构就越复杂，液态合金流动时的阻力也越大，其充型能力就越差。铸件壁厚越小，型腔就越窄小，液态合金的散热也越快，其充型能力就越差。

（2）铸型材料。铸型材料的导热系数越大，液态合金降温越快，其充型能力就越差。

（3）铸型温度。铸型的温度低、热容量大，充型能力下降；铸型温度高，合金液与铸型的温差越小，散热速度越小，保持流动的时间越长，充型能力上升。

（4）铸型中的气体。在合金液的热作用下，铸型（尤其是砂型）将产生大量的气体，如果气体不能顺利排出，型腔中的气压将增大，就会阻碍液态合金的流动。

3）浇注条件

浇注温度、充型压力和浇注系统结构等条件对铸件质量的影响如下。

（1）浇注温度。提高浇注温度，可使合金保持液态的时间延长，使合金凝固前传给铸型的热量多，从而降低液态合金的冷却速度，还可使液态合金的黏度减小，显著提高合金的流动性。但随着浇注温度的提高，铸件的一次结晶组织变得粗大，且易产生气孔、缩孔、粘砂、裂纹等缺陷，故在保证充型能力的前提下，浇注温度应尽量低。通常铸钢的浇注温度为 $1520\sim1620℃$；铸铁的浇注温度为 $1230\sim1450℃$；铝合金的浇注温度为 $680\sim780℃$。

（2）充型压力。液态金属在流动方向上所受到的压力越大，充型能力就越好。如通过提高浇注时的静压头的方法，可提高充型能力。一些特种工艺，如压力铸造、低压铸造、离心铸造等，充型时合金液受到的压力较大，充型能力较好。

（3）浇注系统。浇注系统的结构越复杂，流动的阻力就越大，充型能力就越低。铸型的结构越复杂、导热性越好，合金的流动性就越差。提高合金的浇注温度和浇注速度，以及增大静压头的高度会使合金的流动性增加。

2.1.2　铸件的凝固方式

铸件的成形过程是液态金属在铸型中的凝固过程。合金的凝固方式对铸件的质量、性能以及铸造工艺等都有极大的影响。

铸件在凝固过程中，其截面一般存在 3 个区域，即固相区、凝固区和液相区，其中液相和固相并存的凝固区对铸件质量影响最大。通常根据凝固区的宽窄将铸件的凝固方式分为以下三种凝固方式。

（1）逐层凝固。纯金属或共晶成分的合金在恒温下结晶，凝固过程中因不存在液、固相并存的凝固区，故截面上外层的固体和内层的液体由一条界线（凝固前沿）清楚地分开，如图 2.3(a)所示。随着温度的下降，固体层不断加厚，液体层不断减少，直到中心层全部凝固。这种凝固方式称为逐层凝固。

（2）中间凝固。金属的结晶温度范围较窄，或结晶温度范围虽宽，但铸件截面温度梯度大，铸件截面上的凝固区域介于逐层凝固和体积凝固之间的凝固方式称为中间凝固，如

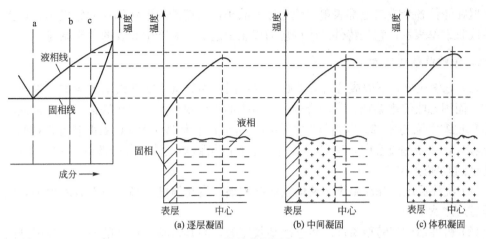

图 2.3　铸件的凝固方式

图 2.3(b)所示。大多数合金均属于中间凝固方式。

（3）体积凝固。当合金的结晶温度范围很宽，或因铸件截面温度梯度小，在凝固的某段时间内，铸件表面并不存在固体层，而液、固并存的凝固区贯穿整个截面，如图 2.3(c)所示。这种凝固方式称为体积凝固（或称糊状凝固）。

影响铸件凝固方式的主要因素是合金的结晶温度范围（取决于合金成分）和铸件的温度梯度。合金的结晶温度范围愈小，凝固区域愈窄，愈倾向于逐层凝固；对于一定成分的合金，结晶温度范围已定，凝固方式取决于铸件截面的温度梯度，温度梯度越大、对应的凝固区域越窄，越趋向于逐层凝固。温度梯度又受合金性质、铸型的蓄热能力、浇注温度等因素影响。合金的凝固温度愈低、热导率愈高、结晶潜热愈大，铸件内部温度均匀化能力愈大，而铸型的激冷作用变小，故温度梯度小（如多数铝合金）；铸型的蓄热能力愈强、激冷能力愈强，铸件温度梯度愈大；浇注温度愈高，因带入铸型中热量增多，铸件温度梯度减小。

凝固方式影响铸件质量。通常，逐层凝固时，合金的充型能力强，产生冷隔、浇不足、缩孔、缩松、热裂等缺陷的倾向小。因此，当采用结晶温度范围宽的合金（如有些有色金属、球墨铸铁等）时，应采取适当的工艺措施，增大铸件截面的温度梯度，减小其凝固区域，防止某些铸造缺陷的产生。

2.1.3　铸造合金的收缩

1. 收缩的概念

液态合金在凝固和冷却过程中，体积和尺寸减小的现象称为合金的收缩。收缩能使铸件产生缩孔、缩松、裂纹、变形和内应力等缺陷。金属从液态冷却到室温，要经历三个相互联系的收缩阶段。

（1）液态收缩——从浇注温度冷却到凝固开始温度之间的收缩。

（2）凝固收缩——从凝固开始温度冷却到凝固终止温度之间的收缩。

（3）固态收缩——从凝固终止温度冷却到室温之间的收缩。

合金的液态收缩和凝固收缩，表现为合金体积的缩小，使型腔内金属液面下降，通常用体收缩率表示，它们是铸件产生缩孔和缩松的根本原因；固态收缩虽然也引起体积的变化，但在铸件各个方向上都表现出线尺寸的减小，对铸件的形状和尺寸精度影响最大，故常用线收缩率表示，它是铸件产生内应力以至引起变形和产生裂纹的主要原因。

2. 影响收缩的因素

（1）化学成分。不同成分合金的收缩率不同，如碳素钢随含碳量的增加，凝固收缩率增加，而固态收缩率略减。常用合金中，铸钢的收缩率最大，灰铸铁最小。几种铁碳合金的体积收缩率见表2-2。灰铸铁收缩率小是由于其中大部分碳是以石墨状态存在的，石墨的比容大，在结晶过程中，析出石墨所产生的体积膨胀抵消了部分收缩。故含碳量越高，灰铸铁的收缩越小。

（2）浇注温度。浇注温度主要影响液态收缩。浇注温度升高，液态收缩增加，则总收缩量相应增大。

（3）铸件结构与铸型条件。铸件冷却收缩时，因其形状、尺寸的不同，各部分的冷却速度不同，导致收缩不一致，且互相阻碍；此外，铸型和型芯对铸件收缩产生阻碍，故铸件的实际收缩率总是小于其自由收缩率，但会增大铸造应力。

表2-2 几种铁碳合金的体收缩率

合金种类	含碳量(%)	浇注温度/℃	液态收缩(%)	凝固收缩(%)	固态收缩(%)	总体积收缩(%)
碳素铸钢	0.35	1610	1.6	3.0	7.86	12.46
白口铸铁	3.0	1400	2.4	4.2	5.4～6.3	12～12.9
灰铸铁	3.5	1400	3.5	0.1	3.3～4.2	6.9～7.8

3. 收缩对铸件质量的影响

（1）缩孔和缩松的形成。若液态收缩和凝固收缩所缩减的体积得不到补足，则会在铸件的最后凝固部位形成一些孔洞。按照孔洞的大小和分布，可将其分为缩孔和缩松两类。

缩孔是集中在铸件上部或最后凝固部位，容积较大的孔洞。缩孔多呈倒圆锥形，内表面粗糙。缩松是分散在铸件某些区域内的微小孔洞。

缩孔的形成，主要出现在金属在恒温或很窄温度范围内结晶，铸件壁呈逐层凝固方式的条件下，如图2.4所示。当液态合金填满铸型后，由于铸型的吸热和不断散热，合金由表及里逐层凝固。靠近型腔表面的金属最先凝固结壳，此时内浇道也凝固，随着凝固过程的进行，硬壳逐渐加厚，同时内部的剩余液体，由于本身的液态收缩和补充凝固层的凝固收缩使体积减小，液面逐渐下降。由于硬壳内的液态合金因收缩得不到补充，当铸件全部凝固后，在其上部形成了一个倒锥形的空洞——缩孔。已经产生缩孔的铸件自凝固终了温度冷却到室温，因固态收缩使外形尺寸有所减小。

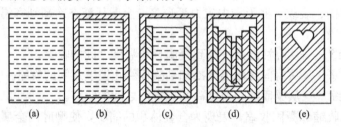

(a)   (b)   (c)   (d)   (e)

图2.4 缩孔形成过程示意图

可见，铸件中的缩孔是由于合金的液态收缩和凝固收缩得不到补充而产生的。合金的液态收缩和凝固收缩越大，浇注温度越高，铸件的壁越厚，缩孔的容积就越大。

缩松的形成，主要出现在呈体积凝固方式的合金中或截面较大的铸件壁中，是由树枝状晶体分隔开的封闭的液体区收缩难以得到补缩所致，如图 2.5 所示。

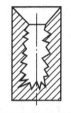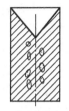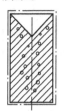

(a) 锯齿形凝固前沿　　　　　　(b) 形成液体小区　　　　　　(c) 形成缩松

图 2.5　缩松的形成过程

缩松大多分布在铸件中心轴线处、热节处、冒口根部、内浇口附近或缩孔下方，它分布面广，难以控制，因而对铸件的力学性能影响很大，是铸件最危险的缺陷之一。

铸件中的缩松也是由于合金的液态收缩和凝固收缩得不到补充而产生的。

(2) 缩孔和缩松的防止。缩孔和缩松使铸件受力的有效面积减小，而且在孔洞处易产生应力集中，使铸件力学性能大大减低，以致成为废品。为此必须采取适当的措施加以防止。

防止缩孔的根本措施是采用顺序凝固原则，即在铸件可能出现缩孔的厚大部位，通过安放冒口等工艺措施，使铸件上远离冒口的部位最先凝固（图 2.6 中的 Ⅰ 区），接着是靠近冒口的部位凝固（图 2.6 中的 Ⅱ 区、Ⅲ 区），冒口本身最后凝固。按照这样的凝固顺序，先凝固部位的收缩，由后凝固部位的金属液来补充；后凝固部位的收缩，由冒口中的金属液来补充，从而将缩孔转移到冒口之中。切除冒口便可得到无缩孔的致密铸件。

为了实现顺序凝固，安放冒口的同时，在铸件上某些厚大部位（热节）增设冷铁，如图 2.7 所示，加快底部凸台的冷却速度，从而实现了自下而上的顺序凝固。

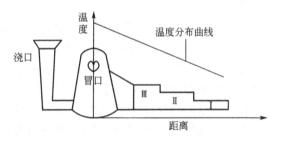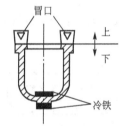

图 2.6　顺序凝固示意图　　　　　　　**图 2.7　冷铁的应用**

2.1.4　铸造应力、变形、裂纹

1. 铸造应力

随着温度的下降，铸件会产生固态收缩，有些合金甚至还会因发生固态相变而引起收缩或膨胀，这些收缩或膨胀若受到阻碍或因铸件各部分互相牵制，都将在铸件内部产生应力。

1）铸造应力的种类

按照铸造内应力产生的原因可分为热应力、机械应力和相变应力三种，它们是铸件产生变形和裂纹的基本原因。

（1）热应力。由于铸件各部分冷却速度不同，以致在同一时期铸件各部分收缩不一致而引起内应力，称为热应力。

如图 2.8 所示为框形铸件热应力的形成过程。应力框由一根粗杆Ⅰ和两根细杆Ⅱ组成，如图 2.8(a)所示。图的上部表示了杆Ⅰ和杆Ⅱ的冷却曲线，$T_{临}$ 表示金属弹塑性临界温度。当铸件处于高温阶段时，两杆均处于塑性状态，尽管杆Ⅰ和杆Ⅱ的冷却速度不同，收缩不一致会产生应力，但铸件可以通过两杆的塑性变形使应力很快自行消失。温度继续下降，细杆Ⅱ由于冷却速度快，先进入弹性状态，而粗杆Ⅰ仍处于塑性状态($t_1 \sim t_2$)。细杆Ⅱ收缩大于粗杆Ⅰ，由于相互制约，细杆Ⅱ受拉伸，粗杆Ⅰ受压缩，如图 2.8(b)所示，形成了应力。但此时的应力会随着粗杆Ⅰ的压缩变形而消失，如图 2.8(c)所示。当温度继续下降到 $t_2 \sim t_3$ 时，已被压缩的粗杆Ⅰ也进入弹性状态，此时，粗杆Ⅰ温度高于细杆Ⅱ，还会有较大的收缩。因此，当粗杆Ⅰ收缩时必然会受到细杆Ⅱ的阻碍，此时，细杆Ⅱ受压缩，而粗杆Ⅰ受拉伸，直到室温，在铸件中形成了残余应力，如图 2.8(d)所示。图 2.8中，+表示拉应力，－表示压应力。

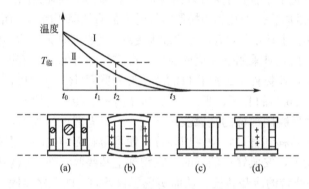

图 2.8　热应力的形成过程

可见，热应力使铸件的厚壁或心部受拉应力，薄壁或表层受压应力。铸件的壁厚差越大，合金的线收缩率越大，热应力越大。顺序凝固时，由于铸件各部分的冷却速度不一致，产生的热应力较大，铸件易出现变形和裂纹，应予以注意。

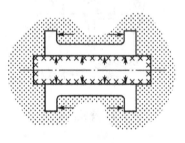

图 2.9　机械应力

（2）机械应力。金属冷却到弹性状态后，因收缩受到铸型、型芯、浇冒口、箱挡等的机械阻碍而形成的内应力，称为机械应力。形成应力的原因一旦消失（如铸件落砂或去除浇口后），机械应力也就随之消失。所以机械应力是临时应力，如图 2.9 所示。

（3）相变应力。铸件在冷却过程中往往产生固态相变，相变产物往往具有不同的比容。例如，碳钢发生 $\delta \rightarrow \gamma$ 转变时，体积缩小；发生 $\gamma \rightarrow \alpha$ 转变时，体积膨大。铸件在冷却过程中，各部分冷却速度不同，导致相变不同时发生，则会产生相变应力。

综上所述，铸造应力是热应力、相变应力和机械应力的总和。在某一瞬间，应力的总和大于金属在该温度下的强度极限时，铸件就要产生裂纹。当铸件冷却到常温并经落砂后，只有残余应力对铸件质量有影响，这是铸件常温下产生变形和开裂的主要原因。残余应力也并非永久性的，在一定的温度下，经过一定的时间后，铸件各部分的应力会重新分配，也会使铸件产生塑性变形，变形以后应力消失。

2）减小应力的措施

在铸造工艺上采取同时凝固原则，是减少和消除铸造应力的重要工艺措施。同时凝固是指采取一些工艺措施，尽量减小铸件各部位间的温度差，使铸件各部位同时冷却凝固(图 2.10)。同时凝固的铸件中心易出现缩松，影响铸件致密性。所以，同时凝固主要用于收缩较小的一般灰铸铁和球墨铸铁件，壁厚均匀的薄壁铸件，以及气密性要求不高的铸件等。

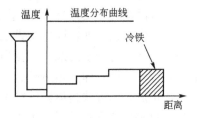

图 2.10　同时凝固示意图

铸件形状愈复杂，各部分壁厚相差愈大，冷却时温度就会愈不均匀，铸造应力就愈大。因此，在设计铸件时应尽量使铸件形状简单、对称、壁厚均匀。

将铸件加热到 550~650℃之间保温，进行去应力退火可消除残余内应力。

2. 铸件的变形

具有残余应力的铸件，其状态处于不稳定状态，将自发地进行变形以减少内应力趋于稳定状态。显然，只有原来受拉伸部分产生压缩变形，受压缩部分产生拉伸变形，才能使铸件中的残余应力减少或消除。铸件变形的结果将导致铸件产生扭曲。图 2.11 所示的 T 形梁铸钢件，由于壁厚不均匀发生翘曲变形，变形的方向是厚的部分向内凹，薄的部分向外凸，如图所示。

铸造变形的根本原因在于铸造应力的存在，消除铸造应力的工艺措施也是防止变形的根本方法。此外，工艺上亦可采取一些方法来防止铸件变形的发生。

采用反变形法。在统计铸件变形规律的基础上，在模样上预先做出相当于铸件变形量的反变形量，以抵消铸件的变形。

进行时效处理。铸件产生挠曲变形后，只能减少应力，而不能完全消除应力。机加工后，由于失去平衡的残余应力存在于零件内部，经过一段时间后又会产生二次挠曲变形，造成零件失去应有的精度。为此，对于不允许发生变形的重要机件(如机床床身、变速箱体等)必须进行时效处理。时效处理可分为自然时效和人工时效。自然时效是将铸件置于露天半年以上，使其缓慢发生变形，从而消除内应力。人工时效是将铸件加热到 550~650℃进行去应力退火。

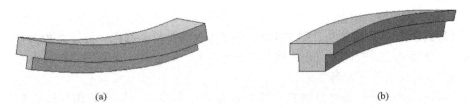

(a)　　　　　　　　　　　　　　　　　　(b)

图 2.11　T 型梁铸钢件变形示意图

3. 铸件的裂纹

当铸造内应力超过金属材料的抗拉强度时，铸件便产生裂纹，根据产生温度的不同，裂纹可分为热裂和冷裂两种。

1) 热裂

热裂纹是在凝固末期固相线附近的高温下形成的，裂纹沿晶界产生和发展，特征是尺寸较短、缝隙较宽、形状曲折、缝内呈严重的氧化色。热裂常发生在应力集中的部位（拐角处、截面厚度突变处）或铸件最后凝固区的缩孔附近或尾部。

在铸件凝固末期，固体的骨架已经形成，但枝晶间仍残留少量液体，此时的强度、塑性极低。当固态合金的线收缩受到铸型、芯子或其他因素的阻碍，产生的应力若超过该温度下合金的强度，即产生热裂。

防止热裂的方法是使铸件结构合理，改善铸型和型芯的退让性；严格限制钢和铸铁中硫的含量等。特别是后者，因为硫能增加钢和铸铁的热脆性，使合金的高温强度降低。

2) 冷裂

冷裂是铸件冷却到低温处于弹性状态时，铸造应力超过合金的强度极限而产生的。冷裂纹的特征是表面光滑，具有金属光泽或呈微氧化色，贯穿整个晶粒，常呈圆滑曲线或直线状。脆性大、塑性差的合金，如白口铸铁、高碳钢及某些合金钢，最易产生冷裂纹，大型复杂铸铁件也易产生冷裂纹。冷裂往往出现在铸件受拉应力的部位，特别是应力集中的部位。

防止冷裂的方法是减小铸造内应力和降低合金的脆性。如铸件壁厚要均匀；增加型砂和芯砂的退让性；降低钢和铸铁中的含磷量，因为磷能显著降低合金的冲击韧度，使钢产生冷脆。如铸钢的磷含量大于 0.1%、铸铁的含磷量大于 0.5%时，因冲击韧度急剧下降，冷裂倾向明显增加。

2.2 常用铸造合金的铸造性能特点

常用的铸造合金有铸铁、铸钢、铸造有色金属等，其中以铸铁应用最广。据统计，铸铁件占铸件总重量的 70%～75%，其次是铸钢件和铸造有色金属。

1. 铸铁

常用的铸铁材料有灰铸铁、可锻铸铁、球墨铸铁等。

1) 灰铸铁

由于熔点较低，铁水流动性好，凝固温度范围小，凝固收缩小，因而灰铸铁具有良好的铸造性能。

2) 可锻铸铁

可锻铸铁是由白口铸铁通过长时间的石墨化退火获得的，其碳、硅含量较低，熔点比灰铸铁高，凝固温度范围也较大，故铁水的流动性差。铸造时，必须适当提高铁水的浇铸温度，以防止冷隔、浇不足等缺陷。

可锻铸铁的铸态组织为白口铸铁，没有石墨化膨胀阶段，体积收缩和线收缩都比较大，故形成缩孔和裂纹的倾向较大。在设计铸件时除应考虑合理的结构形状外，在铸造工艺上应采取顺序凝固原则，设置冒口和冷铁，适当提高砂型的退让性和耐火性等措施，以防止铸件产生缩孔、缩松、裂纹及粘砂等缺陷。

3) 球墨铸铁

球墨铸铁的铸造性能介于灰铸铁与铸钢之间。其流动性与灰铸铁基本相同，但因球化处理时铁水温度有所降低，易产生浇不足、冷隔等缺陷。为此，必须适当提高铁水的出炉温度，以保证必需的浇铸温度。

球墨铸铁的结晶特点是在凝固收缩前有较大的膨胀（即石墨化膨胀），当铸型刚度小时，铸件的外形尺寸会胀大，从而增大缩孔和缩松倾向。应采用提高铸型刚度，增设冒口等工艺措施，来防止缩孔、缩松缺陷的产生。

另外，由于铁水中的 MgS 与砂型中的水分作用生成 H_2S 气体，使球墨铸铁容易产生皮下气孔。因此，必须严格控制砂型的水分，并适当提高砂型的透气性。

2. 铸钢

铸钢的熔点高，容易产生粘砂等缺陷。因此，铸钢用型（芯）砂应具有较高的耐火性、透气性和强度。如选用颗粒大而均匀、耐火性好的石英砂制作砂型，烘干铸型，铸型表面涂以石英粉配制的涂料等。

铸钢的流动性比铸铁差，易产生浇不足、冷隔等缺陷。应采用干砂型，增大浇铸系统截面积，保证足够的浇铸温度等措施，提高铁水的充型能力。

铸钢的收缩性大，产生缩孔、缩松、裂纹等缺陷的倾向大，所以，铸钢件往往要设置数量较多、尺寸较大的冒口，采用顺序凝固原则，以防止缩孔和缩松的产生，并通过改善铸件结构，增加铸型（型芯）的退让性和溃散性，增设防裂筋，降低钢水硫、磷含量等措施，防止裂纹的产生。

3. 铸造有色金属

常用的铸造有色金属有铝合金、铜合金等。它们大都具有流动性好，收缩性大，容易吸气和氧化等铸造特点。有色合金的熔炼，要求金属炉料与燃料不直接接触，以免有害杂质混入以及合金元素急剧烧损，所以大都在坩埚内熔炼。所用的炉料和工具都要充分预热，去除水分、油污、锈迹等杂质，尽量缩短熔炼时间。不宜在高温下长时间停留，以免氧化。

2.3　砂型铸造

将液态金属浇入用型砂紧实成的铸型中，待凝固冷却后，将铸型破坏，取出铸件的铸造方法称为砂型铸造。砂型铸造是传统的铸造方法，它适用于各种形状、大小及各种常用合金铸件的生产。砂型铸造工艺，如图 2.12 所示。主要工序包括制造模样、制备造型材

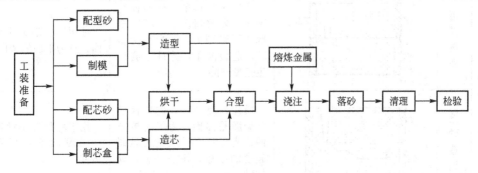

图 2.12　砂型铸造工艺流程

料、造型、制芯、合型、熔炼、浇注、落砂、清理与检验等。

2.3.1 造型方法

造型是指用型砂及模样等工艺装备制造铸型的过程。造型是砂型铸造最基本的工序，通常分为手工造型和机器造型两大类。造型方法的选择是否合理，对铸件质量和成本有着很大影响。

1. 手工造型

手工造型是全部用手工或手动工具完成的造型工序。手工造型的特点是操作方便灵活、适应性强，模样生产准备时间短。但生产率低，劳动强度大，铸件质量不易保证。只适用于单件或小批量生产。

各种常用手工造型方法的特点及其适用范围见表 2 - 3。

表 2 - 3　常用手工造型方法的特点和应用范围

造型方法		主要特点	适用范围
按砂箱特征区分	两箱造型	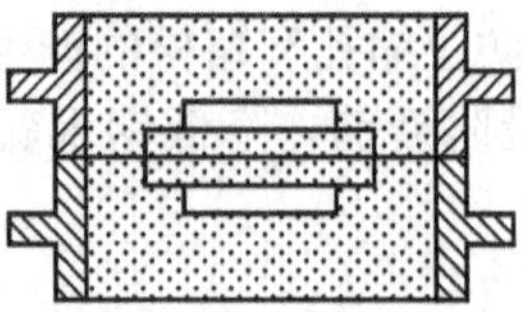 铸型由上型和下型组成，造型、起模、修型等操作比较方便。是造型最基本的方法	适用于各种生产批量，各种大、中、小铸件
	三箱造型	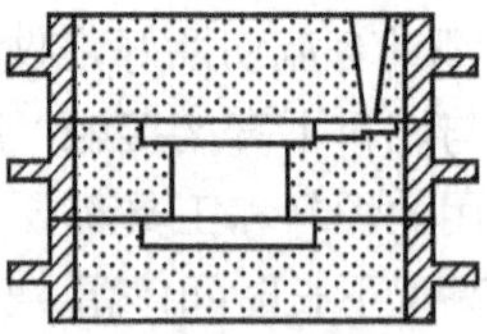 铸型由上、中、下三部分组成，中型的高度须与铸件两个分型面的间距相适应。三箱造型费工，应尽量避免使用	主要用于单件、小批量生产具有两个分型面的铸件
	地坑造型	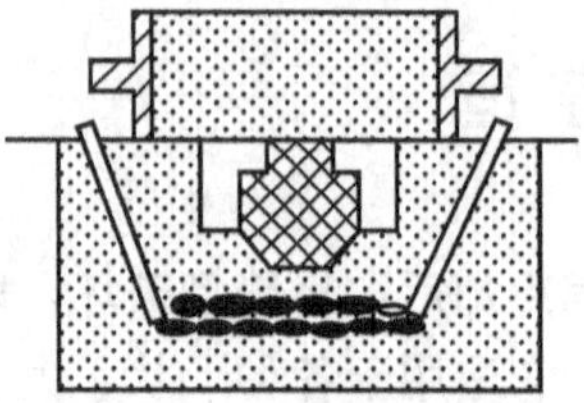 在车间地坑内造型，用地坑代替下砂箱，只要一个上砂箱，可减少砂箱的投资。但造型费工，而且要求操作者的技术水平较高	常用于砂箱数量不足，制造批量不大或质量要求不高的大、中型铸件
按模样特征区分	整模造型	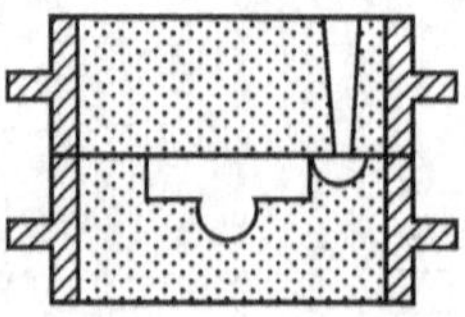 模样是整体的，分型面是平面，多数情况下，型腔全部在下半型内，上半型无型腔。造型简单，铸件不会产生错型缺陷	适用于一端为最大截面，且为平面的铸件
	挖砂造型	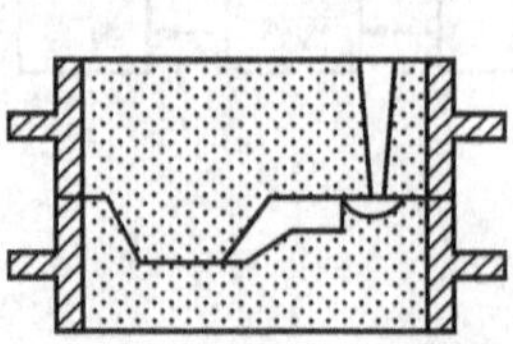 模样是整体的，但铸件的分型面是曲面。为了起模方便，造型时用手工挖去阻碍起模的型砂。每造一件，就挖砂一次，费工、生产率低	用于单件或小批量生产分型面不是平面的铸件

（续）

造型方法		主要特点	适用范围
按模样特征区分	假箱造型	为了克服挖砂造型的缺点，先将模样放在一个预先做好的假箱上，然后放在假箱上造下型，假箱不参与浇注，省去挖砂操作。操作简便，分型面整齐	用于成批生产分型面不是平面的铸件
	分模造型	将模样沿最大截面处分为两半，型腔分别位于上、下两个半型内。造型简单，节省工时	常用于最大截面在中部的铸件
	活块造型	铸件上有妨碍起模的小凸台、肋条等。制模时将此部分作成活块，在主体模样起出后，从侧面取出活块。造型费工，要求操作者的技术水平较高	主要用于单件、小批量生产带有突出部分、难以起模的铸件
	刮板造型	用刮板代替模样造型。可大大降低模样成本，节约木材，缩短生产周期。但生产率低，要求操作者的技术水平较高	主要用于有等截面的或回转体的大、中型铸件的单件或小批量生产

2. 机器造型

机器造型是指用机器完成全部或至少完成紧砂操作的造型工序。与手工造型相比，机器造型能够显著提高劳动生产率，铸型紧实度高而均匀，型腔轮廓清晰，铸件质量稳定，并能提高铸件的尺寸精度、表面质量，使加工余量减小，改善劳动条件，是大批量生产砂型的主要方法。但由于机器造型需造型机、模板及特制砂箱等专用机器设备，其费用高，生产准备时间长，故只适用中、小铸件的成批或大量生产。

（1）机器造型紧实砂型的方法。机器造型紧实砂型的方法很多，最常用的是振压紧实和压实紧实法等。

振压紧实法如图 2.13 所示，砂箱放在

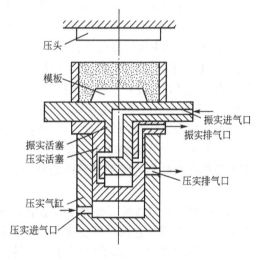

图 2.13　振压式造型机工作原理

（压头、模板、振实进气口、振实排气口、振实活塞、压实活塞、压实排气口、压实气缸、压实进气口）

带有模样的模板上，填满型砂后靠压缩空气的动力，使砂箱与模板一起振动而紧砂，再用压头压实型砂即可。

压实法是直接在压力作用下使型砂得到紧实。如图 2.14 所示，固定在横梁上的压头将辅助框内的型砂从上面压入砂箱得以紧实。

(2) 起模方法。为了实现机械起模，机器造型所用的模样与底板连成一体，称为模板。模板上有定位销与砂箱精确定位。图 2.15 是顶箱起模的示意图。起模时，四个顶杆在起模液压缸的驱动下一起将砂箱顶起一定高度，从而使固定在模板上的模样与砂型脱离。

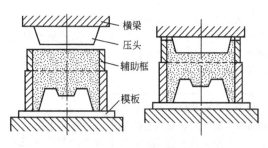

图 2.14　压实法示意图

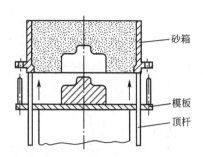

图 2.15　顶箱起模示意图

2.3.2　铸造工艺设计

铸造生产必须首先根据零件结构特点、技术要求、生产批量和生产条件进行铸造工艺设计，并绘制铸造工艺图。铸造工艺包括铸件浇注位置和分型面位置，加工余量、收缩率和拔模斜度等工艺参数，型芯和芯头结构，浇注系统、冒口和冷铁的布置等。铸造工艺图是在零件图上绘制出制造模样和铸型所需技术的资料，并表达铸造工艺方案的图形。

1. 铸件浇注位置的选择

铸件的浇注位置是指浇注时铸件在铸型内所处的空间位置。铸件浇注时的位置，对铸件质量、造型方法、砂箱尺寸、机械加工余量等都有着很大的影响。在选择浇注位置时应以保证铸件质量为主，一般注意以下几个原则。

(1) 铸件的重要加工面应处于型腔底面或位于侧面。因为浇注时气体、夹杂物易漂浮在金属液上面，下面金属质量纯净，组织致密。

图 2.16 所示为车床床身铸件的浇注位置方案。由于床身导轨面是重要表面，不允许有明显的表面缺陷，而且要求组织致密，因此应将导轨面朝下浇注。

图 2.17 所示为起重机卷扬筒的浇注位置方案。采用立式浇注，由于全部圆周表面均处于侧立位置，其质量均匀一致、较易获得合格的铸件。

(2) 铸件的大平面应朝下。由于在浇注过程中金属液对型腔上表面有强烈的热辐射，铸型因急剧热膨胀和强度下降易拱起开裂，从而形成夹砂缺陷。如图 2.18 所示，铸件的大平面应朝下。

(3) 面积较大的薄壁部分置于铸型下部或使其处于垂直或倾斜位置，这样有利于金属的充填，可以有效防止铸件产生浇不足或冷隔等缺陷。如图 2.19 所示为箱盖的合理浇注位置，它将铸件的大面积薄壁部分放在铸型下面，使其能在较高的金属液压力下充满铸型。

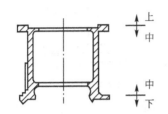

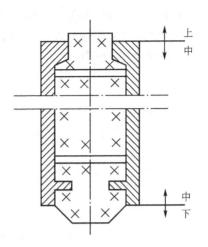

图 2.16　床身的浇注位置　　　　　　图 2.17　起重机卷扬筒的浇注位置方案

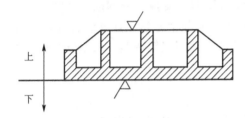

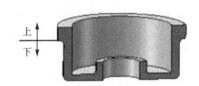

图 2.18　具有大平面的铸件的正确浇注位置　　　图 2.19　箱盖浇注时的正确位置示意图

（4）对于容易产生缩孔的铸件，应将厚大部分放在分型面附近的上部或侧面，以便在铸件厚壁处直接安置冒口，使之实现自下而上的定向凝固。如前述之铸钢卷扬筒，浇注时厚端放在上部是合理的；反之，若厚端在下部，则难以补缩。

　　2. 铸型分型面的选择原则

　　分型面是指两半铸型相互接触的表面。分型面决定了铸件（模样）在造型时的位置。铸型分型面的选择不恰当会影响铸件质量，使制模、制型、造芯、合箱或清理等工序复杂化，甚至还可增大切削加工的工作量。在选择分型面时应注意以下原则。

　　（1）为便于起模，分型面应尽量选在铸件的最大截面处，并力求采用平直面。

　　如图 2.20 所示零件，若按(a)图确定分型面则不便于起模，分型面选择不当；改为(b)图的最大截面处则便于起模，分型面选择合理。

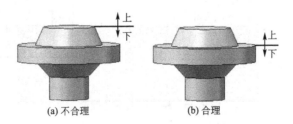

(a) 不合理　　　　　　　　　(b) 合理

图 2.20　分型面应选在最大截面处示意图

如图 2.21 所示为一起重臂铸件，图(b)中所示的分型面为一平面，故可采用较简便的分模造型；如果选用图(a)所示的弯曲分型面，则需采用挖砂或假箱造型，而在大量生产中则使机器造型的模板制造费用增加。

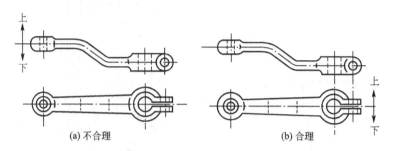

(a) 不合理　　　　　　　　　　　　　(b) 合理

图 2.21　起重臂的分型面

(2) 应尽量使铸型只有一个分型面，以便采用工艺简便的两箱造型。多一个分型面，铸型就增加一些误差，使铸件的精度降低。有时可用型芯来减少分型面。如图 2.22 所示的绳轮铸件，由于绳轮的圆周面外侧内凹，采用不同的分型方案，其分型面数量不同。采用(a)图方案，铸型必须有两个分型面才能取出模样，即用三箱造型。采用(b)图方案，铸型只有一个分型面，采用两箱造型即可。

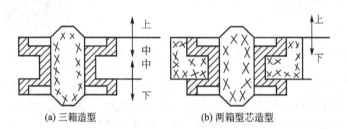

(a) 三箱造型　　　　　　　　　　　(b) 两箱型芯造型

图 2.22　绳轮采用型芯使三箱造型变为两箱造

(3) 尽量使铸件全部或大部置于同一砂箱内，并使铸件的重要加工面、工作面、加工基准面及主要型芯位于下型内。这样便于型芯的安放和检验，还可使上型的高度降低，便于合箱，并可保证铸件的尺寸精度，防止错箱。如图 2.23 所示为管子堵头分型面的选择，如采用方案(c)可使铸件全部放在下型，避免了错箱，铸件质量得到了保证。

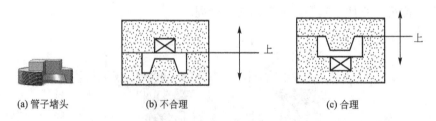

(a) 管子堵头　　　　　　(b) 不合理　　　　　　(c) 合理

图 2.23　螺栓塞头的分型面

(4) 铸件的非加工面上，尽量避免有披缝，如图 2.24 所示。

分型面的上述原则，对于某个具体的铸件来说难以全面满足，有时甚至互相矛

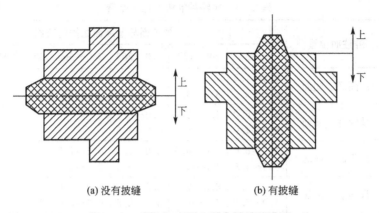

(a) 没有披缝   (b) 有披缝

图 2.24   在非加工面上避免披缝的方法

盾。因此，必须抓住主要矛盾、全面考虑，至于次要矛盾，则应从工艺措施上设法解决。

在确定浇注位置和分型面时，一般情况下，应先保证铸件质量选择浇注位置，而后通过简化造型工艺确定分型面。但在实际生产中，有时二者的确会相互矛盾，必须综合分析各种方案的利弊，选择最佳方案。

3. 工艺参数的确定

铸造工艺参数是指铸造工艺设计时，需要确定的某些工艺数据。这些工艺数据一般与模样和芯盒尺寸有关，同时也与造型、制芯、下芯及合型的工艺过程有关。选择不当会影响铸件的精度、生产率和成本。常见的工艺参数有如下几项。

(1) 收缩率。由于合金的线收缩，铸件冷却后的尺寸比型腔尺寸略为缩小，为保证铸件的应有尺寸，模样和芯盒的尺寸必须比铸件加大一个收缩的尺寸。加大的这部分尺寸称收缩量，一般根据合金铸造收缩率来定。铸造收缩率 K 的表达式为

$$K = \frac{L_{模} - L_{件}}{L_{件}} \times 100\% \qquad (2-1)$$

式中 $L_{模}$——模样或芯盒工作面的尺寸(mm)；

$L_{件}$——铸件的尺寸(mm)。

收缩率的大小取决于铸造合金的种类及铸件的结构、尺寸等因素。通常，灰铸铁的铸造收缩率为 0.7%～1.0%，铸造碳钢为 1.3%～2.0%，铸造锡青铜为 1.2%～1.4%。

(2) 加工余量。在铸件的加工面上为切削加工而加大的尺寸称为机械加工余量。加工余量过大，会浪费金属和加工工时，过小则达不到加工要求，影响产品质量。加工余量取决于铸件生产批量、合金的种类、铸件的大小、加工面与基准面之间的距离及加工面在浇注时的位置等。采用机器造型，铸件精度高，余量可减小；手工造型误差大，余量应加大。铸钢件因收缩大、表面粗糙，余量应加大；非铁合金铸件价格昂贵，且表面光洁，余量应比铸铁小。铸件的尺寸愈大或加工面与基准面之间的距离愈大，尺寸误差也愈大，故余量也应随之加大。浇注时铸件朝上的表面因产生缺陷的概率较大，其余量应比底面和侧面大。灰铸铁的机械加工余量见表 2-4。

表 2-4　灰铸铁的机械加工余量　　　　　　　　　（单位：mm）

铸件最大尺寸	浇注时位置	加工面与基准面之间的距离					
		<50	50～120	120～260	260～500	500～800	800～1250
<120	顶面底、侧面	3.5～4.5 2.5～3.5	4.0～4.5 3.0～3.5				
120～260	顶面底、侧面	4.0～5.0 3.0～4.0	4.5～5.0 3.5～4.0	5.0～5.5 4.0～4.5			
260～500	顶面底、侧面	4.5～6.0 3.5～4.5	5.0～6.0 4.0～4.5	6.0～7.0 4.5～5.0	6.5～7.0 5.0～6.0		
500～800	顶面底、侧面	5.0～7.0 4.0～5.0	6.0～7.0 4.5～5.0	6.5～7.0 4.5～5.5	7.0～8.0 5.0～6.0	7.5～9.0 6.5～7.0	
800～1250	顶面底、侧面	6.0～7.0 4.0～5.5	6.5～7.5 5.0～5.5	7.0～8.0 5.0～6.0	7.5～8.0 5.5～6.0	8.0～9.0 5.5～7.0	8.5～10 6.5～7.5

（3）最小铸出孔。对于铸件上的孔、槽，一般来说，较大的孔、槽应当铸出，以减少切削加工工时，节约金属材料，并可减小铸件上的热节；较小的孔则不必铸出，用机械加工较经济。最小铸出孔的参考数值见表 2-5。对于零件图上不要求加工的孔、槽以及弯曲孔等，一般均应铸出。

表 2-5　铸件毛坯的最小铸出孔　　　　　　　　（单位：mm）

生产批量	最小铸出孔的直径	
	灰铸铁件	铸钢件
大量生产	12～15	
成批生产	15～30	30～50
单件、小批量生产	30～50	50

（4）起模斜度。为了使模样（或型芯）易于从砂型（或芯盒）中取出，凡垂直于分型面的立壁，制造模样时必须留出一定的倾斜度，此倾斜度称为起模斜度，如图 2.25 所示。

在铸造工艺图上，加工表面上的起模斜度应结合加工余量直接表示出来，而不加工表面上的斜度（结构斜度）仅需文字注明即可。

起模斜度应根据模样高度及造型方法来确定。模样越高，斜度取值越小；内壁斜度比外壁斜度大，手工造型比机器造型的斜度大。

（5）铸造圆角。铸件上相邻两壁之间的交角应设计成圆角，防止在尖角处产生冲砂及裂纹等缺陷。圆角半径一般为相交两壁平均厚度的 1/3～1/2。

图 2.25　起模斜度

（6）型芯头。为保证型芯在铸型中的定位、固定和排气，在模样和型芯上都要设计出型芯头。型芯头可分为垂直芯头和水平芯头两大类，如图 2.26 所示。

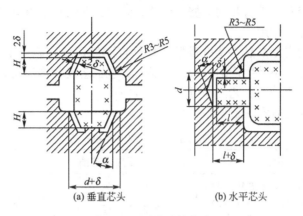

(a) 垂直芯头   (b) 水平芯头

图 2.26　型芯头的构造

以上工艺参数的具体数值均可在有关手册中查到。

4. 铸造工艺图的绘制

为了获得健全的合格铸件，减小铸型制造的工作量，降低铸件成本，在砂型铸造的生产准备过程中，必须合理地制定出铸造工艺方案，并绘制出铸造工艺图。

铸造工艺图是根据零件的结构特点、技术要求、生产批量以及实际生产条件，在零件图中用各种工艺符号、文字和颜色，表示出铸造工艺方案的图形。其中包括铸件的浇注位置，铸型分型面，型芯的数量、形状、固定方法及下芯次序，加工余量，起模斜度，收缩率，浇注系统，冒口，冷铁的尺寸和布置等。铸造工艺图是指导模样（芯盒）设计及制造、生产准备、铸型制造和铸件检验的基本工艺文件。依据铸造工艺图，结合所选造型方法，便可绘制出模样（芯盒）图及铸型装配图（砂型合箱图）。如图 2.27 所示为支座的铸造工艺图、模样图及合箱图。

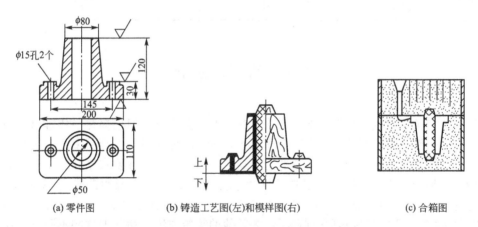

(a) 零件图   (b) 铸造工艺图(左)和模样图(右)   (c) 合箱图

图 2.27　支座的铸造工艺图、模样图及合箱图

5. 铸造工艺设计的一般程序

铸造工艺设计就是在生产铸件之前，编制出控制该铸件生产工艺的技术文件。铸造工艺设计主要是画铸造工艺图、铸型装配图和编写工艺卡片等，它们是生产的指导性文件，也是生产准备、管理和铸件验收的依据。因此，铸造工艺设计的好坏对铸件的质量、生产率及成本起着决定性的作用。

一般大量生产的定型产品、特殊重要的单件生产的铸件，铸造工艺设计制定得细致，内容涉及较多。单件、小批生产的一般性产品，铸造工艺设计内容可以简化。在最简单的情况下，只需绘制一张铸造工艺图即可。

铸造工艺设计的内容和一般程序见表 2-6。

表 2-6　铸造工艺设计的内容和一般程序

项目	内容	用途及应用范围	设计程序
铸造工艺图	在零件图上用规定的红、蓝等各色符号表示出浇注位置和分型面，加工余量，收缩率，起模斜度，反变形量，浇、冒口系统，内外冷铁，铸肋，砂芯形状、数量及芯头大小等	制造模样、模底板、芯盒等工装以及进行生产准备和验收的依据。适用于各种批量的生产	① 产品零件的技术条件和结构工艺性分析 ② 选择铸造及造型方法 ③ 确定浇注位置和分型面 ④ 选用工艺参数 ⑤ 设计浇冒口、冷铁和铸肋 ⑥ 型芯设计
铸件图	把经过铸造工艺设计后，改变了零件形状、尺寸的地方都反映在铸件图上	铸件验收和机加工夹具设计的依据。适用于成批、大量生产或重要铸件的生产	⑦ 在完成铸造工艺图的基础上，画出铸件图
铸型装配图	表示出浇注位置，型芯数量、固定和下芯顺序，浇冒口和冷铁布置，砂箱结构和尺寸大小等	生产准备、合箱、检验、工艺调整的依据。适用于成批、大量生产的重要件，单件的重型铸件	⑧ 通常在完成砂箱设计后画出
铸造工艺卡片	说明造型、造芯、浇注、打箱、清理等工艺操作过程及要求	生产管理的重要依据。根据批量大小填写必要条件	⑨ 综合整个设计内容

2.4　特 种 铸 造

砂型铸造虽然是生产中最基本的方法，并且有许多优点，但也存在一些难以克服的缺点，如一型一件，生产率低，表面粗糙度值大，铸件内部质量差，废品率高，工艺过程复杂，劳动条件差等。为改变砂型铸造的这些缺点，满足一些特殊要求零件的生产，人们在砂型铸造的基础上，通过改变铸型的材料(如金属型、磁型、陶瓷型铸造)、模型材料(如熔模铸造、实型铸造)、浇注方法(如离心铸造)、金属液充填铸型的形式或铸件凝固的条件(如压力铸造、低压铸造)等又创造了许多其他的铸造方法。通常把这些不同于普通砂型铸造的铸造方法统称为特种铸造。每种特种铸造方法，在提高铸件精度和表面质量、改善合金性能、提高劳动生产率、改善劳动条件和降低铸造成本等方面，各有其优越之处。特种铸造具有铸件精度和表面质量高、铸件内在性能好、原材料消耗低、工作环境好等优点。但铸件的结构、形状、尺寸、质量、材料种类往往受到一定限制。

以下介绍几种常用的特种铸造方法。

2.4.1　熔模铸造(失蜡铸造)

熔模铸造是用易熔材料制成模样，然后在模样上涂挂若干层耐火涂料制成型壳，经硬化后再将模样熔化，排出型外，经过焙烧后即可浇注液态金属获得铸件的铸造方法。由于熔模广泛采用蜡质材料来制造，故又称失蜡铸造或精密铸造。

1. 熔模铸造的工艺过程

熔模铸造的工艺过程如图 2.28 所示。

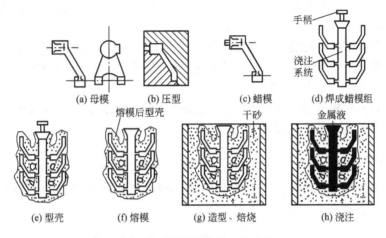

图 2.28　熔模铸造的工艺过程

(1) 压型制造。压型(图 2.28(b))是用来制造蜡模的专用模具，它是用根据铸件的形状和尺寸制作的母模(图 2.28(a))来制造的。压型必须有很高的精度和低的表面粗糙度值，而且型腔尺寸必须包括蜡料和铸造合金的双重收缩率。当铸件精度高或大批量生产时，压型一般用钢、铜合金或铝合金经切削加工制成；对于小批量生产或铸件精度要求不高时，可采用易熔合金(锡、铅等组成的合金)、塑料或石膏直接向母模上浇注而成。

(2) 制造蜡模。蜡模材料常用 50% 石蜡和 50% 硬脂酸配制而成。将蜡料加热至糊状，在一定的压力下压入型腔内，待冷却后，从压型中取出得到一个蜡模(图 2.28(c))。为提高生产率，常把数个蜡模熔焊在蜡棒上，成为蜡模组(图 2.28(d))。

(3) 制造型壳。在蜡模组表面浸挂一层以水玻璃和石英粉配制的涂料，然后在上面撒一层较细的硅砂，并放入固化剂(如氯化铵水溶液等)中硬化。使蜡模组外面形成由多层耐火材料组成的坚硬型壳(一般为 4～10 层)，型壳的总厚度为 5～7mm(图 2.29(e))。

(4) 熔化蜡模(脱蜡)。通常将带有蜡模组的型壳放在 80～90℃ 的热水中，使蜡料熔化后从浇注系统中流出。脱模后的型壳(图 2.28(f))。

(5) 型壳的焙烧。把脱蜡后的型壳放入加热炉中，加热到 800～950℃，保温 0.5～2h，烧去型壳内的残蜡和水分，洁净型腔。为使型壳强度进一步提高，可将其置于砂箱中，周围用粗砂充填，即"造型"(图 2.28(g))，然后再进行焙烧。

(6) 浇注。将型壳从焙烧炉中取出后，周围堆放干砂，加固型壳，然后趁热(600～700℃)浇入合金液，并凝固冷却(图 2.28(h))。

(7) 脱壳和清理。用人工或机械方法去掉型壳、切除浇冒口，清理后即得铸件。

2. 熔模铸造的特点及应用范围

熔模铸造的特点如下。

(1) 由于铸型精密，没有分型面，型腔表面极光洁，故铸件精度高、表面质量好，是少、无切削加工工艺的重要方法之一，其尺寸精度可达 IT9～IT12，表面粗糙度 Ra 值为 $1.6～6.3\mu m$。如熔模铸造的涡轮发动机叶片，铸件精度已达到无加工余量的要求。

(2) 可制造形状复杂铸件，其最小壁厚可达 0.3mm，最小铸出孔径为 0.5mm。对由几个零件组合成的复杂部件，可用熔模铸造一次铸出。

(3) 铸造合金种类不受限制，用于高熔点和难切削合金，如高合金钢、耐热合金等，更具显著的优越性。

(4) 生产批量基本不受限制，既可成批、大批量生产，又可单件、小批量生产。

(5) 工序繁杂，生产周期长，原辅材料费用比砂型铸造高，生产成本较高，铸件不宜太大、太长，一般限于 25kg 以下。

应用于生产汽轮机及燃气轮机的叶片，泵的叶轮，切削刀具，以及飞机、汽车、拖拉机、风动工具和机床上的小型零件。

2.4.2 金属型铸造

金属型铸造是将液体金属在重力作用下浇入金属铸型，以获得铸件的一种方法。铸型可以反复使用几百次到几千次，所以又称永久型铸造。

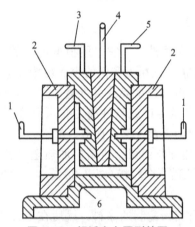

图 2.29 铝活塞金属型简图
1—销孔金属型芯；2—左右半型；
3、4、5—分块金属型芯；6—底型

1. 金属型的结构与材料

根据分型面位置的不同，金属型可分为垂直分型式、水平分型式和复合分型式三种结构，其中垂直分型式金属型开设浇注系统和取出铸件比较方便，易实现机械化，应用较广。

图 2.29 所示为铸造铝合金活塞用的垂直分型式金属型，它由两个半型组成。上面的大金属芯由三部分组成，便于从铸件中取出。当铸件冷却后，首先取出中间的楔片及两个小金属芯，然后将两个半金属芯沿水平方向向中心靠拢，再向上拔出。

2. 金属型的铸造工艺措施

由于金属型导热速度快，没有退让性和透气性，直接浇注易产生浇不到、冷隔等缺陷及内应力和变形，且铸件易产生白口组织，为了确保获得优质铸件和延长金属型的使用寿命，必须采取下列工艺措施。

(1) 预热金属型，减缓铸型冷却速度。

(2) 表面喷刷防粘砂耐火涂料，以减缓铸件的冷却速度，防止金属液直接冲刷铸型。

(3) 控制开型时间，因金属型无退让性，除在浇注时正确选定浇注温度和浇注速度外，浇注后，如果铸件在铸型中停留时间过长，易引起过大的铸造应力而导致铸件开裂。因此，铸件冷凝后，应及时从铸型中取出。通常铸铁件出型温度为 $780～950℃$，开型时间为 10~60s。

3. 金属型铸造的特点及应用范围

金属型铸造的特点有以下几点。

（1）尺寸精度高，尺寸公差等级为 IT12~IT14，表面质量好，表面粗糙度 Ra 值为 6.3~12.5μm，机械加工余量小。

（2）铸件的晶粒较细，力学性能好。

（3）可实现一型多铸，提高了劳动生产率，且节约造型材料。

但金属型的制造成本高，不宜生产大型、形状复杂和薄壁铸件；由于冷却速度快，铸铁件表面易产生白口组织，切削加工困难；受金属型材料熔点的限制，熔点高的合金不适宜用金属型铸造。

用于铜合金、铝合金等铸件的大批量生产，如活塞、连杆、汽缸盖等；铸铁件的金属型铸造目前也有所发展，但其尺寸限制在 300mm 以内，质量不超过 8kg，如电熨斗底板等。

2.4.3 压力铸造

压力铸造（简称压铸）是在高压作用下，使液态或半液态金属以较高的速度充填金属型型腔，并在压力下成形和凝固而获得铸件的方法。常用的压射比压为 30~150MPa，充型时间为 0.01~0.2s。

1. 压铸机和压铸工艺过程

压铸是在压铸机上完成的，压铸机根据压室工作条件不同，分为冷压室压铸机和热压室压铸机两类。热压室压铸机的压室与坩埚连成一体，而冷压室压铸机的压室是与坩埚分开的。冷压室压铸机又可分为立式和卧式两种，目前卧式冷压室压铸机应用较多，其工作原理如图 2.30 所示。

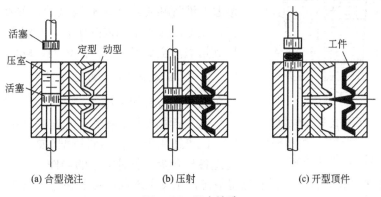

(a) 合型浇注　　　　　(b) 压射　　　　　(c) 开型顶件

图 2.30 压力铸造

压铸铸型称为压型，分定型、动型。将定量金属液浇入压室，柱塞向前推进，金属液经浇道压入压铸模型腔中，经冷凝后开型，由推杆将铸件推出，完成压铸过程。冷压室压铸机可用于压铸熔点较高的非铁金属，如铜、铝和镁合金等。

2. 压力铸造的特点及其应用范围

压铸有如下优点。

(1) 压铸件尺寸精度高，表面质量好，尺寸公差等级为 IT10～IT12，表面粗糙度 Ra 值为 $0.8\sim3.2\mu m$，可不经机械加工直接使用，而且互换性好。

(2) 可以压铸壁薄、形状复杂以及具有直径很小的孔和螺纹的铸件，如锌合金的压铸件最小壁厚可达 0.8mm，最小铸出孔径可达 0.8mm、最小可铸螺距达 0.75mm。还能压铸镶嵌件。

(3) 压铸件的强度和表面硬度较高。压力下结晶，加上冷却速度快，铸件表层晶粒细密，其抗拉强度比砂型铸件高 25%～40%，但延伸率有所下降。

(4) 生产率高，可实现半自动化及自动化生产。每小时可压铸几百个零件，是所有铸造方法中生产率最高的。

缺点：气体难以排出，压铸件易产生皮下气孔，压铸件不能进行热处理，也不宜在高温下工作；金属液凝固快，厚壁处来不及补缩，易产生缩孔和缩松；设备投资大，铸型制造周期长、造价高，不宜小批量生产。

应用于生产锌合金、铝合金、镁合金和铜合金等铸件；汽车、拖拉机制造业、仪表和电子仪器工业、农业机械、国防工业、计算机、医疗器械等制造业等。

2.4.4 低压铸造

使液体金属在较低压力(0.02～0.06MPa)作用下充填铸型，并在压力下结晶以形成铸件的方法。

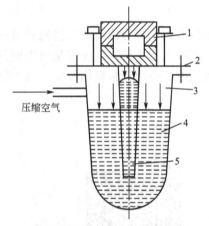

图 2.31　低压铸造的工作原理
1—铸型；2—密封盖；3—坩埚；
4—金属液；5—升液管

1. 低压铸造的工艺过程

低压铸造的工作原理如图 2.31 所示。把熔炼好的金属液倒入保温坩埚，装上密封盖，升液管使金属液与铸型相通，锁紧铸型，缓慢地向坩埚炉内通入干燥的压缩空气，金属液受气体压力的作用，由下而上沿着升液管和浇注系统充满型腔，并在压力下结晶，铸件成形后撤去坩埚内的压力，升液管内的金属液降回到坩埚内金属液面。开启铸型，取出铸件。

2. 低压铸造的特点及应用范围

低压铸造有如下特点。

(1) 浇注时金属液的上升速度和结晶压力可以调节，故可适用于各种不同铸型(如金属型、砂型等)，铸造各种合金及各种大小的铸件。

(2) 采用底注式充型，金属液充型平稳，无飞溅现象，可避免卷入气体及对型壁和型芯的冲刷，铸件的气孔、夹渣等缺陷少，提高了铸件的合格率。

(3) 铸件在压力下结晶，铸件组织致密、轮廓清晰、表面光洁，力学性能较高，对于大薄壁件的铸造尤为有利。

(4) 省去补缩冒口，金属利用率提高到 90%～98%。

(5) 劳动强度低，劳动条件好，设备简易，易实现机械化和自动化。

主要用来生产质量要求高的铝、镁合金铸件，汽车发动机缸体、缸盖、活塞、叶轮等。

2.4.5　离心铸造

离心铸造是指将熔融金属浇入旋转的铸型中，使液体金属在离心力作用下充填铸型并凝固成形的一种铸造方法。

1. 离心铸造的类型

铸型采用金属型或砂型。为使铸型旋转，离心铸造必须在离心铸造机上进行。离心铸造机通常可分为立式和卧式两大类，其工作原理如图 2.32 所示。铸型绕水平轴旋转的称为卧式离心铸造，适合浇注长径比较大的各种管件；铸型绕垂直轴旋转的称为立式离心铸造，适合浇注各种盘、环类铸件。

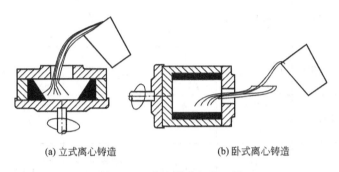

(a) 立式离心铸造　　　　　　　　　(b) 卧式离心铸造

图 2.32　离心铸造机原理图

铸型的转速是根据铸件直径的大小来确定的，一般在 $250\sim1500\text{r/min}$ 范围内。

2. 离心铸造的特点及应用范围

离心铸造的特点如下。

(1) 液体金属能在铸型中形成中空的自由表面，不用型芯即可铸出中空铸件，简化了套筒、管类铸件的生产过程。

(2) 由于旋转时液体金属所产生的离心力作用，离心铸造可提高金属充填铸型的能力，因此一些流动性较差的合金和薄壁铸件都可用离心铸造法生产。

(3) 由于离心力的作用，改善了补缩条件，气体和非金属夹杂物也易于自金属液中排出，产生缩孔、缩松、气孔和夹杂等缺陷的概率较小。

(4) 无浇注系统和冒口，节约金属。

(5) 可进行双金属铸造，如在钢套上镶铸薄层铜衬制作滑动轴承等，可节约贵重材料。

(6) 金属中的气体、熔渣等夹杂物，因密度较轻而集中在铸件的内表面上，所以内孔的尺寸不精确，质量也较差；铸件易产生成分偏析和密度偏析。

主要应用于大批量生产的各种铸铁和铜合金的管类、套类、环类铸件和小型成形铸件，如铸铁管、汽缸套、铜套、双金属轴承、特殊钢的无缝管坯、造纸机滚筒等铸件的生产。

2.4.6　铸造方法的选择

各种铸造方法均有其优缺点，选用哪种铸造方法，必须依据生产的具体特点，既要保证产品质量，又要考虑产品的成本和现场设备、原材料供应情况等，要进行全面分析比较，以选定最适当的铸造方法。表 2-7 列出了几种常用的铸造方法，供选择时参考。

表 2-7　几种铸造方法的比较

	砂型铸造	熔模铸造	金属型铸造	压力铸造	低压铸造	离心铸造
适用金属	任意	不限制，以铸钢为主	不限制，以有色合金为主	铝、锌等低熔点合金	以有色金属为主	以铸铁、铜合金为主
适用铸件大小	任意	一般<25kg	以中小铸件为主，也可用于数吨大件	一般为10kg下小件，也可用于中等铸件	中、小铸件为主	不限制
生产批量	不限制	成批、大量也可单件生产	大批、大量	大批、大量	成批、大量	成批、大量
铸件尺寸精度	IT14～IT15	IT11～IT14	IT12～IT14	IT11～IT13	IT12～IT14	IT12～IT14（孔径精度低）
表面粗糙度 $Ra/\mu m$	粗糙	12.5～1.6	12.5～6.3	3.2～0.8	12.5～3.2	12.5～6.3（内孔粗糙）
铸件内部质量	结晶粗	结晶粗	结晶粗	结晶细，内部多有气孔	结晶细	缺陷很少
铸件加工余量	大	小或不加工	小	不加工	小	内孔加工量大
生产率（一般机械化程度）	低、中	低、中	中、高	最高	中	中、高
应用举例	机床床身、轧钢机机架、混速器箱体、带轮等一般铸件	刀具、汽轮机叶片、自行车零件、机床零件、刀杆、风动工具等	铝活塞、水暖器材、水轮机叶片、一般有色合金铸件	汽车化油器、喇叭、电器、仪表、照相机零件	发动机缸体、缸盖、壳体、箱体、纺织机零件	各种铁管、套筒、环、辊、叶轮、滑动轴承等

2.5　铸件结构设计

设计铸件结构时，不仅要保证其工作性能和力学性能要求，还应符合铸造工艺和合金铸造性能对铸件结构的要求，即铸件结构工艺性。同时采用不同的铸造方法，对铸件结构有着不同的要求。铸件结构设计合理与否，对铸件的质量、生产率及其成本有很大的影响。

2.5.1　铸造工艺对铸件结构设计的要求

铸件结构的设计应尽量使制模、造型、制芯、合型和清理等工序简化，提高生产率。

1. 铸件的外形必须力求简单、造型方便

(1) 避免外部侧凹。铸件在起模方向上若有侧凹，必将增加分型面的数量，使砂箱数量和造型工时增加，也使铸件容易产生错型，影响铸件的外形和尺寸精度。如图 2.33(a) 所示的端盖，由于上下法兰的存在，使铸件产生侧凹，铸件具有两个分型面，所以必须采用三箱造型，或增加环状外型芯，使造型工艺复杂。改为图 2.33(b) 所示的结构，取消了上部法兰，使铸件只有一个分型面，可采用两箱造型，这样可以显著提高造型效率。

(a) 不合理　　　　　　(b) 合理

图 2.33　端盖的设计

(2) 凸台、肋板的设计。设计铸件侧壁上的凸台、肋板时，要考虑到起模方便，尽量避免使用活块和型芯。图 2.34(a)、(b) 所示的凸台均妨碍起模，应将相近的凸台连成一片，并延长到分型面，如图 2.34(c)、(d) 所示，就不需要活块和活型芯，便于起模。

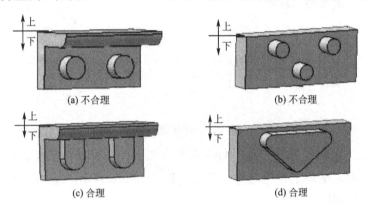

(a) 不合理　　　　　　　　　　　　(b) 不合理

(c) 合理　　　　　　　　　　　　(d) 合理

图 2.34　凸台的设计

2. 合理设计铸件内腔

铸件的内腔通常由型芯形成，型芯处于高温金属液的包围之中，工作条件恶劣，极易产生各种铸造缺陷。故在铸件内腔的设计中，尽可能地避免或减少型芯。

(1) 尽量避免或减少型芯。图 2.35(a) 所示的悬臂支架采用方形中空截面，为形成其内腔，必须采用悬臂型芯，型芯的固定、排气和出砂都很困难。若改为图 2.35(b) 所示的

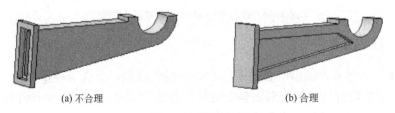

(a) 不合理　　　　　　　　　　(b) 合理

图 2.35　悬臂支架

工字形开式截面，可省去型芯。图 2.36(a)带有向内的凸缘，必须采用型芯形成内腔，若改为图 2.36(b)的结构，则可通过自带型芯形成内腔，使工艺过程大大简化。

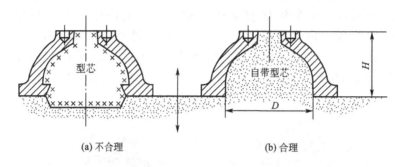

(a) 不合理   (b) 合理

图 2.36　内腔的两种设计

(2) 型芯要便于固定、排气和清理。型芯在铸型中的支撑必须牢固，否则型芯经不住浇注时金属液的冲击而产生偏芯缺陷，造成废品。图 2.37(a)所示的轴承架铸件，其内腔采用两个型芯，其中较大的呈悬臂状，需用型撑来加固，如将铸件的两个空腔打通，改为图 2.37(b)所示的结构，则可采用一个整体型芯形成铸件的空腔，型芯既能很好地固定，而且下芯、排气、清理都很方便。

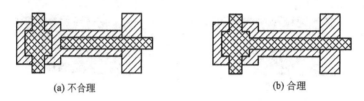

(a) 不合理   (b) 合理

图 2.37　轴承架铸件

(3) 应避免封闭内腔。图 2.38(a)所示的铸件为封闭空腔结构，其型芯安放困难、排气不畅、无法清砂、结构工艺性极差。若改为图 2.38(b)所示的结构，上述问题迎刃而解，结构设计是合理的。

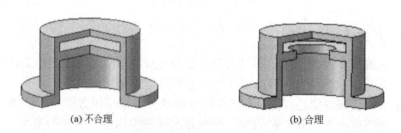

(a) 不合理   (b) 合理

图 2.38　铸件结构避免封闭内腔示意图

3. 分型面尽量平直

分型面如果不平直，造型时必须采用挖砂或假箱造型，而这两种造型方法生产率低。图 2.39(a)所示的杠杆铸件的分型面是不直的，若改为图 2.39(b)所示的结构，分型面变成平面，方便了制模和造型，分型面设计是合理的。

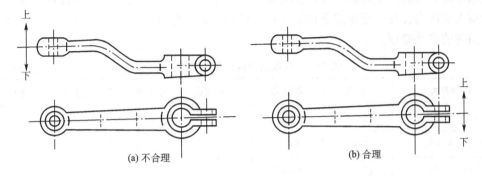

(a) 不合理　　　　　　(b) 合理

图 2.39　杠杆铸件结构

4. 铸件要有结构斜度

铸件垂直于分型面的不加工表面，应设计出结构斜度，如图 2.40(b)所示，在造型时容易起模，不易损坏型腔，有结构斜度是合理的。图 2.40(a)所示为无结构斜度的不合理结构。

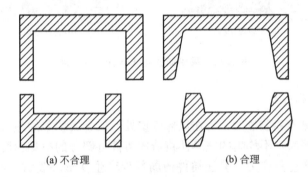

(a) 不合理　　　　　　(b) 合理

图 2.40　铸件结构斜度

铸件的结构斜度和起模斜度不容混淆。结构斜度是在零件的非加工面上设置的，直接标注在零件图上，且斜度值较大。起模斜度是在零件的加工面上设置的，在绘制铸造工艺图或模样图时使用，切削加工时将被切除。

2.5.2　合金铸造性能对铸件结构设计的要求

铸件结构的设计应考虑到合金的铸造性能的要求，因为与合金铸造性能有关的一些缺陷如缩孔、变形、裂纹、气孔和浇不足等，有时是由铸件结构设计不够合理，未能充分考虑合金铸造性能的要求所致。虽然有时可采取相应的工艺措施来消除这些缺陷，但必然会增加生产成本和降低生产率。

1. 合理设计铸件壁厚

铸件的壁厚越大，越有利于液态合金充填型腔。但是随着壁厚的增加，铸件心部的晶粒越粗大，而且凝固收缩时没有金属液的补充，易产生缩孔、缩松等缺陷，故承载力并不随着壁厚的增加而成比例地提高。铸件壁厚减小，有利于获得细小晶粒，但不利于液态合金充填型腔，容易产生冷隔、浇不到等缺陷。为了获得完整、光滑的合格铸件，铸件壁厚设计应大于该合金在一定铸造条件下所能得到的"最小壁厚"。表 2-8 列出了砂型铸造条件下铸件的最小壁厚。

表 2-8　砂型铸造铸件最小壁厚的设计　　　　　（单位：mm）

铸件尺寸	铸钢	灰铸铁	球墨铸铁	可锻铸铁	铝合金	铜合金
＜200×200	5~8	3~5	4~6	3~5	3~3.5	3~5
200×200~500×500	10~12	4~10	8~12	6~8	4~6	6~8
＞500×500	15~20	10~15	12~20	—	—	—

当铸件壁厚不能满足力学性能要求时，常采用带加强肋结构的铸件，而不是用单纯增加壁厚的方法，如图 2.41 所示。

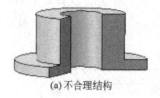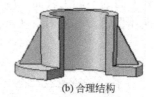

(a) 不合理结构　　　　　　(b) 合理结构

图 2.41　采用加强肋减小铸件的壁厚

2. 壁厚应尽可能均匀

铸件各部分壁厚若相差过大，将在局部厚壁处形成金属积聚的热节，导致铸件产生缩孔、缩松等缺陷；同时，不均匀的壁厚还将造成铸件各部分的冷却速度不同，冷却收缩时各部分相互阻碍，产生热应力，易使铸件薄弱部位产生变形和裂纹，如图 2.42 所示。因此在设计铸件时，应力求做到壁厚均匀。所谓壁厚均匀，是指铸件的各部分具有冷却速度相近的壁厚，故内壁的厚度要比外壁厚度小一些。

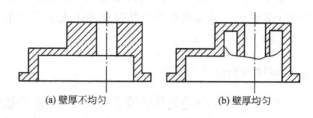

(a) 壁厚不均匀　　　　　　(b) 壁厚均匀

图 2.42　铸件的壁厚设计

3. 铸件壁的连接方式要合理

（1）铸件壁之间的连接应有结构圆角。直角转弯处易形成冲砂、砂眼等缺陷，同时也容易在尖锐的棱角部分形成结晶薄弱区。此外，直角处还因热量积聚较多(热节)容易形成缩孔、缩松，如图 2.43 所示。因此要合理地设计内圆角和外圆角。铸造圆角的大小应与铸件的壁厚相适应，数值可参阅表 2-9。

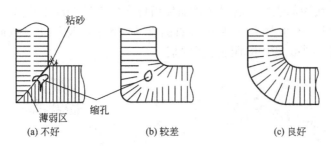

(a) 不好   (b) 较差   (c) 良好

图 2.43　直角与圆角对铸件质量的影响

表 2-9　铸件的内圆角半径 R 值　　　　　　　　（单位：mm）

$(a+b)/2$	<8	8～12	12～16	16～20	20～27	27～35	35～45	45～60
铸铁	4	6	6	8	10	12	16	20
铸钢	6	6	8	10	12	16	20	25

（2）铸件壁厚不同的部分进行连接时，应力求平缓过渡，避免截面突变，以减小应力集中，防止产生裂纹，如图 2.44 所示。

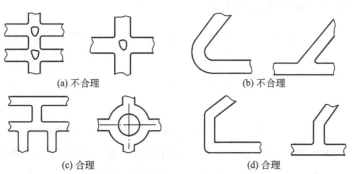

(a) 不合理   (b) 合理

图 2.44　铸件壁厚的过渡形式

（3）连接处避免集中交叉和锐角。两个以上的壁连接处热量积聚较多，易形成热节，铸件容易形成缩孔，因此当铸件两壁交叉时，中、小铸件采用交错接头，大型铸件采用环形接头，如图 2.45(c)所示。当两壁必须锐角连接时，要采用图 2.45(d)所示的过渡形式。

(a) 不合理   (b) 不合理

(c) 合理   (d) 合理

图 2.45　壁间连接结构的对比

4. 避免大的水平面

铸件上的大平面不利于液态金属的充填，易产生浇不到、冷隔等缺陷。而且大平面上方的砂型受高温金属液的烘烤，容易掉砂而使铸件产生夹砂等缺陷；金属液中气孔、夹渣上浮滞留在上表面，产生气孔、渣孔。如图 2.46 所示，将图 2.46(a) 的水平面改为图 2.46(b) 的斜面，则可减少或消除上述缺陷。

(a) 不合理　　　　　　　　　　　　　　(b) 合理

图 2.46　避免大水平壁的结构

5. 避免铸件收缩受阻

铸件在浇注后的冷却凝固过程中，若其收缩受阻，铸件内部将产生应力，导致变形、裂纹的产生。因此铸件结构设计时，应尽量使其自由收缩。图 2.47 所示的轮形铸件，轮缘和轮毂较厚，轮辐较薄，铸件冷却收缩时，极易产生热应力，图 2.47(a) 所示的轮辐对称分布，虽然制作模样和造型方便，但因收缩受阻易产生裂纹，改为图 2.47(b) 所示的奇数轮辐或图 2.47(c) 所示的弯曲轮辐，可利用铸件微量变形来减少内应力。

(a) 不合理　　　　　　(b) 合理　　　　　　(c) 合理

图 2.47　轮辐的设计

以上介绍的只是砂型铸造铸件结构设计的特点，在特种铸造方法中，应根据每种不同的铸造方法及其特点进行相应的铸件结构设计。

2.5.3　不同铸造方法对铸件结构的要求

对于采用特种铸造方法生产的铸件，不同的铸造方法对铸件结构有着不同的要求，设计特种铸造生产的铸件结构时，除了考虑上述铸件结构的合理性和铸件结构的工艺性等一般原则外，还必须充分考虑不同特种铸造方法的特点所决定的一些特殊要求。

1. 熔模铸件

(1) 便于蜡模的制造。图 2.48(a) 所示铸件的凸缘朝内，注蜡后无法从压型中取出型芯，使蜡模制造困难，而改成图 2.48(b) 所示的结构，把凸缘取消则可克服上述缺点。

(2) 尽量避免大平面结构。由于熔模铸造的型壳高温强度较低，型壳易变形，而大面积平板型壳的变形尤甚。故设计铸件结构时，应尽量避免采用大的平面。当功能所需必须有大的平面时，应在大平面上设计工艺肋或工艺孔，以增强型壳的刚度，如图 2.49 所示。

(3) 铸件上的孔、槽不能太小和太深。过小或过深的孔、槽，使制壳时涂料和砂粒很难进入蜡模的孔洞内，形成合适的型腔。同时也给铸件的清砂带来困难。一般铸孔直径应

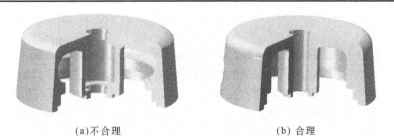

(a)不合理　　　　　　　　　　　　(b)合理

图 2.48　便于抽出型芯的设计

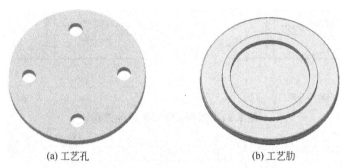

(a) 工艺孔　　　　　　　　　　　　(b) 工艺肋

图 2.49　大平面上的工艺孔和工艺肋

大于 2mm(薄件壁厚＞0.5mm)。

(4) 铸件壁厚不可太薄。壁厚一般为 2~8mm。

(5) 铸件的壁厚应尽量均匀。熔模铸造工艺一般不用冷铁,少用冒口,多用直浇口直接补缩,故要求铸件壁厚均匀,不能有分散的热节,并使壁厚分布符合顺序凝固的要求,以便利用浇口补缩。

2. 金属型铸件

(1) 铸件结构一定要保证能顺利出型。由于金属型铸造的铸型和型芯采用金属制作,故铸型和型芯都不具有退让性,且导热性好,铸件冷却速度快,为保证铸件能从铸型中顺利取出,铸件结构斜度应较砂型铸件大。图 2.50 是一组合理结构和不合理结构的示例。

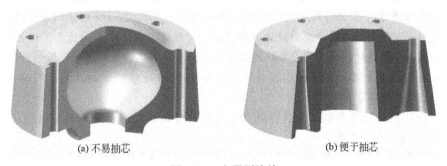

(a)不易抽芯　　　　　　　　　　　　(b)便于抽芯

图 2.50　金属型铸件

(2) 金属型导热快,为防止铸件出现浇不足、缩松、裂纹等缺陷,铸件壁厚要均匀,也不能过薄(Al - Si 合金壁厚为 2~4mm, Al - Mg 合金壁厚为 3~5mm)。

(3) 铸孔的孔径不能过小、过深,以便于金属型芯的安放和抽出。通常铝合金的最小铸出孔径为 8~10mm,镁合金和锌合金的最小铸出孔径均为 6~8mm。

3. 压铸件

(1) 压铸件上应尽量避免侧凹和深腔，以保证压铸件从压型中顺利取出。图 2.51 所示的压铸件两种设计方案中，图 2.51(a)的结构因侧凹朝内，侧凹处无法抽芯。改为图 2.51(b)的结构后，侧凹朝外，可按箭头方向抽出外型芯，这样铸件便可从压型中顺利取出。

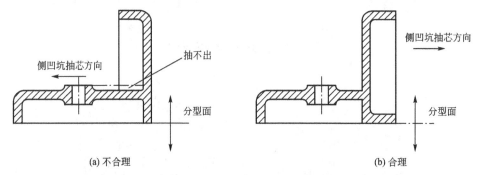

图 2.51　压铸件的两种设计方案

(2) 应尽可能采用薄壁并保证壁厚均匀。由于压铸工艺的特点，金属浇注和冷却速度都很快，厚壁处不易得到补缩而形成缩孔、缩松。压铸件适宜的壁厚，锌合金的壁厚为 1～4mm，铝合金壁厚为 1.5～5mm，铜合金为 2～5mm。

(3) 对于复杂而无法取芯的铸件或局部有特殊性能(如耐磨、导电、导磁和绝缘等)要求的铸件，可采用镶嵌铸法，把镶嵌件先放在压型内，然后和压铸件铸合在一起。为使嵌件在铸件中连接可靠，应将嵌件镶入铸件部分制出凹槽、凸台或滚花等。

小　结

　　本章主要内容是合金的铸造性能；砂型铸造造型，砂型铸造工艺设计；特种铸造的成形方法、特点及适用范围；铸件结构设计。

　　(1) 合金的铸造性能主要指流动性与收缩性，二者均与合金的成分、铸型结构、浇注温度等因素有关。合金的铸造性能好坏对铸件质量影响很大。(这部分内容是重点)

　　(2) 砂型铸造是应用最广泛的铸造成形方法。常用造型方法是两箱造型。工艺设计包括浇注位置与分型面的选择、浇注系统的设计、工艺参数的选择及铸造工艺图的绘制。

　　(3) 特种铸造主要介绍了砂型铸造以外的其他常用铸造方法的原理、特点及使用范围。(这部分内容了解即可)

　　(4) 铸件结构设计介绍了在铸件结构设计时应遵循的原则和注意的事情。(这部分内容应当理解、初步会用)

习　题

1. 名词解释

(1)流动性　(2)充型能力　(3)缩孔　(4)缩松　(5)分型面　(6)起模斜度　(7)结构斜度

2. 简答题

（1）合金的铸造性能对铸件的质量有何影响？常用铸造合金中，哪种铸造性能较好？哪种较差？为什么？

（2）什么是液态合金的充型能力？它与合金的流动性有何关系？为什么铸钢的充型能力比铸铁差？

（3）缩孔和缩松对铸件质量有何影响？为何缩孔比缩松较容易防止？

（4）什么是顺序凝固原则和同时凝固原则？两种凝固原则各应用于哪些场合？

（5）分模造型、活块造型、挖砂造型、三箱造型、地坑造型各应用于哪种场合？

（6）试述分型面选择原则有哪些？它与浇注位置选择原则的关系如何？

（7）什么是铸件的结构斜度？它与拔模斜度有何不同？改正图 2.52 所示铸件的不合理结构。

（8）为什么铸件要有结构圆角？图 2.53 所示的铸件上哪些圆角不够合理，如何修改？

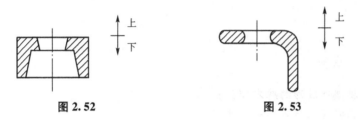

图 2.52　　　　　　　　　　　图 2.53

（9）图 2.54 中所示铸件结构有何缺点？如何改进？

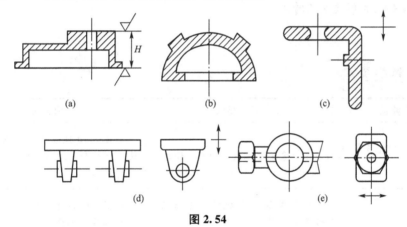

图 2.54

（10）简述熔模铸造工艺过程、生产特点和应用范围。

（11）金属型铸造为什么要严格控制开型时间？

（12）试比较压力铸造和低压铸造的异同点及应用范围。

（13）在大批量生产的条件下，下列铸件宜选用哪种铸造方法生产？

①机床床身　②铝活塞　③铸铁污水管　④轮机叶片

第3章
锻　　压

本章学习目标

★ 了解金属塑性成形的基本理论；

★ 熟悉金属锻压的特点、分类及应用；

★ 初步掌握自由锻、模锻和板料冲压的基本工序、特点及应用；

★ 了解塑性成形技术的特点。

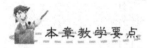

本章教学要点

知识要点	能力要求	相关知识
金属的塑性变形与再结晶	了解金属塑性成形的基本理论	金属的塑性变形，金属的加工硬化，回复与再结晶，纤维组织及金属的可锻性
自由锻造	初步掌握自由锻的基本工序、特点及应用	自由锻造的特点和应用，自由锻造工序及工艺规程
模型锻造	初步掌握模锻的基本工序、特点及应用	模锻生产的特点和应用，锤上模锻的特点及应用
板料冲压	初步掌握板料冲压的基本工序、特点及应用	板料冲压基本工序，落料、冲孔、拉深的应用

锻压是利用外力使金属坯料产生塑性变形，获得所需尺寸、形状及性能的毛坯或零件的加工方法。锻压是金属压力加工的主要方式，也是机械制造中毛坯生产的主要方法之一。常分为自由锻、模锻、板料冲压等。它们的成形方式如图 3.1 所示。

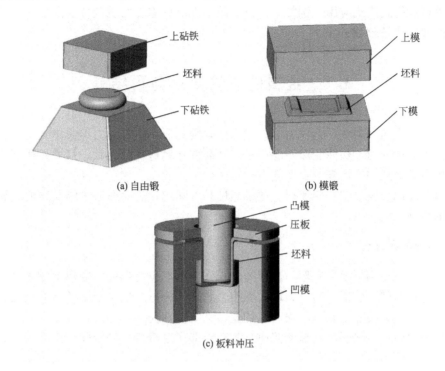

(a) 自由锻   (b) 模锻

(c) 板料冲压

图 3.1 锻压

锻压加工与其他加工方法相比，具有以下特点。

（1）金属组织致密、晶粒细小、力学性能提高、得到的零件性能好。锻压加工能消除金属铸锭内部的气孔、缩孔和树枝状晶等缺陷，并由于金属的塑性变形和再结晶，可使粗大晶粒细化，得到致密的金属组织，从而提高金属的力学性能。在零件设计时，若正确选用零件的受力方向与纤维组织方向，可以提高零件的抗冲击性能。

（2）毛坯或零件的尺寸精度较高。应用先进的技术和设备，可实现少切削或无切削加工。例如，精密锻造的伞齿轮齿形部分可不经切削加工直接使用，复杂曲面形状的叶片精密锻造后只需磨削便可达到所需精度。

（3）材料的利用率高。金属塑性成形主要是靠金属的形体组织相对位置的重新排列，基本不需要切除金属。

（4）生产效率较高。锻压加工一般是利用压力机和模具进行成形加工的。例如，利用多工位冷镦工艺加工内六角螺钉，比用棒料切削加工工效提高 400 倍以上。

（5）锻压所用的金属材料应具有良好的塑性，以便在外力作用下，能产生塑性变形而不破裂。常用的金属材料中，铸铁属脆性材料，塑性差，不能用于锻压。钢和非铁金属中的铜、铝及其合金等可以在冷态或热态下压力加工。

（6）不适合形状较复杂的零件。锻压加工是在固态下成形的，与铸造相比，金属的流动受到限制，一般需要采取加热等工艺措施才能实现。对制造形状复杂，特别是具有复杂内腔的零件或毛坯较困难。

　　由于锻压具有上述特点，因此承受冲击或交变应力的重要零件（如机床主轴、齿轮、曲轴、连杆等），都应采用锻件毛坯加工。锻压加工在机械制造、军工、航空、轻工、家用电器等行业得到广泛应用。例如，飞机上的塑性成形零件的质量分数占 85%；汽车，拖拉机上的锻件质量分数占 60%~80%。

3.1　金属的塑性变形与再结晶

　　锻压时，金属材料在外力作用下，先产生弹性变形，随着外力继续增大，材料开始塑性变形。当撤掉外力，塑性变形不能回复。从而使金属材料的形状、尺寸发生变化。锻压就是利用金属的塑性变形来对金属坯料加工生产的。

　　金属在冷态下发生塑性变形后，通常塑性是下降的，需要通过再结晶来使金属重新获得良好的塑性。

3.1.1　金属的塑性变形

　　金属在外力作用下发生变形，当外力停止作用后，应力消失，变形也随之消失。金属的这种变形称为弹性变形；当外力增大到使金属的内应力超过该金属的屈服极限以后，外力停止作用，金属的变形并不消失。这种变形称为塑性变形。

　　经典理论解释金属塑性变形的实质是晶粒内部产生滑移，晶粒间也产生滑移，晶粒间还产生扭转、变形。

　　单晶体的滑移变形如图 3.2 所示。晶体在切向力作用下，晶体一部分相对于另一部分沿一定的晶面产生相对移动，从而引起单晶体的塑性变形。

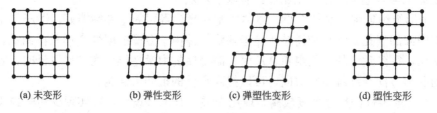

(a) 未变形　　　(b) 弹性变形　　　(c) 弹塑性变形　　　(d) 塑性变形

图 3.2　单晶体滑移变形示意图

　　图 3.2 所示的滑移运动是一种刚性的整体相对滑动，这是一种纯理想晶体的滑移。实际测得的滑移所需力远小于这种理想晶体的滑移。在近代物理学理论中，晶体内部是有缺陷的。主要包括点缺陷、线缺陷和面缺陷。位错就是线缺陷。由于位错的存在，使部分原子位能增高，处于不稳定的状态。因此，在比理论值低得多的切应力作用下，晶粒内部就可以产生滑移，形成位错运动。位错运动到晶体表面就实现了整个晶体的塑性变形。

　　与单晶体不同，多晶体金属的塑性变形由晶内变形和晶间变形所形成。

　　晶内变形的主要方式是滑移和孪生。滑移变形容易实现，是主要的变形方式；孪生变形比较困难，是次要的变形方式。而在冲击载荷或低温下，体心立方和密排六方的金属，晶内变形主要是孪生。

　　孪生是在切应力作用下，晶体的一部分相对于另一部分以一定的晶面（孪晶面）及晶向

(孪生晶向)产生的剪切变形。图 3.3 所示为晶体滑移后与孪生后的外形变化图。

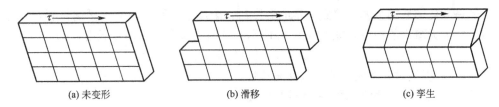

(a) 未变形　　　　　　(b) 滑移　　　　　　(c) 孪生

图 3.3　晶体内部变形的基本方式图

晶间变形是指晶粒间的相对位移，包括晶粒间的相对滑动和扭转，如图 3.4 所示。多晶体受力变形时，在切应力作用下，晶粒沿晶界产生相对的移动；在力偶的作用下，晶粒产生相对转动。

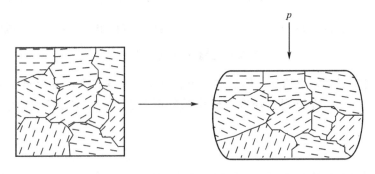

图 3.4　多晶体塑性变形

由于晶界处晶格畸变和存在杂质，变形抗力比较大，故低温时的塑性变形主要是晶内变形；高温时晶界强度降低，晶间变形才比较容易进行。又因晶内变形必须是沿着滑移面的切应力达到一定值时才能进行，故各晶粒的变形总是分批、逐步进行的。

3.1.2　金属的加工硬化

金属在冷态(低于再结晶温度)加工时，随着变形量的增加，金属材料的硬度、强度提高，而塑性、韧性下降，这种现象就称为加工硬化。塑性变形过程中，金属的组织和性能将会产生一系列的变化：晶粒沿着变形最大的方向伸长；晶格与晶粒均发生扭曲，产生内应力；晶粒间产生碎晶。

这些滑移面上的碎晶块和晶格的扭曲，增大了滑移阻力，使继续滑移难以进行。从而发生加工硬化现象。利用金属的加工硬化提高金属的强度，是工业生产中强化金属材料的一种手段，尤其适用于用热处理工艺不能强化的金属材料，例如纯金属、奥氏体不锈钢、变形铝合金等。

3.1.3　回复与再结晶

加工硬化是一种不稳定的现象，具有自发回复到稳定状态的倾向，在室温下不易实现。通过加热可以使原子活动能力增强，从而产生回复和再结晶，使加工硬化现象减轻或消除。

1. 回复

回复是冷变形后的金属加热到一定的温度后，金属中的原子回复到平衡位置，晶粒内残余的应力大大减小的现象，如图 3.5(b)所示。这时的温度称为回复温度，即

$$T_回＝(0.25～0.3)T_熔 \tag{3-1}$$

式中　$T_回$——以绝对温度表示的金属回复温度；

　　　$T_熔$——以绝对温度表示的金属熔化温度。

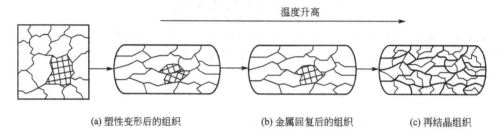

温度升高

(a) 塑性变形后的组织　　　　　(b) 金属回复后的组织　　　　　(c) 再结晶组织

图 3.5　回复和再结晶过程

回复使晶格畸变减轻或消除，但晶粒大小和形状并没有改变，可使制件具有较高的强度且减低脆性。例如，冷拔钢丝经冷卷成形后的低温退火，能使弹簧定形且保持良好的弹性。

2. 再结晶

再结晶是当温度继续升高到一定温度，塑性变形后金属被拉长的晶粒重新生核、结晶，变为等轴晶粒的现象，如图 3.5(c)所示。这个温度称为再结晶温度，即

$$T_再＝0.4T_熔 \tag{3-2}$$

式中　$T_再$——以绝对温度表示的金属再结晶温度；

　　　$T_熔$——以绝对温度表示的金属熔化温度。

再结晶可以消除金属全部加工硬化现象，并重新获得良好的塑性，在锻压中广泛应用。例如，线材的多次拉拔和板料的多次拉深时，常需要在工序间穿插再结晶退火，使制件能顺利成形。

3.1.4　纤维组织

锻压加工生产采用的原始坯料一般是铸锭，其组织很不均匀，晶粒较粗大，并存在气孔、缩松、非金属夹杂物等缺陷。铸锭加热后经过压力加工，铸造组织的内部缺陷如气孔、缩孔、微裂纹等得到压合，使金属组织更加致密。再结晶可细化晶粒，改变了粗大、不均匀的铸态组织，金属的各种力学性能得到提高。

在金属铸锭中存在的夹杂物多分布在晶界上。有塑性夹杂物，如 FeS 等，还有脆性夹杂物，如氧化物等。锻造时，晶粒沿变形方向伸长，塑性夹杂物随着金属变形沿主要伸长方向呈带状分布。脆性夹杂物被打碎，顺着金属主要伸长方向呈碎粒状或链状分布。拉长的晶粒通过再结晶过程后得到细化，而夹杂物无再结晶能力，依然呈带状和链状保留下来，形成流线组织。

在冷变形过程中，晶粒沿变形方向拉长而形成的组织称为纤维组织，可通过再结晶退

火消除。

形成的流线组织使金属的力学性能呈现各向异性。金属在纵向(平行流线方向)上塑性和韧性提高，而在横向(垂直流线方向)上塑性和韧性降低。变形程度越大，流线组织就越明显，力学性能的方向性也就越显著。锻压过程中，常用锻造比(Y)来表示变形程度。这样热锻后的金属组织就具有一定的方向性，通常称为锻造流线，又叫纤维组织。使金属性能呈现异向性。纵向性能高于横向。通常用变形前后的截面比、长度比或高度比来表示。

拔长时：$Y = A_0/A$　(A_0、A 分别表示拔长前后金属坯料的横截面积)。

镦粗时：$Y = H_0/H$　(H_0、H 分别表示镦粗前后金属坯料的高度)。

锻造比对锻件的锻透程度和力学性能有很大影响。当锻造比达到 2 时，随着金属内部组织的致密化，锻件纵向和横向的力学性能均有显著提高；当锻造比为 2～5 时，由于流线化的加强，力学性能出现各向异性，纵向性能虽仍略提高，但横向性能开始下降；锻造比超过 5 后，因金属组织的致密度和晶粒细化度均已达到最大值，纵向性能不再提高，横向性能却急剧下降。因此，选择适当的锻造比相当重要。

流线组织形成后，不能用热处理方法消除，只能通过锻造方法使金属在不同方向变形，才能改变纤维的方向和分布。由于纤维组织的存在对金属的力学性能，特别是冲击韧度有一定影响，在设计和制造易受冲击载荷的零件时，一般应遵循以下两项原则。

(1) 零件工作时的正应力方向与流线方向应一致，切应力方向与流线方向垂直。

(2) 流线的分布与零件的外形轮廓应相符合，而不被切断。

例如曲轴毛坯的锻造，应采用拔长后弯曲工序，使纤维组织沿曲轴轮廓分布，拐颈处流线分布合理。这样曲轴工作时不易断裂，如图 3.6(a)所示，而图 3.6(b)是用棒材直接切削加工出的曲轴，拐颈处流线组织被切断，使用时容易沿轴肩断裂。

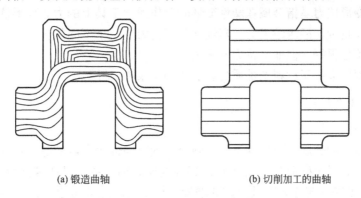

(a) 锻造曲轴　　　　　　　　　(b) 切削加工的曲轴

图 3.6　曲轴的流线分布

如图 3.7 所示是不同成形工艺制造齿轮的流线分布，(a)图是用棒料直接切削成形的齿轮，齿根处的切应力平行于流线方向，力学性能最差，寿命最短；(b)图是扁钢经切削加工的齿轮，齿 1 的根部切应力与流线方向垂直，力学性能好，齿 2 情况正好相反，力学性能差；(c)图是棒料镦粗后再经切削加工而成的，流线呈径向放射状，各齿的切应力方向均与流线近似垂直，强度与寿命较高；(d)图是热轧成形齿轮，流线完整且与齿廓一致，未被切断，性能最好，寿命最长。

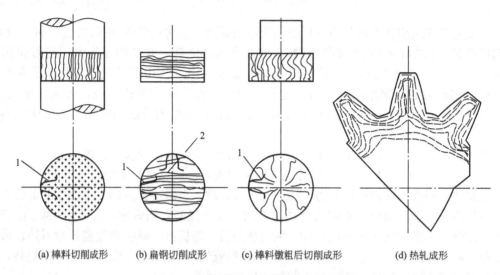

(a) 棒料切削成形　　(b) 扁钢切削成形　　(c) 棒料镦粗后切削成形　　(d) 热轧成形

图 3.7　不同成形工艺齿轮的流线组织

3.1.5　金属的可锻性

金属的可锻性(又称锻造性能)是用来衡量压力加工工艺性好坏的主要工艺性能指标。金属的可锻性好,表明该金属适用于压力加工。衡量金属的可锻性,常从金属材料的塑性和变形抗力两个方面来考虑,材料的塑性越好,变形抗力越小,则材料的锻造性能越好,越适合压力加工。在实际生产中,往往优先考虑材料的塑性。

金属的塑性是指金属材料在外力作用下产生永久变形而不破坏其完整性的能力,用伸长率 δ、断面收缩率 ψ 来表示。材料的 δ、ψ 值越大或镦粗时变形程度越大且不产生裂纹,塑性也越大。变形抗力是指金属在塑性变形时反作用于工具上的力。变形抗力越小,变形消耗的能量也就越少,锻压越省力。塑性和变形抗力是两个不同的独立概念。如奥氏体不锈钢在冷态下塑性很好,但变形抗力却很大。

金属的可锻性取决于材料的性质(内因)和加工条件(外因)。

1. 材料性质的影响

1) 化学成分

不同化学成分的金属其可锻性不同。纯金属的可锻性较合金的好。钢的含碳量对钢的可锻性影响很大,对于碳质量分数小于 0.15% 的低碳钢,主要以铁素体为主(含珠光体量很少),其塑性较好。随着碳质量分数的增加,钢中的珠光体量也逐渐增多,甚至出现硬而脆的网状渗碳体,使钢的塑性下降,塑性成形性能也越来越差。

合金元素会形成合金碳化物,形成硬化相,使钢的塑性变形抗力增大,塑性下降,通常合金元素含量越高,钢的塑性成形性能也越差。

杂质元素磷会使钢出现冷脆性,硫使钢出现热脆性,降低钢的塑性成形性能。

2) 金属组织

金属内部的组织不同,其可锻性有很大差别。纯金属及单相固溶体的合金具有良好的塑性,其可锻性较好;钢中有碳化物和多相组织时,可锻性变差;具有均匀细小等轴晶粒的金属，其可锻性比晶粒粗大的铸态柱状晶组织好；钢中有网状二次渗碳体时，钢的塑性将大大下降。

2. 加工条件的影响

金属的加工条件一般指金属的变形温度、变形速度和变形方式等。

1) 变形温度

随着温度升高，原子动能升高，削弱了原子之间的吸引力，减少了滑移所需要的力，因此塑性增大，变形抗力减小，提高了金属的可锻性。变形温度升高到再结晶温度以上时，加工硬化不断被再结晶软化消除，金属的可锻性进一步提高。

但加热温度过高，会使晶粒急剧长大，导致金属塑性减小，可锻性下降，这种现象称为"过热"。如果加热温度接近熔点，会使晶界氧化甚至熔化，导致金属的塑性变形能力完全消失，这种现象称为"过烧"，坯料如果过烧将报废。因此加热要控制在一定范围内，金属锻造加热时允许的最高温度称为始锻温度，停止锻造的温度称为终锻温度。图 3.8 所示为碳素钢的锻造温度范围。

2) 变形速度

变形速度即单位时间内变形程度的大小。它对可锻性的影响是矛盾的。一方面，随着变形速度的增大，金属在冷变形时的冷变形强化趋于严重，表现出金属塑性下降，变形抗力增大；另一方面，金属在变形过程中，消耗于塑性变形的能量一部分转化为热能，当变形速度很大时，热能来不及散发，会使变形金属的温度升高，这种现象称为"热效应"。变形速度越大，热效应现象越明显，有利于金属的塑性提高，变形抗力下降，可锻性变好（图 3.9 中 A 点以右）。但除高速锤锻造外，在一般的压力加工中变形速度不能超过 A 点的变形速度，因此热效应现象对可锻性并不影响。故塑性差的材料（如高速钢）或大形锻件，还是应采用较小的变形速度为宜。若变形速度过快会出现变形不均匀，造成局部变形过大而产生裂纹。

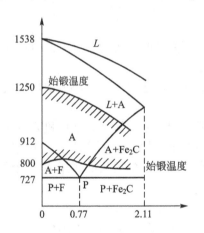
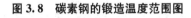

图 3.8 碳素钢的锻造温度范围图

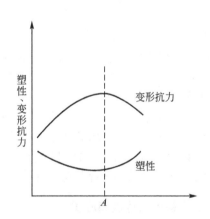

图 3.9 变形速度对金属可锻性的影响

3) 应力状态

不同的压力加工方法在材料内部所产生的应力大小和性质（压应力和拉应力）是不同的。例如，金属在挤压变形时三向受压，如图 3.10(a) 所示，而金属在拉拔时为两向压应力和一向拉应力，如图 3.10(b) 所示。镦粗时，坯料内部处于三向压应力状态，但侧表面在水平方向却处于拉应力状态，如图 3.10(c)所示。

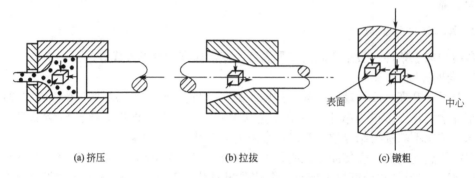

(a) 挤压　　　　　　　(b) 拉拔　　　　　　　(c) 镦粗

图 3.10　金属变形时的应力状态

实践证明，在三向应力状态下，压应力的数目越多，则其塑性越好；拉应力的数目越多，则其塑性越差。其原因是在金属材料内部或多或少总是存在着微小的气孔或裂纹等缺陷，在拉应力作用下，缺陷处会产生应力集中，使缺陷扩展甚至达到破坏，从而金属丧失塑性；而压应力使金属内部原子间距减小，又不易使缺陷扩展，因此金属的塑性会提高。从变形抗力分析，压应力使金属内部摩擦增大，变形抗力也随着增大。在三向受压的应力状态下进行变形时，其变形抗力较三向应力状态不同时大得多。因此，选择压力加工方法时，应考虑应力状态对金属塑性变形的影响。

综上所述，金属的可锻性既取决于金属的本质，又取决于变形条件。在压力加工过程中，要根据具体情况，尽量创造有利的变形条件，充分发挥金属的塑性，降低其变形抗力，以达到塑性成形加工的目的。

3.2　自　由　锻　造

自由锻造过程中，金属坯料在上、下砧铁间受压变形时，可朝各个方向自由流动，不受限制，其形状和尺寸主要由操作者的技术来控制。

自由锻分为手工锻造和机器锻造两种，手工锻造只适合单件生产小型锻件，机器锻造则是自由锻的主要生产方法。

自由锻所用设备根据它对坯料施加外力的性质不同，分为锻锤和液压机两大类。锻锤是依靠产生的冲击力使金属坯料变形，但由于能力有限，故只用来锻造中、小型锻件。液压机是依靠产生的压力使金属坯料变形。其中，水压机可产生很大的作用力，能锻造质量达 300t 的锻件，是重型机械厂锻造生产的主要设备。

3.2.1　自由锻造的特点和应用

锻造是毛坯成形的重要手段，尤其在工作条件复杂、力学性能要求高的重要结构零件的制造中，具有重要的地位。锻造是先加热好金属坯料，在外力的作用下，使金属坯料发生塑性变形，通过控制金属的流动，使其成形为所需形状、尺寸和组织。

其特点可概括如下。

(1) 自由锻工艺灵活，工具简单，设备和工具的通用性强，成本低。

（2）应用范围较为广泛，可锻造的锻件质量由不及 1kg 到 300t。在重型机械中，自由锻是生产大型和特大型锻件的唯一成形方法。

（3）锻件精度较低，加工余量较大，生产率低。

自由锻最大的特点是金属流动的方向不受限制，因此可以生产各种形状、尺寸的毛坯或零件。也是由于这个特点，为了得到所需的形状、尺寸，需要对金属坯料多次变形，因此其生产率比较低，劳动强度大。故一般只适合于单件小批量生产。自由锻也是锻制大型锻件的唯一方法。

3.2.2　自由锻造工序

自由锻的锻造成形过程是由使金属发生塑性变形，达到锻件所需要的形状、尺寸的一系列变形工序组成的。根据工序实施阶段和作用的不同，可以分为基本工序、辅助工序和精整工序三大类。基本工序是使锻件基本成形的工序，主要有镦粗、拔长、冲孔、弯曲、错移、扭转和切割等；在基本工序前，使坯料预先产生少量变形的工序是辅助工序，如压肩、倒棱、压钳口等；在基本工序后，对锻件进行少量变形的工序是精整工序，它是为了修整锻件表面的形状和尺寸，如滚圆、摔圆、平整、矫直等。

下面简要介绍几个基本工序的操作。

1. 镦粗

镦粗是使毛坯高度减小，横截面积增大的锻造工序。它可以提高锻件的力学性能，有整体镦粗和局部镦粗两种，如图 3.11 所示。

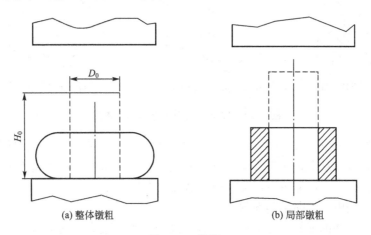

(a) 整体镦粗　　　　　　　　(b) 局部镦粗

图 3.11　镦粗

镦粗用于制造大截面、小高度的零件，如齿轮、圆盘等；或为冲孔所做的预备工序；或为拔长做的预备工序，增加拔长时的锻造比。

镦粗的操作要点如下。

（1）合适的高径比。在镦粗时，圆形截面毛坯的高径比 $H_0 : D_0$ 不要超过 2.5～3，方形或矩形截面毛坯的高宽比不大于 3.5～4。高径比过大，容易产生纵向弯曲，使变形失去稳定，会镦弯，如不及时校正而继续镦粗会使坯料产生折叠。

（2）坯料端面与轴线垂直。端面与轴线不垂直的坯料镦粗时，需要压紧坯料，锤击校正端面。这是为了防止镦歪。

（3）合适的漏盘。镦粗时，漏盘上口部位应采用圆角过渡，且要有 $5°\sim7°$ 的斜度。

（4）及时修整，消除鼓形。镦粗后，要及时翻转 $90°$，边滚动边锤击，消除鼓形。

2. 拔长

拔长是使坯料横截面积减小，长度增加的工序，如图 3.12 所示。

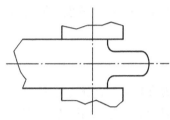

图 3.12　拔长

拔长用于制造长而截面小的零件，如轴、拉杆、曲轴等；或制造长轴类空心零件，如炮筒、透平机主轴、圆环、套筒等。

拔长除了以上应用外，还常用来改善锻件内部质量。拔长的压缩变形是通过逐次送进和反复转动毛坯进行的，所以它是各种锻造工序中消耗工时最多的工序。其操作要点如下。

（1）合适的送进量。送进量的大小直接影响拔长效率和锻件质量。送进量太大，拔长效率会降低，金属主要向坯料宽度方向流动。送进量太小，变形区容易出现双鼓形，还容易产生夹层。合适的送进量是 $L/B=(0.4\sim0.8)$，L 是送进量，B 是砧铁宽度，如图 3.13 所示。

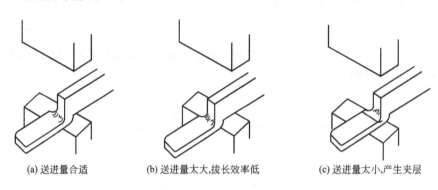

(a) 送进量合适　　　　　(b) 送进量太大, 拔长效率低　　　　(c) 送进量太小, 产生夹层

图 3.13　拔长时的送进方向和送进量

（2）合适的压下量。拔长时，增大压下量，不但可提高生产率，还可强化心部变形，可以锻合内部缺陷。拔长时希望采取大压下量变形。但是每次的压下量太大，例如坯料的宽度与厚度比超过 2.5，翻转后继续拔长容易发生折叠变形。

（3）拔长过程中要不断翻转坯料。

（4）套筒类锻件的坯料要先冲孔，然后再拔长，坯料边旋转轴向送进，严格控制送进量。送进量太大，会使坯料内孔尺寸增大。

（5）拔长后要进行修整，如调平、矫直，使锻件表面光洁，尺寸准确。

3. 冲孔

冲孔是在坯料上冲出透孔或不透孔的工序。锻造各种带孔锻件和空心锻件时都需要进行冲孔。常用的冲孔方法有实心冲子冲孔、空心冲子冲孔和垫环冲孔三种，如图 3.14 所示。

冲孔常用来制造空心件，如齿轮毛坯、圆环、套筒等；或锻件质量要求高的大工件，可用空心冲子冲孔，去掉质量较低的铸件中心部分。其工艺要点如下。

（1）冲孔前坯料要先镦粗，使冲孔深度减小，端面平整。

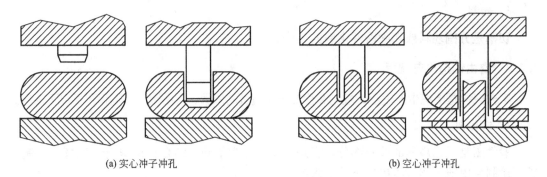

(a) 实心冲子冲孔　　　　　　　　　　　　(b) 空心冲子冲孔

图 3.14　常用冲孔方法

（2）冲孔前坯料要先加热到始锻温度，使坯料塑性提高，防止冲裂。

（3）要先试冲，如有偏差，可及时修正，保证孔位正确。

（4）冲孔中要使冲子的轴线垂直于砧面，防止冲斜。

（5）一般的锻件通孔采用双面冲孔，较薄的坯料可采用单面冲孔。

（6）冲孔的孔径一般要小于坯料直径的 1/3，以防止坯料胀裂。

4. 弯曲

弯曲是将坯料弯成所规定的外形的锻造工序。弯曲通常有角度弯曲、成形弯曲两种，如图 3.15 所示。

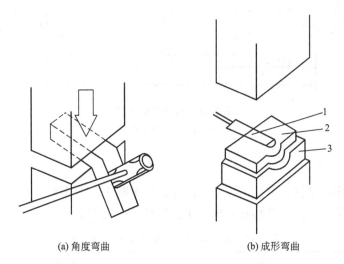

(a) 角度弯曲　　　　　　　　　　　　(b) 成形弯曲

图 3.15　弯曲
1—成形压铁；2—坯料；3—成形垫铁

成形弯曲通常是在胎模中弯曲，即在简单工具中改变坯料曲线成为所需外形。

5. 扭转

扭转是在保持坯料轴线方向不变的情况下，将坯料的一部分相对于另一部分扳转一定角度的工序。

6. 切割

切割是分割坯料或切除锻件余料的工序。

3.2.3 自由锻造工艺规程

工艺规程是组织生产过程、控制和检查产品质量的依据。自由锻工艺规程包括以下内容。

1. 锻件图

锻件图是工艺规程的核心部分，它是以零件图为基础，结合自由锻造工艺特点绘制而成。绘制自由锻件图应考虑如下几个内容。

(1) 增加敷料。为了简化零件的形状和结构、便于锻造而增加的一部分金属，称为敷料。如消除零件上的锭槽、窄环形沟槽、齿谷或尺寸相差不大的台阶。

(2) 考虑加工余量和公差。在零件的加工表面上为切削加工而增加的尺寸称为余量，锻件公差是锻件名义尺寸的允许变动值，它们的数值应根据锻件的形状、尺寸、锻造方法等因素查相关手册确定。

自由锻锻件如图 3.16 所示，图中虚线为零件轮廓。

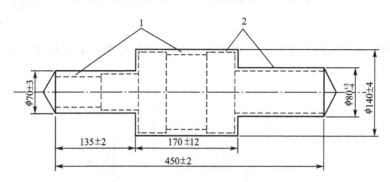

图 3.16 自由锻锻件图
1—敷料；2—加工余量

2. 确定变形工序

确定变形工序的依据是锻件的形状、尺寸、技术要求、生产批量和生产条件等。一般自由锻件大致可分为 6 类，其形状特征及主要变形工序见表 3－1。

表 3－1 自由锻锻件分类及基本工序方案

类别	图例	工序方案	实例
盘类		镦粗或局部镦粗	圆盘、齿轮、叶轮、轴头等
轴类		拔长或镦粗再拔长（或局部镦粗再拔长）	传动轴、齿轮轴、连杆、立柱等

（续）

类别	图例	工序方案	实例
环类		镦粗、冲孔、在心轴上扩孔	圆环、齿圈、法兰等
筒类	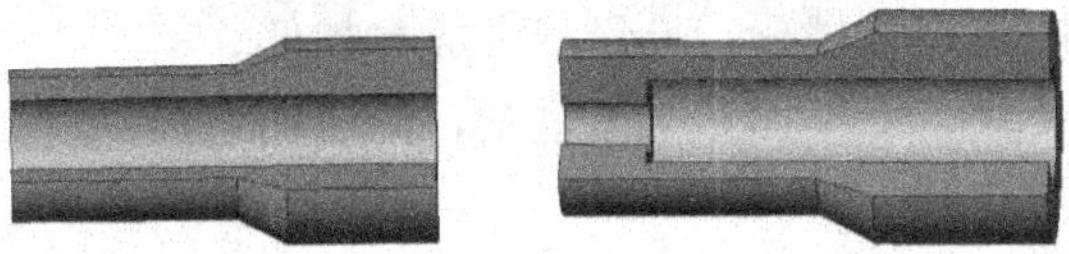	镦粗、冲孔、在心轴上拔长	圆筒、空心轴等
曲轴类	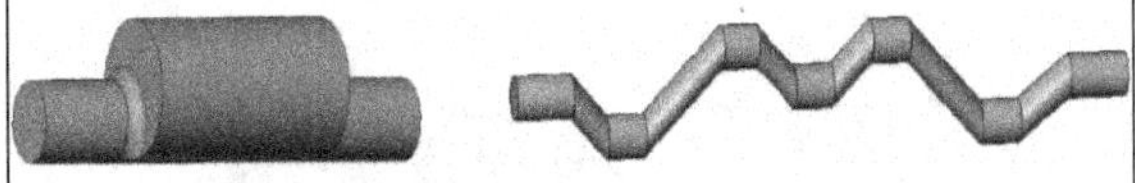	拔长、错移、镦台阶、扭转	各种曲轴、偏心轴
弯曲类		拔长、弯曲	弯杆、吊钩、轴瓦等

3. 计算坯料重量及尺寸

锻件的重量可按下式计算：

$$G_{坯料}=G_{锻件}+G_{烧损}+G_{料头}$$

式中　$G_{坯料}$——坯料质量；

$G_{锻件}$——锻件质量；

$G_{烧损}$——加热中坯料表面因氧化而烧损的质量（第一次加热取被加热金属质量的 2%～3%，以后各次加热的烧损量取 1.5%～2%）；

$G_{料头}$——在锻造过程中冲掉或被切掉的金属的质量。

坯料的尺寸根据坯料重量和几何形状确定，还应考虑坯料在锻造中所必需的变形程度，即锻造比的问题。对于以钢锭作为坯料并采用拔长方法锻制的锻件，锻造比一般不小于 2.5～3；如果采用轧材作坯料，则锻造比可取 1.3～1.5。

除上述内容外，任何锻造方法都还应确定始锻温度、终锻温度、加热规范、冷却规范、选定相应的设备及确定锻后所必需的辅助工序等。

3.3　模 型 锻 造

模型锻造又称模锻，是将加热后的金属坯料，在冲击力或压力作用下，迫使其在锻模模膛内变形，从而获得锻件的工艺方法。

模锻按使用的设备不同分为锤上模锻、曲柄压力机上模锻、摩擦压力机上模锻、胎模锻等。

3.3.1　模锻生产的特点和应用

与自由锻相比，模锻的特点如下。

(1) 锻件形状可以比较复杂，用模膛控制金属的流动，可生产较复杂锻件(图 3.17)。

(2) 力学性能高，模锻使锻件内部的锻造流线比较完整。

(3) 锻件质量较高，表面光洁，尺寸精度高，节约材料与机加工工时。

(4) 生产率较高，操作简单，易于实现机械化，批量越大成本越低。

(5) 设备及模具费用高，设备吨位大，锻模加工工艺复杂，制造周期长。

(6) 模锻件不能太大，一般不超过 150kg。

因此，模锻只适合中、小型锻件批量或大批量生产。

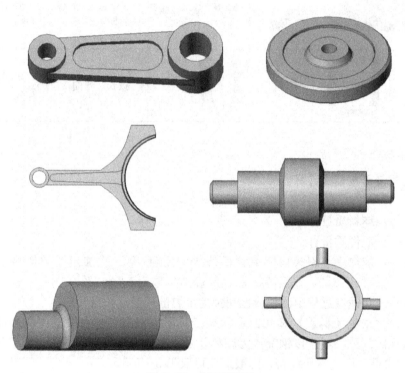

图 3.17　典型模锻件

随着现代化大生产的发展，模锻生产应用越来越广泛，尤其是国防工业和机械制造业。按质量计算，飞机上的锻件使用模锻生产的占 85%，坦克上占 70%，汽车上占 80%，机车上占 60%。

3.3.2　锤上模锻的特点与应用

锤上模锻所用设备为模锻锤，由它产生的冲击力使金属变形，图 3.18 所示为一般常用的蒸汽-空气模锻锤，它的砧座 3 比相同吨位自由锻锤的砧座增大约 1 倍，并与锤身 2 连成一个刚性整体，锤头 7 与导轨之间的配合也比自由锻精密，因锤头的运动精度较高，使上模 6 与下模 5 在锤击时对位准确。

1. 锻模结构

锤上模锻生产所用的锻模如图 3.19 所示。带有燕尾的上模 2 和下模 4 分别用楔铁 10 和 7 固定在锤头 1 和模垫 5 上，模垫用楔铁 6 固定在砧座上。上模随锤头做上下往复运动。

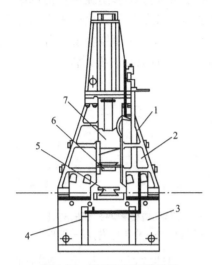

图 3.18　蒸汽-空气模锻锤

1—操纵机构；2—锤身；3—砧座；4—踏杆；

5—下模；6—上模；7—锤头

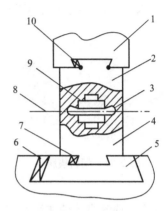

图 3.19　锤上锻模

1—锤头；2—上模；3—飞边槽；4—下模；5—模垫；

6、7、10—楔铁；8—分模面；9—模腔

2. 模腔的类型

根据模腔作用的不同，可分为制坯模腔和模锻模腔两种。

（1）制坯膜腔。对于形状复杂的模锻件，为了使坯料形状基本接近模锻件形状，使金属能合理分布和很好地充满模锻模腔，就必须预先在制坯模腔内制坯。制坯模腔（图 3.20）有以下几种。

(a) 拔长模腔　　　(b) 滚压模腔　　　(c) 弯曲模腔

图 3.20　常见的制坯模腔

拔长模腔。用来减小坯料某部分的横截面积，以增加该部分的长度；

滚压模腔。在坯料长度基本不变的前提下，用它来减小坯料某部分的横截面积，以增大另一部分的横截面积。

弯曲模腔。对于弯曲的杆类模锻件，需采用弯曲模腔来弯曲坯料；

切断模腔。它是在上模与下模的角部组成的一对刀口，用来切断金属，如图 3.21 所示。

（2）模锻模腔。由于金属在此种模腔中发生整体变形，故作用在锻模上的抗力较大。

模锻模膛又分为终锻模膛和预锻模膛两种。

　　终锻模膛。终锻模膛的作用是使坯料最后变形到锻件所要求的形状和尺寸，因此它的形状应和锻件的形状相同。考虑到收缩，终锻模膛的尺寸应比锻件尺寸放大一个收缩量，钢件收缩率取 1.5%。另外，模膛四周有飞边槽，用以增加金属从模膛中流出的阻力，使金属更好地充满模膛，同时容纳多余的金属。对于具有通孔的锻件，由于不可能靠上、下模的突起部分把金属完全挤压到旁边去，故终锻后在孔内留有一薄层金属，称为冲孔连皮（图 3.22）。因此，把冲孔连皮和飞边冲掉后，才能得到具有通孔的模锻件。

图 3.21　切断模膛

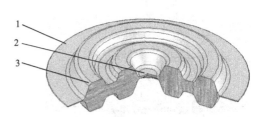

图 3.22　带有飞边槽和冲孔连皮的模锻件
1—飞边；2—冲孔连皮；3—锻件

　　预锻模膛。预锻模膛的作用是使坯料变形到接近于锻件的形状和尺寸，然后进入终锻模膛。预锻模膛与终锻模膛的主要区别是，前者的圆角和斜度较大，没有飞边槽。对于形状简单或批量不够大的模锻件也可以不设预锻模膛。

　　根据模锻件的复杂程度不同，所需变形的模膛数量不等，可将锻模设计成单膛锻模或多膛锻模。多膛锻模是在一副锻模上具有两个以上模膛的锻模。如弯曲连杆模锻件的锻模即为多膛锻模，如图 3.23 所示。

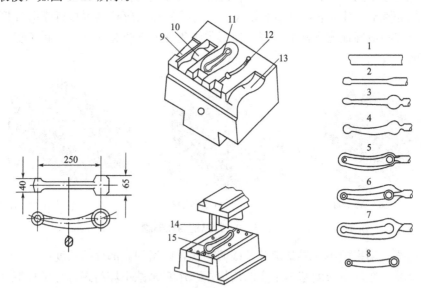

图 3.23　弯曲连杆模锻过程
1—原始坯料；2—延伸；3—滚压；4—弯曲；5—预锻；6—终锻；7—飞边；8—锻件；
9—延伸模膛；10—滚压模膛；11—终锻模膛；12—预锻模膛；
13—弯曲模膛；14—切边凸模；15—切边凹模

3. 模锻锻件图的绘制

模锻件的锻件图是以零件图为基础，考虑敷料块、加工余量、锻造公差、分模面位置、模锻斜度和圆角半径等因素绘制的。

（1）确定分模面。分模面是上、下锻模在模锻件上的分界面，确定它的基本原则见表 3-2。

表 3-2　分模面的确定原则

分模面的确定原则	主要理由
尽量选择最大截面，图 3.24(a)不合理	便于锻件从模膛中取出
模膛尽量浅，图 3.24(b)不合理	金属易于充满形腔
尽量采用平面	便于模具的生产
使上下模沿分模面的模膛轮廓一致，图 3.24(c)不合理	便于及时发现错模现象
使敷料尽量少，图 3.24(b)不合理	节省金属

按照上述原则，图 3.24 中 d-d 面是最合理的分模面。

（2）确定加工余量和锻造公差。锻件上凡需切削加工的表面均应有机械加工余量，所有尺寸均应给出锻造公差。单边余量一般为 1~4mm，偏差值一般为 ±（1~3）mm，锻锤吨位小时取较小值。

（3）模锻斜度。为了使锻件易于从模膛中取出，锻件上与分模面垂直的部分需带一定斜度，称为模锻斜度或拔模斜度。外壁斜度通常为 7°，特殊情况下用 5°和 10°；内壁斜度应较外壁斜度大 2°~3°，如图 3.25 所示。

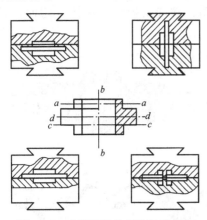

图 3.24　分模面的选择比较示意图

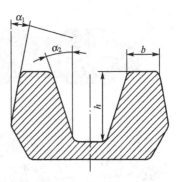

图 3.25　拔模斜度图

（4）模锻圆角半径。锻件上的转角处需采用圆角，以利于金属充满模膛和提高锻模寿命。模膛内圆角（凸圆角）半径 r 为单面加工余量与成品零件的圆角半径之和，外圆角（凹圆角）半径 R 为 r 的 2~3 倍，如图 3.26 所示。

（5）冲孔连皮。需要锻出的孔内需留连皮（即一层较薄的金属），以减少模膛凸出部位的磨损，连皮厚度通常为 4~8mm，孔径大时取值较大。

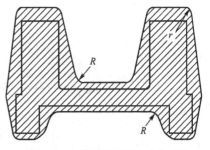

图 3.26　模锻件的圆角半径图

上述参数确定后，便可以绘制模锻件图。图 3.27 所示为一个齿轮坯的模锻件图例。

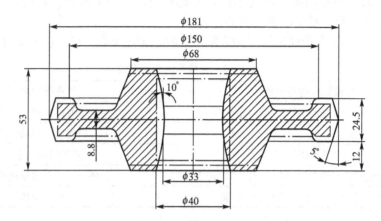

图 3.27　齿轮坯的模锻件图

4. 模锻工序的确定

模锻工序主要根据模锻件结构形状和尺寸确定。常见的锤上模锻件可以分为以下两大类。

长轴类零件，如曲轴、连杆、台阶轴等，如图 3.28 所示。锻件的长度与宽度之比较大，此类锻件在锻造过程中，锤击方向垂直于锻件的轴线；终锻时，金属沿高度与宽度方向流动，而沿长度方向没有显著的流动，常选用拔长、滚压、弯曲、预锻和终锻等工序。

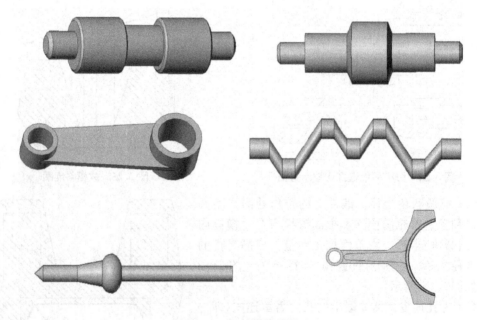

图 3.28　长轴类模锻件

盘类零件，如齿轮、法兰盘等，如图 3.29 所示。此类模锻件在锻造过程中，锤击方向与坯料轴线相同，终锻时金属沿高度、宽度及长度方向均产生流动，因此常选用镦粗、预锻、终锻等工序。

图 3.29 盘类模锻件图

5. 模锻件的精整

为了提高模锻件成形后精度和表面质量的工序称精整，包括切边、冲连皮、校正等。如图 3.30 所示为切边模和冲孔模。

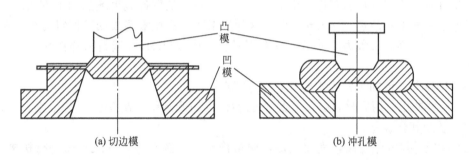

图 3.30 切边模和冲孔模

6. 模锻件的结构工艺性

设计模锻零件时，应使结构符合以下原则。

（1）必须具有一个合理的分模面，以保证模锻成形后，容易从锻模中取出，并且使敷料最少，锻模容易制造。

（2）考虑斜度和圆角。模锻件上与分模面垂直的非加工表面，应设计出模锻斜度。两个非加工表面形成的角（包括外角和内角）都应按模锻圆角设计。

（3）只有与其他机件配合的表面才需进行机械加工。由于模锻件尺寸精度较高和表面粗糙度值低，因此在零件上，其他表面均应设计为非加工表面。

（4）外形应力求简单、平直和对称。为了使金属容易充满模膛而减少工序，尽量避免模锻件截面间差别过大，或具有薄壁、高筋、高台等结构。图 3.31（a）所示的零件有一个高而薄的凸缘，金属难以充满模膛，且使锻模制造和成形后取出锻件较为困难；图 3.31（b）所示的模锻件扁而薄，模锻时，薄部金属冷却快，变形抗力剧增，易损坏锻模。

（5）应避免深孔或多孔结构，便于模具制造和延长模具使用寿命。

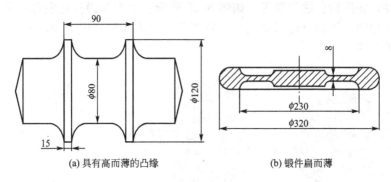

(a) 具有高而薄的凸缘　　　　　(b) 锻件扁而薄

图 3.31　结构不合理的模锻件

3.4　板料冲压

　　板料冲压是金属塑性加工的基本方法之一，它是通过装在压力机上的模具对板料施压使之产生分离或变形，从而获得一定形状、尺寸和性能的零件或毛坯的加工方法。板料冲压件的厚度一般都不超过 1～2mm，而且这种加工通常是在常温或低于板料再结晶温度的条件下进行的，因此又称为冷冲压。只有当板料厚度超过 8mm 或材料塑性较差时才采用热冲压。

　　板料冲压与其他加工方法相比具有以下特点。

　　(1) 板料冲压所用原材料必须有足够的塑性，如低碳钢、高塑性的合金钢、不锈钢、铜、铝、镁及其合金等。

　　(2) 冲压件尺寸精度高，表面光洁，质量稳定，互换性好，一般不需进行机械加工，可直接装配使用。

　　(3) 可加工形状复杂的薄壁零件。

　　(4) 生产率高，操作简便，成本低，工艺过程易实现机械化和自功化。

　　(5) 可利用塑性变形的加工硬化提高零件的力学性能，在材料消耗少的情况下获得强度高、刚度大、质量好的零件。

　　(6) 冲压模具结构复杂，加工精度要求高，制造费用大，因此板料冲压只适合于大批量生产。

　　板料冲压广泛应用于汽车、拖拉机、家用电器、仪器仪表、飞机、导弹、兵器以及日用品的生产中。

3.4.1　板料冲压基本工序

　　板料冲压的基本工序可分为冲裁、拉深、弯曲和成形等。

　　1. 冲裁

　　冲裁是使坯料沿封闭轮廓分离的工序，包括落料和冲孔。落料时，冲落的部分为成品，而余料为废料；冲孔是为了获得带孔的冲裁件，而冲落部分是废料。

　　1) 变形与断裂过程

冲裁使板料变形与分离的过程如图 3.32 所示，包括以下 3 个阶段。

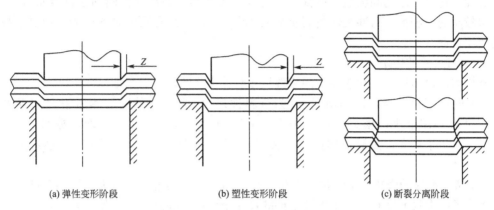

(a) 弹性变形阶段 (b) 塑性变形阶段 (c) 断裂分离阶段

图 3.32 冲裁变形过程

(1) 弹性变形阶段。冲头(凸模)接触板料继续向下运动的初始阶段，将使板料产生弹性压缩、拉深与弯曲等变形。

(2) 塑性变形阶段。冲头继续向下运功，板料中的应力达到屈服极限，板料金属产生塑性变形。变形达到一定程度时，在凸凹模刃口处出现微裂纹。

(3) 断裂分离阶段。冲头继续向下运动，已形成的微裂纹逐渐扩展，上下裂纹相遇重合后，板料被剪断分离。

2) 凸凹模间隙

凸凹模间隙不仅严重影响冲裁件的断面质量，也影响着模具的使用寿命。

当冲裁间隙合理时，上下剪裂纹会基本重合，获得的工件断面较光洁，毛刺最小，如图 3.33(a)所示；间隙过小，上下剪裂纹较正常间隙时向外错开一段距离，在冲裁件断面会形成毛刺和夹层，如图 3.33(b)所示；间隙过大，材料中拉应力增大，塑性变形阶段过早结束，裂纹向里错开，不仅光亮带小，毛刺和剪裂带均较大，如图 3.33(c)所示。

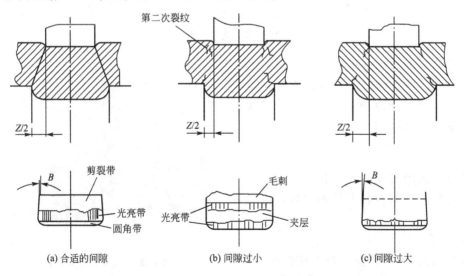

(a) 合适的间隙 (b) 间隙过小 (c) 间隙过大

图 3.33 冲裁间隙对断面质量的影响

一般情况，冲裁模单面间隙的大小为板料厚度的 5%～25%。

因此，选择合理的间隙值对冲裁生产是至关重要的。当冲裁件断面质量要求较高时，应选取较小的间隙值。对冲裁件断面质量无严格要求时，应尽可能加大间隙，以利于提高冲模使用寿命。

3）刃口尺寸的确定

凸模和凹模刃口的尺寸取决于冲裁件尺寸和冲模间隙。

（1）设计落料模时，以凹模尺寸（为落料件尺寸）为设计基准，然后根据间隙确定凸模尺寸，即用缩小凸模刃口尺寸来保证间隙值；设计冲孔模时，取凸模尺寸（冲孔件尺寸）为设计基准，然后根据间隙确定凹模尺寸，即用扩大凹模刃口尺寸来保证间隙值。

（2）考虑冲模的磨损，落料件外形尺寸会随凹模刃口的磨损而增大，而冲孔件内孔尺寸则随凸模的磨损而减小。为了保证零件的尺寸精度，并提高模具的使用寿命，落料凹模的基本尺寸应取工件最小工艺的极限尺寸；冲孔时，凸模基本尺寸应取工件最大工艺的极限尺寸。

4）修整

修整是利用修整模沿冲裁件外缘或内孔刮削一薄层金属，以切掉冲裁件上的剪裂带和毛刺，分为外缘修整和内孔修整，如图 3.34 所示。

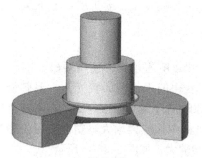 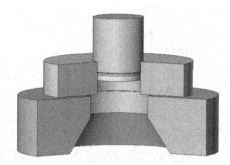

(a) 外缘修整　　　　　　　　　　　(b) 内孔修整

图 3.34　修整工序

修整的机理与切削加工相似。对于大间隙冲裁件，单边修整量一般为板料厚度的 10%；对于小间隙冲裁件，单边修整量在板料厚度的 8%以下。

2. 拉深

拉深是利用模具冲压坯料，使平板冲裁坯料变形成开口空心零件的工序，也称拉延（图 3.35）。

1）变形过程

将直径为 D 的平板坯料放在凹模上，在凸模作用下，坯料被拉入凸模和凹模的

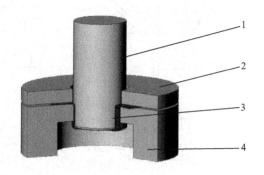

图 3.35　拉深过程示意图
1—凸模；2—压边圈；3—坯料；4—凹模

间隙中，变成内径为 d，高为 h 的杯形零件，其拉深过程变形分析如图 3.36 所示。

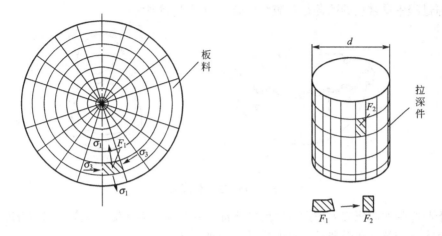

图 3.36　拉深过程变形分析

（1）筒底区。金属基本不变形，只传递拉力，受径向和切向拉应力作用。

（2）筒壁部分。由凸缘部分经塑性变形后转化而成，受轴向拉应力作用；形成拉深件的直壁，厚度减小，直壁与筒底过渡圆角部被拉薄得最为严重。

（3）凸缘区。即拉深变形区，这部分金属在径向拉应力和切向压应力作用下，凸缘不断收缩逐渐转化为筒壁，顶部厚度增加。

2）拉深系数

拉深件直径 d 与坯料直径 D 的比值称为拉深系数，用 m 表示。它是衡量拉深变形程度的指标。m 越小，表明拉深件直径越小，变形程度越大，坯料被拉入凹模越困难，易产生拉穿废品。一般情况下，拉深系数 m 不小于 0.5～0.8。

如果拉深系数过小，不能一次拉深成形时，则可采用多次拉深工艺(图 3.37)。但多次拉深过程中，加工硬化现象严重。为保证坯料具有足够的塑性，在一两次拉深后，应安排工序间的退火工序；其次，在多次拉深中，拉深系数应一次比一次略大一些，总拉深系数值等于每次拉深系数的乘积。

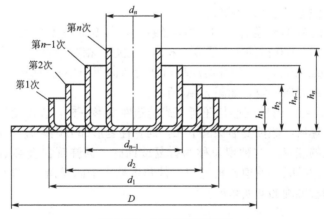

图 3.37　多次拉深的变化

3）拉深缺陷及预防措施

拉深过程中最常见的问题是起皱和拉裂，如图 3.38 所示。

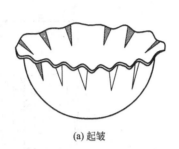 

(a) 起皱　　　　　　　　　　　　　(b) 拉裂

图 3.38　拉深件废品

由于凸缘受切向压应力作用，厚度的增加使其容易产生折皱。在筒形件底部圆角附近拉应力最大，壁厚减薄最严重，易产生破裂而被拉穿。

防止拉深时出现起皱和拉裂，主要采取以下措施。

（1）限制拉深系数 m，m 值不能太小，拉深系数 m 不小于 0.5～0.8。

（2）拉深模具的工作部分必须加工成圆角，凹模圆角半径 R_d＝（5～10）t（t 为板料厚度），凸模圆角半径 $R_p < R_d$。

（3）控制凸模和凹模之间的间隙，间隙 Z＝（1.1～1.5）t。

（4）进行拉深时使用压边圈，可有效防止起皱，如图 3.35 所示。

（5）涂润滑剂，减少摩擦，降低内应力，提高模具的使用寿命。

3. 弯曲

弯曲是利用模具或其他工具将坯料一部分相对另一部分弯曲成一定的角度和圆弧的变形工序。弯曲过程及典型弯曲件如图 3.39 所示。

坯料弯曲时，其变形区仅限于曲率发生变化的部分，且变形区内侧受压缩，外侧受拉深，位于板料的中心部位有一层材料不产生应力和应变，称其为中性层。

弯曲变形区最外层金属受切向拉应力和切向伸长变形最大。当最大拉应力超过材料强度极限时，则会造成弯裂。内侧金属也会因受压应力过大而使弯曲角内侧失稳起皱。

弯曲过程中要注意以下几个问题。

（1）考虑弯曲的最小半径 r_{min}。弯曲半径越小，其变形程度越大。为防止材料弯裂，应使 r_{min} 不小于 0.25～1.0 倍的板料厚度，材料塑性好，相对弯曲半径可小些。

（2）考虑材料的纤维方向。弯曲时应尽可能使弯曲线与坯料纤维方向垂直，使弯曲时的拉应力方向与纤维方向一致，如图 3.40 所示。

（3）考虑回弹现象。弯曲变形与任何方式的塑性变形一样，在总变形中总存在一部分弹性变形，外力去掉后，塑性变形保留下来，而弹性变形部分则恢复，从而使坯料产生与弯曲变形方向相反的变形，这种现象称为弹复或回弹。回弹现象会影响弯曲件的尺寸精度。一般在设计弯曲模时，使模具角度与工件角度差一个回弹角（一般小于 10°），这样在弯曲回弹后能得到较准确的弯曲角度。

4. 成形

使板料毛坯或制件产生局部拉深或压缩变形来改变其形状的冲压工艺统称为成形工

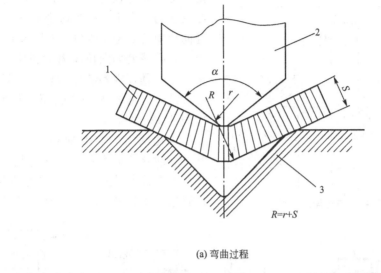

(a) 弯曲过程

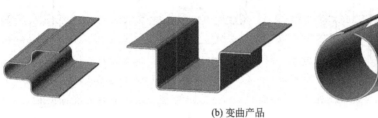

(b) 变曲产品

图 3.39　弯曲过程及典型弯曲件

1—工件；2—凸模；3—凹模

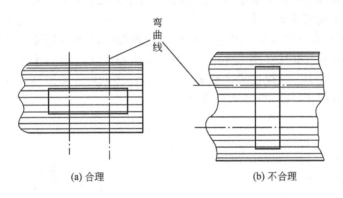

(a) 合理　　　　　　　　　(b) 不合理

图 3.40　弯曲线方向

艺。成形工艺应用广泛，既可以与冲裁、弯曲、拉深等工艺相结合，制成形状复杂、强度高、刚性好的制件，又可以被单独采用，制成形状特异的制件。主要包括翻边、胀形、起伏等。

1）翻边

翻边是将内孔或外缘翻成竖直边缘的冲压工序。

内孔翻边在生产中应用广泛，翻边过程如图 3.41 所示。翻边前坯料孔径是 d_0，翻边

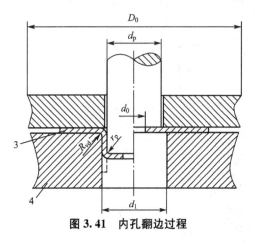

图 3.41　内孔翻边过程

的变形区是外径为 d_1 内径为 d_p 的圆环区。在凸模压力作用下，变形区金属内部产生切向和径向拉应力，且切向拉应力远大于径向拉应力，在孔缘处切向拉应力达到最大值，随着凸模下压，圆环内各部分的直径不断增大，直至翻边结束，形成内径为凸模直径的竖起边缘，如图 3.42(a)所示。

内孔翻边的主要缺陷是裂纹的产生，因此，一般内孔翻边高度不宜过大。当零件所需凸缘的高度较大时，可采用先拉深、后冲孔、再翻边的工艺来实现，如图 3.42(b)所示。

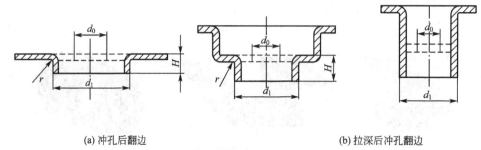

(a) 冲孔后翻边　　　　　　　　(b) 拉深后冲孔翻边

图 3.42　内孔翻边举例

2）胀形

胀形是利用局部变形使半成品部分内径胀大的冲压成形工艺。可以采用橡皮胀形、机械胀形、气体胀形或液压胀形等。

如图 3.43 所示为球体胀形。其主要过程是先焊接成球形多面体，然后向其内部用液体或气体打压使其变成球体。图 3.44 所示为管坯胀形。在凸模的作用下，管坯内的橡胶变形，将管坯直径胀大，靠向凹模。胀形结束后，凸模抽回，橡胶恢复原状，从胀形件中取出。凹模采用分瓣式，使工件很容易取出。

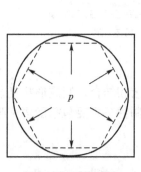

图 3.43　球体胀形

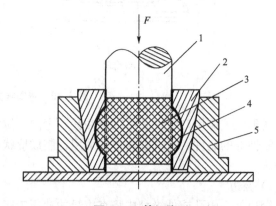

图 3.44　管坯胀形

1—凸模；2—凹模；3—橡胶；4—坯料；5—外套

3）起伏

起伏是利用局部变形使坯料压制出各种形状的凸起或凹陷的冲压工艺。

起伏主要应用于薄板零件上制出筋条、文字、花纹等。

图 3.45 所示为采用橡胶凸模压筋，从而获得与钢制凹模相同的筋条。图 3.46 所示为刚性模压坑。

图 3.45 软模压筋   图 3.46 刚性模压坑

成形工序通常使冲压工件具有更好的刚度，并获得所需要的空间形状。

3.4.2 落料、冲孔、拉深的应用

落料、冲孔、拉深都是实际生产中使用广泛的工序。

1. 落料、冲孔的应用

落料、冲孔统称为冲裁。落料、冲孔这两个工序中坯料变形过程和模具结构都是一样的。落料是被分离的部分为成品，而周边是废料；冲孔是分离的部分为废料，而周边是成品。

1）曲面上冲孔

在曲面的冲孔加工中，一般要注意以下几点：孔与加工面垂直；按零件图的尺寸指示方向冲孔；考虑力的平衡；避免产品零件上出现剪切斜角；尽量加大压料力。

为满足上述条件，在冲模设计上就要考虑如何制作并加工其他孔的复合模结构；如何确保孔的精度；如何确保冲模的强度。

（1）复合模结构。在弯曲面上用普通结构的冲模，无法冲出垂直于曲面的孔。图 3.47 所示为在上模上装有斜楔导板，从垂直于曲面的方向上冲孔，是一个结构简单并能缩短工序的例子。

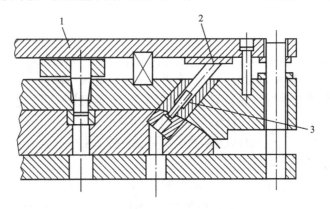

图 3.47 斜楔凸模
1—上模底板；2—斜楔滑块；3—弹簧

斜楔导向的凸模通过弹簧退料，如果预想到有不稳定的情况，应该用超硬钢丝吊着，确保其能准确回位。如果冲制倾斜度很大、多并且复杂的孔时，采用下模安装斜楔，上模安装导板的结构。

（2）孔的精度。当凸模与板料有一定倾斜度并且板料比较厚时，必须考虑倾斜角与板料厚度这两个因素才能保证孔的精度。

（3）模具强度。圆孔冲裁倾斜度超过15°时，要采用加强凸模；小直径凸模采用退料板自身加强结构；在弯曲度非常大时，为保持力的平衡，应使凸模刃口面与制件曲面相符合。

2）冲小孔

冲孔时，凸模前端被压入退料板，由退料板衬套进行正确的导向。当冲小孔时，要采用小直径凸模，凸模细长，在承受压力时容易产生弯曲或折断，因此必须对凸模进行加强。图3.48 表示了三种加强凸模的方法。

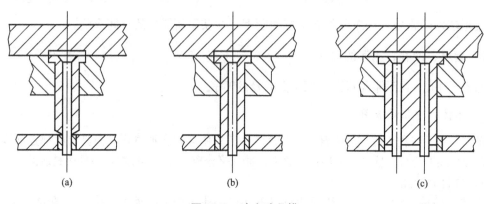

图 3.48　冲小孔凸模

图 3.48(a)是凸模被装入套筒中，通过淬火的衬套进行导向，冲孔压力作用在淬火后的垫板上；图 3.48(b)是套筒由退料板导向；图 3.48(c)是两个凸模相距很近装入同一套筒。

凸模直径不能太小，即孔的直径有一个下限，它的大小与板料厚度成正比，与板料的压缩强度成反比。

2. 拉深的应用

拉深在锻压生产中应用非常广泛，在进行拉深生产前，要先制定合适的工艺方案。同一个拉深件，其工艺方案可以有好几种，需要选定最合适的一种。

如图 3.49 所示的拉深件，材料为 2.5 毫米厚的 10 号钢板。设修边余量 Δh 为 10mm，则延伸件的高度为 260mm。毛坯直径 D 的经验公式为

$$D=\sqrt{d_1^2+2\pi d_1 r+8r^2+4d_2 h} \tag{3-3}$$

根据图 3.49 上的尺寸可得

$$d_1=345\text{mm}$$
$$d_2=367.5\text{mm}$$
$$r=11.25\text{mm}$$
$$h=247.5\text{mm}$$

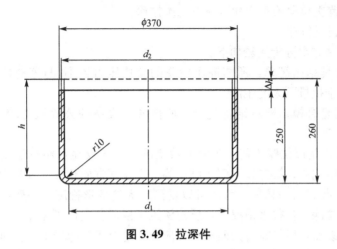

图 3.49　拉深件

带入数据后，$D \approx 713\text{mm}$

总拉深系数　$m_{总} = \dfrac{367.5}{713} \approx 0.52$

材料的相对厚度　$t/D = \dfrac{2.5}{713} \approx 0.0035$

根据 t/D 的计算值，从表 3-3 中可以查出首次拉深系数 m_1 比 $m_{总}$ 大（可查表 0.6～0.3 一栏），可知用一次拉深成形是不可能的。

表 3-3　筒形件的许可拉深系数（用压边圈）

拉深系数	材料相对厚度 $t/D \times 100$					
	2.0～1.5	1.5～1.0	1.0～0.6	0.6～0.3	0.3～0.15	0.15～0.08
m_1	0.18～0.50	0.50～0.53	0.53～0.55	0.55～0.58	0.58～0.60	0.60～0.63
m_2	0.73～0.75	0.75～0.76	0.76～0.78	0.78～0.79	0.79～0.80	0.80～0.82
m_3	0.75～0.78	0.78～0.79	0.79～0.80	0.80～0.81	0.81～0.82	0.82～0.84
m_4	0.78～0.80	0.80～0.81	0.81～0.82	0.82～0.83	0.83～0.85	0.85～0.86
m_5	0.80～0.82	0.82～0.84	0.84～0.85	0.85～0.86	0.86～0.87	0.87～0.88

按表取　$m_1 = 0.58$

则　$m_2 = m_{总}/m_1 = 0.52/0.58 = 0.89$

按表核对 $m_2 = 0.89$ 大于表列许可拉深系数（0.78～0.79），所以二次拉深可成形。

由此求得二次拉深的直径为

$$d_1 = m_1 D = 0.58 \times 713 = 413.5\text{mm}$$

$$d_2 = m_2 d_1 = 0.89 \times 413.5 = 368\text{mm}$$

计算出的 $d_2 = 368\text{mm}$，与成品要求的直径尺寸（按中线尺寸计算）367.5mm 相近。

此拉深件可有下列几种工艺方案。

（1）落料→首次拉深→第二次拉深；

(2) 落料及首次拉深的复合冲压→第二次拉深；

(3) 落料→正反拉深。

现将上述三种方案分析比较如下。

方案(1)。模具结构简单，所需冲压设备的公称压力较小(与落料拉深复合模比较)，生产效率低，适于批量不大的生产。

方案(2)。用复合模，模具结构复杂，所需冲压设备的公称压力较大，生产效率高，适于批量大的生产。

方案(3)。采用正反拉深工艺。在大多数情况下，正反拉深将两道工序结合起来，在冲床的一个行程中完成，第二道拉深正好与第一道拉深方向相反。反拉深的拉深系数比正拉深的拉深系数低 10%～15%，因而可以得到较大的变形程度，一般用于 $t/D>0.25$ 的大、中型零件的拉深。在很多情况下，反拉深用于以后各次拉深工序，因为反拉深可以克服压边力不足的缺点，增加拉应力而减小压应力，这对于拉深球形底及锥形底的零件以及抛物线体或其他曲线体的零件特别有利，也适用于拉深双壁的空心拉深件。

本例中的正反拉深，必须采用双边冲床，拉深变形过程如图 3.50 所示。

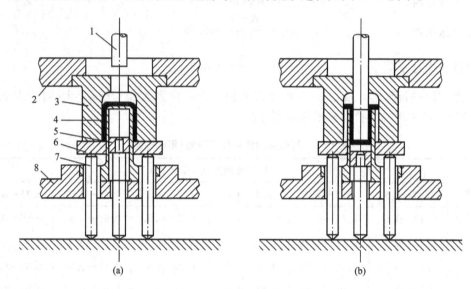

图 3.50　在双动冲床上正反拉深
1—凸模；2—上模板；3—凹模；4—凸凹模；5—顶件器；
6—压边圈；7—顶杆；8—下模板

工作时，毛坯放在压边圈 6 上，当上模下降时，毛坯被凸凹模 4 压入凹模 3 内，如图 3.50(a) 所示，完成一次拉深过程；随后凸模 1 随冲床滑块开始下降，将正拉深所得的坯件，沿相反方向压入凸凹模 4 内，如图 3.50(b) 所示，直至最后成形，完成反拉深过程。当上模回升时，顶件器 5 将拉深件顶出。这种正反拉深用一次模具，在一次行程中完成工艺方案，生产效率高，适用于批量大的生产，但必须有双动冲床时才能采用。

由于本例冲压件的材料是 10 号钢，所以两次拉深不需要中间退火。如果材料为不锈钢，首次拉深后需中间退火，则方案(3)不宜采用。

小   结

锻压就是利用金属的塑性变形对金属坯料加工生产的。金属在冷态下发生塑性变形后，通常塑性是下降的，需要通过再结晶使金属重新获得良好的塑性。锻压是机械制造中毛坯和零件生产的主要方法之一，尤其在工作条件复杂、力学性能要求高的重要结构零件的制造中，具有重要的地位。常分为自由锻、模锻、板料冲压等。

自由锻分为手工锻造和机器锻造两种，手工锻造只适合单件生产小型锻件，机器锻造是自由锻的主要生产方法。自由锻所用的设备有空气锤、蒸汽-空气自由锻锤和自由锻水压机。自由锻基本工序主要有镦粗、拔长、冲孔、弯曲、错移、扭转和切割等。

板料冲压是金属塑性加工的基本方法之一，它通过装在压力机上的模具对板料施压使之产生分离或变形，从而获得一定形状、尺寸和性能的零件或毛坯。板料冲压的基本工序可分为冲裁、拉深、弯曲和成形等。

习   题

(1) 锻压成形的实质是什么？与铸造相比，锻压加工有什么特点？

(2) 金属塑性变形的实质是什么？

(3) 什么是始锻温度和终锻温度？

(4) 如何克服加工硬化？

(5) 将铁丝反复在一个地方折曲，铁丝会在该处断裂，为什么？

(6) 金属可锻性的影响因素有哪些？

(7) 什么是自由锻？其有什么特点和应用范围？

(8) 镦粗时坯料的高径比有何限制？为什么？

(9) 弯曲件弯曲后会有什么现象？如何避免？

(10) 冲孔和落料有什么异同？

第 4 章
焊　　接

本章学习目标

★ 了解焊接工程的基本理论；
★ 掌握常用焊接方法的特点与应用；
★ 认识常用金属材料的焊接性能及焊接特点；
★ 了解焊接件的结构工艺性及焊接技术的发展趋势。

本章教学要点

知识要点	能力要求	相关知识
手工电弧焊	掌握手工电弧焊的特点与应用	焊接过程和冶金过程特点，电焊条，焊接热影响区的组织与性能
焊接应力与变形	了解焊接应力和变形的产生与防止	焊接应力与变形
其他焊接方法	了解其他焊接方法	埋弧焊、气体保护焊、电渣焊、电阻焊和钎焊的方法及特点
常用金属材料的焊接	认识常用金属材料的焊接性能及焊接特点	金属材料的焊接性，碳钢及低合金结构钢的焊接，铸铁的焊补
焊接件的结构设计	了解焊接件的结构工艺性	材料选择，焊接方法的选择，焊接接头的工艺设计

除了铸造、锻压以外，焊接也是零件或毛坯成形的主要方法。焊接是利用加热或加压（或加热和加压），借助于金属原子的结合与扩散，使分离的两部分金属牢固地、永久地结合起来的工艺。焊接方法可以拼小成大，还可以与铸、锻、冲压结合成复合工艺生产大型复杂件。主要用于制造金属构件，如锅炉、压力容器、管道、车辆、船舶、桥梁、飞机、火箭、起重机、海洋设备、冶金设备等。

焊接的种类很多，通常按照焊接过程的特点分为熔焊、压焊和钎焊三大类。

（1）熔焊。是将焊件连接处局部加热到融化状态，然后冷却凝固成一体，不加压力完成焊接。工业生产中常用的熔焊方法有焊条电弧焊、气焊、埋弧焊、CO_2 气体保护焊、氩弧焊和电渣焊等。

（2）压焊。在焊接过程中必须对焊件施加压力（加热或不加热）完成焊接的方法，如电阻焊等。

（3）钎焊。低熔点的填充金属（称钎料）熔化后，与固态焊件金属相互扩散形成原子间的结合而实现连接的方法。主要有软钎焊和硬钎焊等。

4.1　手工电弧焊

利用电弧作为热源，用手工操纵焊条进行焊接的方法称为手工电弧焊（也称焊条电弧焊）。由于手工电弧焊设备简单，维修容易，焊钳小，使用灵活，可以在室内、室外、高空和各种方位进行焊接，因此，它是焊接生产中应用最广泛的方法。

4.1.1　焊接过程和冶金过程特点

1. 焊接过程

手工电弧焊操作过程包括引燃电弧、送进焊条和沿焊缝移动焊条。手工电弧焊焊接过程如图 4.1 所示。电弧在焊条与工件（母材）之间燃烧，电弧热使母材熔化形成熔池，焊条金属芯熔化并以熔滴形式借助重力和电弧吹力进入熔池，燃烧、熔化的药皮进入熔池成为熔渣浮在熔池表面，保护熔池不受空气侵害。药皮分解产生的气体环绕在电弧周围，隔绝空气，保护电弧、熔滴和熔池金属。当焊条向前移动，新的母材熔化时，原熔池和熔渣凝固，形成焊缝和渣壳。

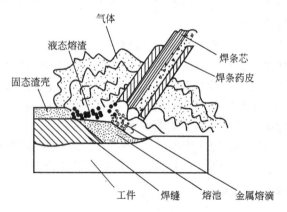

图 4.1　手工电弧焊过程

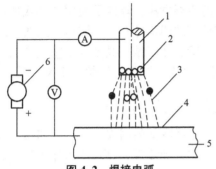

图 4.2 焊接电弧

1—焊条；2—阴极区；3—弧柱区；
4—阳极区；5—工件；6—电焊机

电弧是在焊条(电极)和工件(电极)之间产生强烈、稳定而持久的气体放电现象。先将焊条与工件相接触，瞬间有强大的电流流经焊条与焊件接触点，产生强烈的电阻热，并将焊条与工件表面加热到熔化，甚至蒸发、汽化。电弧引燃后，弧柱中充满了高温电离气体，放出大量的热和光。电弧由阴极区、阳极区和弧柱区三部分组成，其结构如图 4.2 所示。阴极是电子供应区，温度约 2400K；阳极为电子轰击区，温度约 2600K；弧柱区是位于阴阳两极之间的区域。对于直流电焊机，工件接阳极，焊条接阴极称正接；而工件接阴极，焊条接阳极称反接。

为保证顺利引弧，焊接电源的空载电压(引弧电压)应是电弧电压的 1.8～2.25 倍，电弧稳定燃烧时所需的电弧电压(工作电压)为 29～45V。

2. 焊接熔池的冶金特点

熔焊过程中，一些有害杂质元素(如氧、氮、氢、硫、磷等)会因各种原因溶入液态金属，影响焊缝金属的化学成分和性能。

用光焊条在大气中对低碳钢进行无保护的手弧焊时，在电弧高温的作用下，焊接区周围空气中的氧气和氮气会发生强烈的分解反应，形成氧原子和氮原子。

氧原子与熔化的金属接触，氧化反应使焊缝金属中的 C、Mn、Si 等元素明显烧损，而含氧量则大幅度提高，导致金属的强度、塑性和韧性都急剧下降，尤其会引起冷脆等质量问题。此外，一些金属氧化物会溶解到熔池金属中，与碳发生反应，产生不溶于金属的 CO，在熔池金属结晶时 CO 气体来不及逸出就会形成气孔。

氮能以原子的形式溶于大多数金属中，氮在液态铁中的溶解度随温度的升高而增大，当液态铁结晶时，氮的溶解度急剧下降。这时过饱和的氮以气泡形式从熔池向外逸出，若来不及逸出熔池表面，便在焊缝中形成气孔。氮原子还能与铁化合形成 Fe_4N 等化合物，以针状夹杂物形态分布在晶界和晶内，使焊缝金属的强度、硬度提高，而塑性、韧性下降，特别是低温韧性急剧降低。

除了氧和氮以外，氢的溶入和对焊缝金属的有害作用也是值得注意的。当液态铁吸收了大量氢以后，在熔池冷却结晶时会引起气孔，当焊缝金属中含氢量高时，会产生金属的脆化(称氢脆)和冷裂纹等问题。

焊缝金属中的硫和磷主要来自焊条药皮和焊剂，含硫量高时，会导致热脆性和热裂纹，并能降低金属的塑性和韧性。磷的有害作用主要是严重地降低金属的低温韧性。

因此，焊接熔池的冶金与一般的钢铁冶金过程比较，其主要的特点如下。

(1) 熔池温度高。焊接电弧和熔池的温度比一般冶金炉的温度高，所以气体含量高，熔入的有害元素多，金属元素发生强烈的蒸发和烧损。

(2) 熔池凝固快。焊接熔池的体积小($2～3cm^3$)，从熔化到凝固时间很短(约 10s)，熔池中气体无法充分排出，易产生气孔，各种化学反应难以充分进行。

3. 对熔池的保护和冶金处理

为了保证焊缝金属的质量，降低焊缝中各种有害杂质的含量，熔焊时必须从以下两方面采取措施。

（1）对焊接区采取机械保护。防止空气污染熔化金属，如采用焊条药皮、焊剂或保护气体等，使焊接区的熔化金属被熔渣或气体保护，与空气隔绝。

（2）对熔池进行冶金处理。清除已经进入熔池中的有害杂质，增加合金元素，以保证和调整焊缝金属的化学成分。通过在焊条药皮或焊剂中加入铁合金等，对熔化金属进行脱氧、脱硫、脱磷、去氢和渗合金等处理。

4.1.2　电焊条

1. 焊条的组成与作用

焊条由焊芯和药皮两部分组成。

（1）焊芯。焊芯采用焊接专用金属丝。结构钢焊条一般含碳量低，有害杂质少，含有一定合金元素，如 H08A 等。不锈钢焊条的焊芯采用不锈钢焊丝。

焊芯的作用：一是作为电极传导电流；再者其熔化后作为填充金属，与熔化的母材共同组成焊缝金属。因此，可以通过焊芯调整焊缝金属的化学成分。

（2）药皮。焊条药皮是压涂在焊芯表面上的涂料层。原材料有矿石、铁合金、有机物和化工产品等。表 4-1 为结构钢焊条药皮配方示例。

表 4-1　结构钢焊条药皮配方示例(%)

焊条牌号	人造金红石	钛白粉	大理石	萤石	长石	菱苦土	白泥	钛铁	45 硅铁	硅锰合金	纯碱	云母
J422	30	8	12.4		8.6	7	14	12				7
J507	5		45	25				13	3	7.5	1	2

药皮的主要作用：一是改善焊接工艺性，如药皮中含有稳弧剂，使电弧易于引燃和保持燃烧稳定；二是对焊接区起保护作用，药皮中含有造渣剂、造气剂等，产生气体和熔渣，对焊缝金属起双重保护作用；三是起冶金处理作用，药皮中含有脱氧剂、合金剂、稀渣剂等，使熔化金属顺利进行脱氧、脱硫、去氢等冶金化学反应，并补充被烧损的合金元素。

2. 焊条的种类、型号与牌号

（1）焊条的分类。焊条按用途不同分为十大类：结构钢焊条、钼和铬钼耐热钢焊条、低温钢焊条、不锈钢焊条、堆焊焊条、铸铁焊条、镍及镍合金焊条、铜及铜合金焊条、铝及铝合金焊条及特殊用途焊条。其中结构钢焊条分为碳钢焊条和低合金钢焊条。

结构钢焊条按药皮性质不同可分为酸性焊条和碱性焊条两种，酸性焊条的药皮中含有大量酸性氧化物（如 SiO_2，MnO_2 等），碱性焊条药皮中含大量碱性氧化物（如 CaO 等）和萤石（CaF_2）。由于碱性焊条药皮中不含有机物，药皮产生的保护气中氢含量极少，所以又称为低氢焊条。

（2）焊条的型号与牌号。焊条型号是国家标准中规定的焊条代号。焊接结构生产中应用最广的碳钢焊条和低合金钢焊条，型号标准见 GB/T 5117—1995 和 GB/T 5118—1995。标准规定，碳钢焊条型号由字母 E 和四位数字组成，如 E4303、E5016、E5017 等，其含义如下。

"E"表示焊条。

前两位数字表示熔敷金属的最小抗拉强度，单位为 MPa。

第三位数字表示焊条的焊接位置，"0"及"1"表示焊条适于全位置焊接（平、立、仰、横）；"2"表示只适于平焊和平角焊；"4"表示向下立焊。

第三位和第四位数字组合时表示焊接电流种类及药皮类型，如"03"为钛钙型药皮，交流或直流正、反接；"15"为低氢钠型药皮，直流反接；"16"为低氢钾型药皮，交流或直流反接。

焊条牌号是焊条生产行业统一的焊条代号。焊条牌号用一个大写汉语拼音字母和三个数字表示，如 J422、J507 等。拼音表示焊条的大类，如"J"表示结构钢焊条，"Z"表示铸铁焊条；前两位数字代表焊缝金属抗拉强度等级，单位为 MPa；末尾数字表示焊条的药皮类型和焊接电流种类，1~5 为酸性焊条，6、7 为碱性焊条，见表 4 - 2。

表 4 - 2　焊条药皮类形与电源种类

编号	1	2	3	4	5	6	7	8
药皮类型	钛型	钛钙型	钛铁矿型	氧化铁型	纤维素型	低氢钾型	低氢钠型	石墨型
电源种类	交、直流	交、直流	交、直流	交、直流	交、直流	交、直流	直流	交、直流

3. 酸性焊条与碱性焊条的对比

酸性焊条与碱性焊条在焊接工艺性和焊接性能方面有许多不同，使用时要注意区别，不可以随便用酸性焊条替代碱性焊条。二者对比，有以下特点。

（1）从焊缝金属力学性能考虑。碱性焊条焊缝金属力学性能好，酸性焊条焊缝金属的塑性、韧性较低，抗裂性较差。这是因为碱性焊条的药皮含有较多的合金元素，且有害元素（硫、磷、氢、氮、氧）比酸性焊条含量少，故焊缝金属力学性能好，尤其是冲击韧度较好，抗裂性好，适用于焊接承受交变冲击载荷的重要结构钢件和几何形状复杂、刚度大、易裂钢件；酸性焊条的药皮熔渣氧化性强，合金元素易烧损，焊缝中氢、硫等含量较高，故只适用于普通结构钢件的焊接。

（2）从焊接工艺性考虑。酸性焊条稳弧性好，飞溅小，易脱渣，对油污、水锈的敏感性小，可采用交、直流电流，焊接工艺性好；碱性焊条稳弧性差，飞溅大，对油污、水锈敏感，焊接电源多要求直流，焊接烟雾有毒，要求现场通风和防护，焊接工艺性较差。

（3）从经济性考虑。碱性焊条价格高于酸性焊条。

4. 焊条的选用原则

焊条的选用是否恰当将直接影响焊接质量、劳动生产力和产品成本。通常遵循以下基本原则。

（1）等强度原则。应使焊缝金属与母材具有相同的使用性能。

焊接低、中碳钢或低合金钢的结构件，按照"等强"原则，选择强度级别相同的结构钢焊条。

（2）若无等强要求，选择强度级别较低、焊接工艺性好的焊条。

（3）焊接特殊性能钢（如不锈钢、耐热钢等）和非铁金属，按照"同成分"、"等强度"原则，选择与母材化学成分、强度级别相同或相近的各类焊条。焊补灰铸铁时，应选择相适应的铸铁焊条。

熔化焊的焊接过程是利用热源（如电弧热、气体火焰热、高能粒子束等）先将工件局部加热到熔化状态，形成熔池，然后，随着热源向前移动，熔池液体金属冷却结晶，形成焊缝。熔化焊的过程包含加热、冶金和结晶过程，在这些过程中，会产生一系列变化，对焊接质量有较大的影响，如焊缝成分变化、焊接接头组织和性能变化、以及焊接应力与变形的产生等。

4.1.3 焊接热影响区的组织与性能

熔焊是焊件局部经历加热和冷却的热过程。在焊接热源的作用下，焊接接头上某点的温度随时间变化的过程称为焊接热循环。焊缝及附近的母材所经历的焊接热循环是不相同的，因此，引起的组织和性能的变化也不相同。熔焊的焊接接头由焊缝和热影响区组成。

1. 焊缝的组织与性能

焊缝是由熔池金属结晶而成的，结晶首先从熔池底壁开始，沿垂直于熔池和母材的交界线向熔池中心长大，形成柱状晶，如图 4.3 所示。熔池结晶过程中，由于冷却速度很快，已凝固的焊缝金属中的化学元素来不及扩散，造成合金元素偏析。

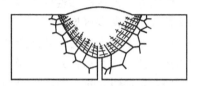

图 4.3　焊缝的柱状结晶

焊缝组织是液态金属结晶的铸态组织。其具有晶粒粗大、成分偏析、组织不致密等缺点，但是，由于焊接熔池小，冷却快，且碳、硫、磷都较低，还可以通过焊接材料(如焊条、焊丝和焊剂等)向熔池金属中渗入某些细化晶粒的合金元素，调整焊缝的化学成分，因此可以保证焊缝金属的性能满足使用要求。

2. 热影响区的组织与性能

热影响区是指在焊接热循环的作用下，焊缝两侧因焊接热而发生金相组织和力学性能变化的区域。低碳钢的焊接热影响区组织变化如图 4.4 所示。由于各点温度不同，组织和性能变化特征也不同，其热影响区一般包括半熔化区、过热区、正火区和部分相变区。

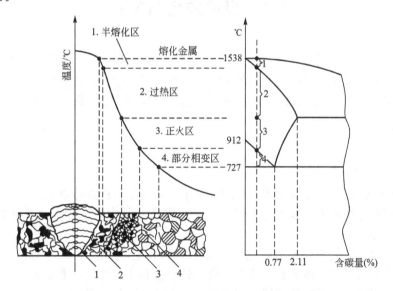

图 4.4　低碳钢焊接热影响区组织变化示意图

（1）半熔化区。即焊缝与基体金属的交界区。焊接加热时，该区的温度处于固相线和液相线之间，金属处于半熔化状态。对低碳钢而言，由于固相线和液相线的温度区间小，且温度梯度又大，所以熔合区的范围很窄（0.1~1mm）。熔合区的化学成分和组织性能都有很大的不均匀性，其组织中包含未熔化而受热长大的粗大晶粒和铸造组织，力学性能下降较多，是焊接接头中的薄弱区域。

（2）过热区。焊接加热时此区域处于1100℃至固相线的高温范围，奥氏体晶粒发生严重的长大现象，在焊后快速冷却的条件下，形成粗大的魏氏组织。魏氏组织是一种典型的过热组织，其组织特征是铁素体一部分沿奥氏体晶界分布，另一部分以平行状态伸向奥氏体晶粒内部。此区的塑性和韧性严重降低，尤其是冲击韧度降低更为显著，脆性大，也是焊接接头中的薄弱区域。

（3）正火区。焊接时母材金属被加热到 Ac_3 至1100℃的范围，铁素体和珠光体全部转变为奥氏体。冷却后得到均匀细小的铁素体和珠光体组织，其力学性能优于母材。

（4）部分相变区。焊接时被加热到 Ac_1~Ac_3 之间的区域属于部分相变区。该区域中只有一部分母材金属发生奥氏体相变，冷却后成为晶粒细小的铁素体和珠光体；而另一部分是始终未能溶入奥氏体的铁素体，它不发生转变，但随温度升高，晶粒略有长大。所以冷却后此区晶枝大小不一，组织不均匀，其力学性能稍差。

3. 影响焊接接头性能的主要因素

焊接热影响区中的半熔化区和过热区对焊接接头不利，应尽量减小。

影响焊接接头组织和性能的因素有焊接材料、焊接方法、焊接工艺参数、焊接接头形式和坡口等。在实际生产中，应结合母材本身的特点合理地考虑各种因素，对焊接接头的组织和性能进行控制。对于重要的焊接结构，若焊接接头的组织和性能不能满足要求，则可以采用焊后热处理来改善。

4.2　焊接应力与变形

构件焊接以后，内部会产生残余应力，同时产生焊接变形。焊接应力与外加载荷叠加，造成局部应力过高，构件产生新的变形或开裂，甚至导致构件失效。

因此，在设计和制造焊接结构时，必须设法减小焊接应力，防止过量变形。

4.2.1　焊接应力

1. 焊接应力的形成

金属材料在受均匀加热和冷却作用的情况下，能完全自由膨胀和收缩，在加热过程中产生变形，而不产生应力；在冷却之后，恢复到原来的尺寸，没有残余变形及残余应力，如图4.5(a)所示。

当金属杆件在加热和冷却时，完全不能膨胀和收缩，如图4.5(b)所示。加热时，杆件不能像自由膨胀时那样伸长到位置2，依然处于位置1，因此，承受压应力，产生塑性压缩变形；冷却时，又不能从位置1自由收缩到位置3，依然处于位置1，于是承受拉应力。这个过程有焊接残余应力，但是没有残余变形。

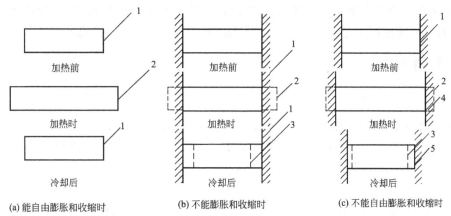

图 4.5　焊接变形与残余应力产生原因示意图

　　熔焊过程中，焊接接头区域受不均匀的加热和冷却，加热的金属受周围冷金属的约束，不能自由膨胀，但可以膨胀一些，如图 4.5(c) 所示，在加热时只能从位置 1 膨胀到位置 4，此时产生压应力；冷却后只能从位置 4 收缩到位置 5，因此，这部分金属受拉应力并残留下来，即焊接残余应力。从位置 1 到位置 5 的变化，就是焊接残余变形。

　　2. 应力的大致分布

　　对接接头焊缝的焊接应力分布如图 4.6 所示，可见，焊缝往往受拉应力。

　　3. 减少或消除应力的措施

　　可以从设计和工艺两方面综合考虑来降低焊接应力。在设计焊接结构时，应采用刚性较小的接头形式，尽量减少焊缝数量和截面尺寸，避免焊缝集中等。在工艺措施上可以采取以下措施。

　　(1) 合理选择焊接顺序。应尽量使焊缝能较自由地收缩，减少应力，如图 4.7 所示。

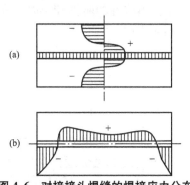

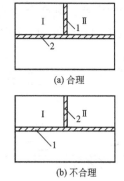

图 4.6　对接接头焊缝的焊接应力分布　　　图 4.7　焊接顺序对焊接应力的影响

　　(2) 锤击法。用一定形状的小锤均匀迅速地敲击焊缝金属，使其伸长，抵消部分收缩，从而减小焊接残余应力。

　　(3) 预热法。是指焊前对待焊构件进行加热，焊前预热可以减小焊接区金属与周围金属的温差，使焊接加热和冷却时的不均匀膨胀和收缩减小，从而使不均匀塑性变形尽可能减小，是最有效的减少焊接应力的方法之一。

　　(4) 热处理法。为了消除焊接结构中的焊接残余应力，生产中通常采用去应力退火。

对于碳钢和低、中合金钢结构，焊后可以把构件整体或焊接接头局部区域加热到 600～650℃，保温一定时间后缓慢冷却。一般可以消除 80%～90% 的焊接残余应力。

4.2.2 焊接变形

1. 变形的基本形式

常见的焊接残余变形的基本形式有尺寸收缩、角变形、弯曲变形、扭曲变形和翘曲变形五种，如图 4.8 所示。但在实际的焊接结构中，这些变形并不是孤立存在的，而是多种变形共存，并且相互影响。

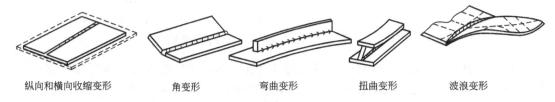

纵向和横向收缩变形　　　角变形　　　弯曲变形　　　扭曲变形　　　波浪变形

图 4.8　焊接变形的基本形式

2. 变形的预防与矫正

焊接变形对结构生产的影响一般比焊接应力要大些。在实际焊接结构中，要尽量减少变形。

1）预防焊接变形的方法

为了控制焊接变形，在设计焊接结构时，应合理地选用焊缝的尺寸和形状，尽可能减少焊缝的数量，焊缝的布置应力求对称。在焊接结构生产中，通常可采用以下工艺措施。

（1）反变形法。根据经验或测定，在焊接结构组焊时使工件反向变形，以抵消焊接变形，如图 4.9 所示。

（2）刚性固定法。刚性大的结构焊后变形一般较小；当构件的刚性较小时，利用外加刚性拘束以减小焊接变形的方法称为刚性固定法，如图 4.10 所示。

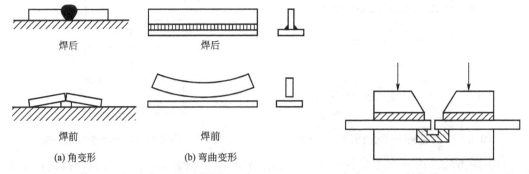

焊后　　　焊后

焊前　　　焊前

(a) 角变形　　　(b) 弯曲变形

图 4.9　反变形法预防焊接变形　　　**图 4.10　刚性固定法预防焊接变形**

（3）选择合理的焊接方法和焊接工艺参数。选用能量比较集中的焊接方法，如采用 CO_2 焊、等离子弧焊代替气焊和手工电弧焊，以减小薄板焊接变形。

（4）选择合理的装配焊接顺序。焊接结构的刚性通常是在装配、焊接过程中逐渐增大的，结构整体的刚性要比其部件的刚性大。因此，对于截面对称、焊缝布置也对称的简单结构，先装配成整体，然后按合理的焊接顺序进行生产，可以减小焊接变形，如图 4.11 所示，最好能同时对称施焊。

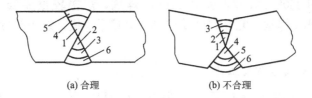

(a) 合理　　　　　　　　　　(b) 不合理

图 4.11　预防焊接变形的焊接顺序

2）矫正焊接变形的措施

矫正焊接变形的方法主要有机械矫正和火焰矫正两种。

机械矫正是利用外力使构件产生与焊接变形方向相反的塑性变形，使二者互相抵消，可采用辊床、压力机、矫直机等设备(图 4.12)，也可手工锤击矫正。

火焰矫正利用局部加热时(一般采用三角形加热法)产生压缩塑性变形，在冷却过程中，局部加热部位的收缩将使构件产生挠曲，从而达到矫正焊接变形的目的，如图 4.13 所示。

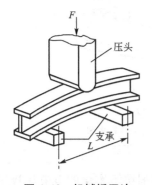

图 4.12　机械矫正法

图 4.13　火焰矫正法

4.3　其他焊接方法

焊接的方法种类很多，本节介绍除手工电弧焊以外的其他常用焊接方法。

4.3.1　埋弧焊

手工电弧焊的生产率低、对工人操作技术要求高，工作条件差，焊接质量不易保证，而且质量不稳定。埋弧自动焊(简称埋弧焊)是电弧在焊剂层内燃烧进行焊接的方法，电弧的引燃、焊丝的送进和电弧沿焊缝的移动，是由设备自动完成的。

1. 埋弧自动焊设备与焊接材料的选用

（1）设备。埋弧自动焊的动作程序和焊接过程弧长的调节，都是由电器控制系统来完成的。埋弧焊设备由焊车、控制箱和焊接电源三部分组成。埋弧焊电源有交流和直流两种。

（2）焊接材料。埋弧焊的焊接材料有焊丝和焊剂。焊丝和焊剂选配的总原则：根据母材金属的化学成分和力学性能，选择焊丝，再根据焊丝选配相应的焊剂。例如，焊接普通结构低碳钢，选用 H08A 焊丝，配合 HJ431 焊剂；焊接较重要低合金结构钢，选用 H08MnA 或 H10Mn2 焊丝，配合 HJ431 焊剂。焊接不锈钢，选用与母材成分相同的焊丝配合低锰焊剂。

2. 埋弧自动焊焊接过程及工艺

埋弧焊焊接过程如图 4.14 所示，焊剂均匀地堆覆在焊件上，形成厚度为 40～60mm 的焊剂层，焊丝连续地进入焊剂层下的电弧区，维持电弧平稳燃烧，随着焊车的匀速行走，完成电弧焊缝自行移动的操作。

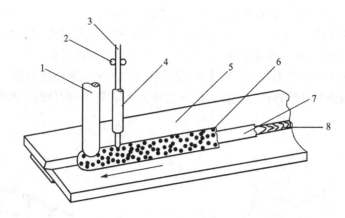

图 4.14 埋弧自动焊焊接过程
1—焊剂漏斗；2—送丝滚轮；3—焊丝；4—导电嘴；
5—焊件；6—焊剂；7—渣壳；8—焊缝

埋弧焊焊缝形成过程如图 4.15 所示，在颗粒状焊剂层下燃烧的电弧使焊丝、焊件熔化形成熔池，焊剂熔化形成熔渣，蒸发的气体使液态熔渣形成封闭的熔渣泡，有效阻止空气侵入熔池和熔滴，使熔化金属得到焊剂层和熔渣泡的双重保护，同时阻止熔滴向外飞溅，既避免弧光四射，又使热量损失少，加大熔深。随着焊丝沿焊缝前行，熔池凝固成焊缝，比重轻的熔渣结成覆盖焊缝的渣壳。没有熔化的大部分焊剂回收后可重新使用。

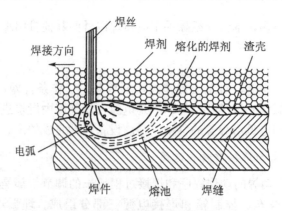

图 4.15 埋弧焊焊缝形成过程

埋弧焊焊丝从导电嘴伸出的长度较短,所以可大幅度提高焊接电流,使熔深明显加大。一般埋弧焊电流强度比焊条电弧焊高 4 倍左右。当板厚在 24mm 以下对接焊时,不需要开坡口。

3. 埋弧自动焊的特点及应用

埋弧自动焊与手工电弧焊相比,有以下特点。

(1) 生产率高、成本低。由于埋弧焊时电流大,电弧在焊剂层下稳定燃烧,无熔滴飞溅,热量集中,焊丝熔敷速度快,比手工电弧焊效率提高 5～10 倍;焊件熔深大,较厚的焊件不开坡口也能焊透,节省加工坡口的工时和费用,减少焊丝填充量,没有焊条头,焊剂可重用,节约焊接材料。

(2) 焊接质量好、稳定性高。埋弧焊时,熔滴、熔池金属得到焊剂和熔渣泡的双重保护,有害气体浸入减少;焊接操作自动化程度高,工艺参数稳定,焊缝成形美观,内部组织均匀。

(3) 劳动条件好。没有弧光和飞溅,操作过程自动化,使劳动强度降低。

(4) 埋弧焊适应性较差。通常只适用于焊接长直的平焊缝或较大直径的环焊缝,不能焊空间位置焊缝及不规则焊缝。

(5) 设备费用一次性投资较大。

因此,埋弧自动焊适用于成批生产的中、厚板结构件的长直及环焊缝的平焊。

4.3.2 气体保护焊

气体保护电弧焊是用外加气体作为电弧介质并保护电弧和焊接区的电弧焊。按照保护气体的不同,气体保护焊分为两类:使用惰性气体作为保护的称惰性气体保护焊,包括氩弧焊、氦弧焊、混合气体保护焊等;使用 CO_2 气体作为保护的气体保护焊,简称 CO_2 焊。

1. 氩弧焊

氩弧焊是以氩气作为保护气体的电弧焊,氩气是惰性气体,可保护电极和熔化金属不受空气的有害作用。在高温条件下,氩气与金属既不发生反应,也不溶入金属中。

1) 氩弧焊的种类

根据所用电极的不同,氩弧焊可分为非熔化极氩弧焊和熔化极氩弧焊两种(图 4.16)。

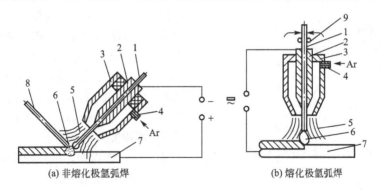

(a) 非熔化极氩弧焊　　　　　　　(b) 熔化极氩弧焊

图 4.16　氩弧焊示意图
1—电极或焊丝;2—导电嘴;3—喷嘴;4—进气管;5—氩气流;
6—电弧;7—工件;8—填充焊丝;9—送丝滚轮

（1）钨极氩弧焊。常以高熔点的铈钨棒作电极，焊接时，铈钨极不熔化（也称非熔化极氩弧焊），只起导电和产生电弧的作用。焊接钢材时，多用直流电源正接，以减少钨极的烧损；焊接铝、镁及其合金时采用反接，此时，铝工件作阴极，有"阴极破碎"作用，能消除氧化膜，焊缝成形美观。

钨极氩弧焊需要加填充金属，可以是焊丝，也可以在焊接接头中填充金属条或采用卷边接头。

为防止钨合金熔化，钨极氩弧焊焊接电流不能太大，所以一般适用于焊接小于 4mm 的薄板件。

（2）熔化极氩弧焊。用焊丝作电极，焊接电流比较大，母材熔深大，生产率高，适用于焊接中厚板，比如 8mm 以上的铝容器。为了使焊接电弧稳定，通常采用直流反接。这对于焊铝工件正好有"阴极破碎"作用。

2）氩弧焊的特点

（1）用氩气保护可焊接化学性质活泼的非铁金属及其合金或特殊性能钢，如不锈钢等。

（2）电弧燃烧稳定，飞溅小，表面无熔渣，焊缝成形美观，焊接质量好。

（3）电弧在气流压缩下燃烧，热量集中，焊缝周围气流冷却，热影响区小，焊后变形小，适宜薄板焊接。

（4）明弧可见，操作方便，易于自动控制，可实现各种位置焊接。

（5）氩气价格较贵，焊件成本高。

综上所述，氩弧焊主要适用于焊接铝、镁、钛及其合金、稀有金属、不锈钢、耐热钢等。脉冲钨极氩弧焊还适用于焊接 0.8mm 以下的薄板。

2. CO_2 气体保护焊

CO_2 焊利用廉价的 CO_2 作为保护气体，既可降低焊接成本，又能充分利用气体保护焊的优势。CO_2 焊的焊接过程如图 4.17 所示。

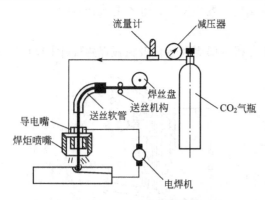

图 4.17 CO_2 气体保护焊示意图

CO_2 气体经焊枪的喷嘴沿焊丝周围喷射，形成保护层，使电弧、熔滴和熔池与空气隔绝。由于 CO_2 气体是氧化性气体，在高温下能使金属氧化，烧损合金元素，所以不能焊接易氧化的非铁金属和不锈钢。因 CO_2 气体冷却能力强，熔池凝固快，焊缝中易产生气孔。若焊丝中含碳量高，飞溅较大。因此要使用冶金中能产生脱氧和渗合金的特殊焊丝来完成 CO_2 焊。常用的 CO_2 焊焊丝是 $H08Mn_2SiA$，适用于焊接抗拉强度小于 600MPa 的低碳钢和普通低合金结构钢。为了稳定电弧，减少飞溅，CO_2 焊采用直流反接。

CO_2 气体保护焊有如下特点。

（1）生产率高。CO_2 焊电流大，焊丝熔敷速度快，焊件熔深大，易于自动化，生产率比手工电弧焊提高 1～4 倍。

（2）成本低。CO_2 气体价廉，焊接时不需要涂料焊条和焊剂，总成本仅为手工电弧焊和埋弧焊的 45％左右。

（3）焊缝质量较好。CO_2 焊电弧热量集中，加上 CO_2 气流强冷却，焊接热影响区小，焊后变形小；又由于采用合金焊丝，焊缝中氢含量低，焊接接头抗裂性好，焊接质量较好。

（4）适应性强。焊缝操作位置不受限制，能全位置焊接，易于实现自动化。

（5）由于是氧化性保护气体，不宜焊接非铁金属和不锈钢。

（6）焊缝成形稍差，飞溅较大。

（7）焊接设备较复杂，使用和维修不方便。

CO_2 焊主要适用于焊接低碳钢和强度级别不高的普通低合金结构钢焊件，焊件厚度最厚可达 50mm（对接形式）。

4.3.3　电渣焊

利用电流通过熔渣时产生的电阻热，同时加热熔化焊丝和母材进行焊接的方法称为电渣焊。

1. 焊接过程

如图 4.18 所示，两个焊件垂直放置，相距 20～40mm，两侧装有水冷却铜滑块，底部加装引弧板，顶部加装引出板。焊接开始时，焊丝与引弧板短路引弧。电弧将不断加入的焊剂熔化为焊渣并形成渣池，当焊渣达到一定厚度时，将焊丝迅速插入其内，电弧熄灭，电弧过程转为电渣过程，依靠渣池电阻热使焊丝和焊件熔化形成熔池，并保持在 1700～2000℃。随着焊丝的送进，熔池不断上升，冷却块上移，同时底部被冷却铜滑块冷却形成焊缝。渣池始终位于熔池上方，既产生热量又保护熔池。根据工件厚度的不同，可选择单焊丝或多焊丝进行电渣焊。

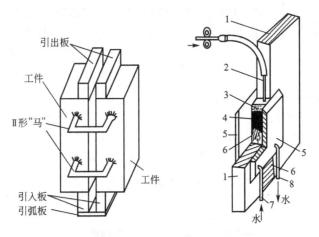

图 4.18　电渣焊示意图

1—工件；2—焊丝；3—渣池；4—熔池；5—冷却铜滑块；
6—焊缝；7、8—冷却水进、出管

2. 电渣焊焊接特点及应用

（1）大厚件可一次焊成，如单丝可焊厚度为 40～60mm，单丝摆动可焊厚度为 60～

150mm，三丝摆动可焊厚度达 450mm。

（2）生产率高，成本低。不需要开坡口即可一次焊成。

（3）焊接质量好。由于渣池覆盖在熔池上，保护好，焊缝自下而上结晶，利于熔池中气体和杂质的排出。

（4）不足之处。热影响区较大，晶粒粗大，易产生过热组织，故焊缝力学性能较差，焊后需要正火处理。

电渣焊适用于碳钢、合金钢、不锈钢等材料的焊接，主要用于厚度大于 40 mm 的构件。

4.3.4　电阻焊

电阻焊是将焊件组合后通过电极施加压力，利用电流通过焊件及其接触处所产生的电阻热，将焊件局部加热到塑性或熔化状态，然后在压力下形成焊接接头的焊接力法。

由于工件的总电阻很小，为使工件在极短时间内迅速加热，必须采用很大的焊接电流（几千到几万安培）。

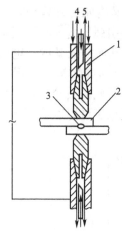

图 4.19　点焊示意图

1—电极；2—焊件；3—熔核；

4—冷却水；5—压力

与其他焊接方法相比，电阻焊具有生产率高、焊接变形小、不需另加焊接材料、劳动条件好、操作简便、易实现机械化等优点；但其设备较一般熔焊复杂、耗电量大、可焊工件厚度（或断面尺寸）及接头形式受到限制。

按工件接头形式和电极形状不同，电阻焊分为点焊、缝焊和对焊三种形式。

1. 点焊

点焊利用柱状电极加压通电，在搭接工件接触面之间产生电阻热，将焊件加热并局部熔化，形成一个熔核（周围为塑性态），然后，在压力下熔核结晶成焊点，如图 4.19 所示。

焊完一个点后，电极将移至另一点进行焊接。当焊接下一个点时，有一部分电流会流经已焊好的焊点，称为分流现象。分流将使焊接处电流减小，影响焊接质量。因此两个相邻焊点之间应有一定距离。工件厚度越大，材料导电性越好，则分流现象越严重，故点距应加大。表 4 - 3 为不同材料及不同厚度工件焊点之间的最小距离。

表 4 - 3　点焊焊点之间的最小距离

工件厚度/mm	点距/mm		
	结构钢	耐热钢	铝合金
0.5	10	8	15
1	12	10	18
2	16	14	25
3	20	18	30

影响点焊质量的主要因素有焊接电流、通电时间、电极压力及工件表面清理情况等。点焊焊件都采用搭接接头。如图 4.20 所示为几种典型的点焊接头形式。

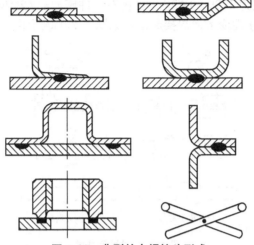

图 4.20　典型的点焊接头形式

点焊主要适用于厚度为 0.05～6mm 的薄板、冲压结构及线材的焊接，目前，点焊已被广泛应用于制造汽车、飞机、车厢等薄壁结构以及罩壳和轻工、生活用品等的焊接。

2. 缝焊

缝焊过程与点焊相似，只是用旋转的圆盘状滚动电极代替柱状电极。焊接时，盘状电极压紧焊件并转动（也带动焊件向前移动），配合断续通电，即形成连续重叠的焊点，因此称为缝焊，如图 4.21 所示。

缝焊时，焊点相互重叠 50% 以上，密封性好。主要用于制造要求密封性的薄壁结构，如油箱、小型容器与管道等。但因缝焊过程分流现象严重，焊接相同厚度的工件时，焊接电流为点焊的 1.5～2 倍。因此要使用大功率电焊机。

缝焊只适用于厚度 3mm 以下的薄板结构。

3. 对焊

对焊是利用电阻热使两个工件在整个接触面上焊接起来的一种方法，可分为电阻对焊和闪光对焊。焊件装配成对接接头形式，如图 4.22 所示。对焊主要用于刀具、管子、钢筋、钢轨、锚链、链条等的焊接。

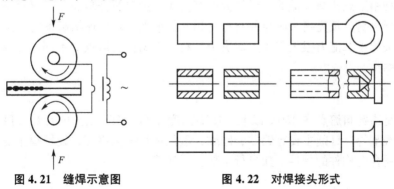

图 4.21　缝焊示意图　　　　　　　图 4.22　对焊接头形式

（1）电阻对焊。将两个工件装夹在对焊机的电极钳口中，施加预压力使两个工件端面接触，并被压紧，然后通电，当电流通过工件和接触端面时产生电阻热。将工件接触处迅速加热到塑性状态（碳钢为 $1000\sim1250℃$），再对工件施加较大的顶锻力并同时断电，使接头在高温下产生一定的塑性变形而焊接起来，如图 4.23（a）所示。

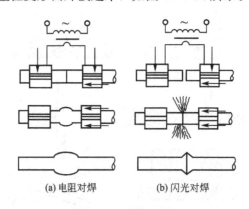

(a) 电阻对焊　　　　　　(b) 闪光对焊

图 4.23　对焊示意图

电阻对焊操作简单，接头比较光滑。电阻对焊一般只用于焊接截面形状简单、直径（或边长）小于 20mm 和强度要求不高的杆件。

（2）闪光对焊。将两工件先不接触，接通电源后使两工件轻微接触，因工件表面不平，首先只是某些点接触，当强电流通过时，这些接触点的金属即被迅速加热熔化、蒸发、爆破，高温颗粒以火花形式从接触处飞出而形成"闪光"。此时应保持一定闪光时间，待焊件端面全部被加热熔化时，迅速对焊件施加顶锻力并切断电源，焊件在压力作用下产生塑性变形而焊在一起，如图 4.23（b）所示。

在闪光对焊的焊接过程中，工件端面的氧化物和杂质，在最后加压时随液态金属被挤出，因此接头中夹渣少，质量好，强度高。闪光对焊的缺点是金属损耗较大，闪光火花易污染其他设备与环境，接头处有毛刺需要加工清理。

闪光对焊常用于对重要工件的焊接，还可焊接一些异种金属，如铝与铜、铝与钢等的焊接，被焊工件可以是直径小到 0.01mm 的金属丝，也可以是断面大到 $20mm^2$ 的金属棒和金属型材。

4.3.5　钎焊

钎焊是利用熔点比焊件低的钎料作为填充金属，加热时钎料熔化而母材不熔化，利用液态钎料润湿母材，填充接头间隙并与母材相互扩散而将焊件连结起来的焊接方法。

钎焊接头的承载能力很大程度上取决于钎料，根据钎料熔点的不同，钎焊可分为硬钎焊与软钎焊两类。

1. 硬钎焊

硬钎焊是指钎料熔点在 450℃以上，接头强度在 200MPa 以上的钎焊。属于这类的钎料有铜基、银基等。钎剂主要有硼砂、硼酸、氟化物和氯化物等。硬钎焊主要用于受力较大的钢铁和铜合金构件的焊接，如自行车架、刀具等。

2. 软钎焊

软钎焊的钎料熔点在 450℃ 以下，焊接接头强度较低，一般不超过 70MPa。如锡焊，所用钎料为锡铅，钎剂有松香、氧化锌溶液等。软钎焊广泛用于电子元器件的焊接。

钎焊构件的接头形式都采用板料搭接和套件镶接。图 4.24 所示是几种常见的形式。

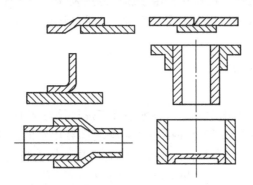

图 4.24　钎焊接头形式示意图

3. 钎焊的特点

与一般熔化焊相比，钎焊的特点如下。

（1）工件加热温度较低，组织和力学性能变化很小，变形也小；接头光滑平整，工件尺寸精确。

（2）可焊接性能差异很大的异种金属，对工件厚度的差别也没有严格限制。

（3）生产率高，工件整体加热时，可同时钎焊多条接缝。

（4）设备简单，投资费用少。

但钎焊的接头强度较低，尤其是动载强度低，允许的工作温度不高。

4.4　常用金属材料的焊接

4.4.1　金属材料的焊接性

1. 金属焊接性的概念

金属材料的焊接性是指金属材料对焊接加工的适应能力。它主要是指在一定的焊接工艺条件下（包括焊接方法、焊接材料、焊接工艺参数和结构形式等），一定的金属材料获得优质焊接接头的难易程度。焊接性包括以下两方面的内容。

（1）工艺焊接性。它主要是指某种材料在给定的焊接工艺条件下，形成完整而无缺陷的焊接接头的能力。对于熔焊而言，焊接过程一般都要经历热过程和冶金过程，焊接热过程主要影响焊接热影响区的组织性能，而冶金过程则影响焊缝的性能。

（2）使用焊接性。它是指在给定的焊接工艺条件下，焊接接头或整体结构满足使用要求的能力。其中包括焊接接头的常规力学性能、低温韧性、高温蠕变、疲劳性能，以及耐热、耐蚀、耐磨等特殊性能。

金属的焊接性是材料的一种加工性能，它取决于金属材料本身的性质和加工条件。因此，随着焊接技术的发展，金属焊接性也会改变。例如，化学活泼性极强的钛，焊接是比较困难的，以前认为钛的焊接性很不好。但自氩弧焊的应用比较成熟以后，钛及其合金的焊接结构已在航空业等部门广泛应用。由于新能源的发展，等离子弧焊接、真空电子束焊接、激光焊接等新的焊接方法相继出现，使得钨、铌、钼、钽等高熔点金属及其合金的焊接成为可能。

2. 金属焊接性的评价方法

1) 碳当量法

碳当量法是根据钢材的化学成分粗略地估计其焊接性好坏的一种间接评估法。将钢中的合金元素（包括碳）的含量按其对焊接性影响程度换算成碳的影响，其总和称为碳当量，用符号 C_E 表示。国际焊接学会推荐的碳钢和低合金高强钢碳当量计算公式为

$$C_E = C + \frac{Mn}{6} + \frac{Cr+Mo+V}{5} + \frac{Ni+Cu}{15}(\%) \qquad (4-1)$$

式中的化学元素符号表示该元素在钢材中含量的百分数。

碳当量 C_E 值越高，钢材的淬硬倾向越大，冷裂敏感性也越大，焊接性越差。

（1）当 $C_E < 0.4\%$ 时，钢材的淬硬倾向和冷裂敏感性不大，焊接性良好，焊接时一般可不预热；

（2）当 $C_E = 0.4\% \sim 0.6\%$ 时，钢材的淬硬倾向和冷裂敏感性增大，焊接性较差，焊接时需要采取预热、控制焊接工艺参数、焊后缓冷等工艺措施；

（3）当 $C_E > 0.6\%$ 时，钢材的淬硬倾向大，容易产生冷裂纹，焊接性差，焊接时需要采用较高的预热温度、减少焊接应力和防止开裂的工艺措施，焊后采取适当的热处理等措施来保证焊缝质量。

由于碳当量计算公式是在某种试验情况下得到的，对钢材的适用范围有限，它只考虑了化学成分对焊接性的影响，没有考虑冷却速度、结构刚性等重要因素，所以利用碳当量只能在一定范围内粗略地评估焊接性。

2) 冷裂纹敏感系数法

碳当量只考虑了钢材的化学成分对焊接性的影响，而没有考虑钢板厚度、焊缝含氢量等重要因素。而冷裂纹敏感系数法先通过化学成分、钢板厚度(h)、熔敷金属中扩散氢含量(H)来计算冷裂敏感系数 P_C，然后利用 P_C 确定所需预热温度 T_P，计算公式为

$$P_C = C + \frac{Si}{30} + \frac{Mn}{20} + \frac{Cu}{20} + \frac{Ni}{60} + \frac{Cr}{20} + \frac{Mo}{15} + \frac{V}{10} + 5B + \frac{h}{600} + \frac{H}{60}(\%) \qquad (4-2)$$

$$T_P = 1440P_C - 392(℃) \qquad (4-3)$$

冷裂纹敏感系数法只适用于低碳（碳的质量分数为 $0.07\% \sim 0.22\%$），且含多种微量合金元素的低合金高强度钢。

4.4.2 碳钢及低合金结构钢的焊接

1. 低碳钢的焊接

低碳钢的含碳量小于 0.25%，碳当量数值小于 0.40%，所以这类钢的焊接性能良好，

焊接时一般不需要采取特殊的工艺措施，用各种焊接方法都能获得优质焊接接头。只有厚大结构件在低温下焊接时，才应考虑焊前预热，如板厚大于 50mm、温度低于 0℃，应预热到 100～150℃。

低碳钢结构件焊条电弧焊时，根据母材强度等级一般选用酸性焊条 E4303(J422)、E4320(J424)等；承受动载荷、结构复杂的厚大焊件，选用抗裂性好的碱性焊条 E4351(J427)、E4316(J426)等。埋弧焊时，一般选用焊丝 H08A 或 H08MnA，配合焊剂 HJ431。

沸腾钢脱氧不完全，含氧量较高，S、P 等杂质分布不均匀，焊接时裂纹倾向大，不宜作为焊接结构件，重要的结构件选用镇静钢。

2. 中、高碳钢的焊接

由于中碳钢含碳量增加(碳的质量分数为 0.25%～0.6%)，碳当量数值大于 0.40%，所以中碳钢在焊接时，其热影响区的组织淬硬倾向增大，较易出现裂纹和气孔，为此要采取一定的工艺措施。

如 35、45 钢焊接时，焊前应预热到 150～250℃。根据母材强度级别，选用碱性焊条 E5015(J507)、E5016(J506)等。为避免母材过量熔入焊缝，导致碳含量增高，要开坡口并采用细焊条、小电流、多层焊等工艺。焊后缓冷，并进行 600～650℃回火，以消除应力。

高碳钢碳当量数值在 0.60%以上，淬硬倾向更大，易出现各种裂纹和气孔，焊接性差。一般不用来制作焊接结构，只用于破损工件的焊补。焊补时通常采用焊条电弧焊或气焊，预热温度为 250～350℃，焊后缓冷，并立即进行 650℃以上的高温回火，以消除应力。

3. 低合金结构钢的焊接

焊接结构中，用得最多的是低合金结构钢，又称低合金高强钢。其主要用于建筑结构和工程结构，如压力容器、锅炉、桥梁、船舶、车辆和起重机械等。

1) 焊接特点

(1) 热影响区的淬硬倾向。低合金结构钢焊接时，热影响区可能产生淬硬组织，淬硬程度与钢材的化学成分和强度级别有关。钢中含碳及合金元素越多，钢材强度级别越高，则焊后热影响区的淬硬倾向越大。如 300MPa 强度级的 $09Mn_2$、$09Mn_2Si$ 等钢材的淬硬倾向很小，其焊接性与一般低碳钢基本一样。350MPa 级的 Q345(16Mn)钢的淬硬倾向也不大，但当实际含碳量接近允许上限或焊接工艺参数不当时，过热区也完全可能出现马氏体等淬硬组织。强度级别较大的低合金钢，淬硬倾向增加，热影响区容易产生马氏体组织，硬度明显增高，塑性和韧度则下降。

(2) 焊接接头的裂纹倾向。随着钢材强度级别的提高，产生冷裂纹的倾向也加剧。影响冷裂纹的因素主要有三个方面：一是焊缝及热影响区的含氢量；二是热影响区的淬硬程度；三是焊接接头的应力大小。

2) 工艺措施

根据低合金结构钢的焊接特点，生产中可分别采取以下措施。

(1) 对于强度级别较低的钢材，在常温下焊接时与低碳钢基本一样。在低温或在大刚度、大厚度构件上进行小焊脚、短焊缝焊接时，应防止出现淬硬组织，要适当增大焊接电流、减慢焊接速度、选用抗裂性强的低氢形焊条，必要时需采用预热措施，预热温度可参考表 4 - 4。

表 4 - 4　不同环境温度下焊接 16Mn 钢的预热温度

板厚 mm	不同温度下的预热温度
16 以下	不低于 −10℃ 不预热，−10℃ 以下预热 100～150℃
16～24	不低于 −5℃ 不预热，−5℃ 以下预热 100～150℃
25～40	不低于 0℃ 不预热，0℃ 以下预热 100～150℃
40 以上	均预热 100～150℃

（2）对锅炉、受压容器等重要构件，当厚度大于 20 mm 时，焊后必须进行退火处理，以消除应力。

（3）对于强度级别高的低合金结构钢件，焊前一般均需预热；焊接时，应调整焊接参数，以控制热影响区的冷却速度不宜过快；焊后还应进行热处理以消除内应力。

4.4.3　铸铁的焊补

铸铁中 C、Si、Mn、S、P 的含量比碳钢高，且铸铁的组织不均匀，塑性很低，因此铸铁属于焊接性很差的材料，所以不能用铸铁设计和制造焊接构件。但铸铁件常出现铸造缺陷，在使用过程中有时会发生局部损坏或断裂，而用焊接手段将其修复有很大的经济效益。所以，铸铁的焊接主要是焊补工作。

1. 铸铁的焊接特点

（1）熔合区易产生白口组织。由于焊接时为局部加热，焊后铸铁件上的焊补区冷却速度远比铸造成形时快得多，因此很容易形成白口组织，焊后很难进行机械加工。

（2）易产生裂纹。铸铁强度低，塑性差，当焊接应力较大时，就会产生裂纹。此外，铸铁因碳及硫、磷杂质含量高，基体材料过多熔入焊缝中，易产生裂纹。

（3）易产生气孔。铸铁含碳量高，焊接时易生成 CO_2 和 CO 气体。

此外，铸铁的流动性好，立焊时熔池金属容易流失，所以一般只进行平焊。

2. 铸铁的补焊方法

按焊前预热温度，铸铁的补焊可分为热焊法和冷焊法两大类。

（1）热焊法。焊前将工件整体或局部预热到 600～700℃，焊补后使工件缓慢冷却。热焊法能防止工件产生白口组织和裂纹，焊补质量较好，焊后可进行机械加工，但热焊法成本较高，生产率低，焊工劳动条件差。热焊采用手工电弧焊或气焊进行焊补较为适宜，一般选用铁基铸铁焊条(丝)或低碳钢芯铸铁焊条，应用于焊补形状复杂、焊后需进行加工的重要铸件，如床头箱、汽缸体等。

（2）冷焊法。焊补前工件不预热或只进行 400℃ 以下的低温预热。焊补时主要依靠焊条来调整焊缝的化学成分以防止或减少白口组织，焊后及时锤击焊缝以松弛应力，防止焊后开裂。冷焊法方便、灵活、生产率高、成本低、劳动条件好，但焊接处切削加工性能较差。生产中多用于焊补要求不高的铸件以及不允许高温预热引起变形的铸件。

冷焊法一般采用手工电弧焊进行焊补。根据铸铁性能、焊后对切削加工的要求及铸件的重要性等来选定焊条。常用钢芯或铸铁芯铸铁焊条，适用于一般非加工面的焊补；镍基铸铁焊条，适用于重要铸件的加工面的焊补；铜基铸铁焊条，适用于焊后需要加工的灰铸铁件的焊补。

4.5　焊接件的结构设计

设计焊接结构时，既要根据该结构的使用要求，包括一定的形状、工作条件和技术要求等，也要考虑结构的焊接工艺要求，力求焊接质量良好，焊接工艺简单，生产率高，成本低。焊接结构工艺性一般包括焊接件材料的选择、焊接方法的选择、焊缝的布置和焊接接头及坡口形式的设计等。

1. 焊接结构的材料选择

焊接结构在满足使用性能要求的前提下，首先要考虑选择焊接性能较好的材料来制造。在选择焊接件的材料时，要注意以下几个问题。

(1) 尽量选择低碳钢和碳当量小于 0.4% 的低合金结构钢。

(2) 应优先选用强度等级低的低合金结构钢，这类钢的焊接性与低碳钢基本相同，钢材价格也不贵，而强度却能显著提高。

(3) 强度等级较高的低合金结构钢，焊接性能虽然差些，但只要采取合适的焊接材料与工艺，也能获得满意的焊接接头。设计强度要求高的重要结构可以选用。

(4) 镇静钢比沸腾钢脱氧完全，组织致密，质量较高，可选作重要的焊接结构。

(5) 异种金属的焊接，必须特别注意它们的焊接性及其差异，对不能用熔焊方法获得满意接头的异种金属应尽量不选用。

2. 焊接方法的选择

各种焊接方法都有其各自的特点及适用范围，选择焊接方法时要根据焊件的结构形状、材质、焊接质量要求、生产批量和现场设备等，确定最适宜的焊接方法，以保证获得优良质量的焊接接头，并具有较高的生产效率。

选择焊接方法时应遵循以下原则。

(1) 焊接接头使用性能及质量要符合要求。如点焊、缝焊都适用于薄板结构焊接，但只有缝焊才能焊出有密封要求的焊缝；又如氩弧焊和气焊都能焊接铝合金，但氩弧焊的接头质量高。

(2) 提高生产率，降低成本。若板材为中等厚度，选择焊条电弧焊、埋弧焊和气体保护焊均可；如果是平焊长直焊缝或大直径环焊缝，批量生产，应选用埋弧焊；如果是不同空间位置的短曲焊缝，单件或小批量生产，采用焊条电弧焊为好。

(3) 可行性。要考虑现场是否具有相应的焊接设备，野外施工是否有电源等。

3. 焊接接头的工艺设计

焊接接头的工艺设计包括焊缝的布置、接头的形式和坡口的形式等。

1) 焊缝的布置

合理的焊缝位置是焊接结构设计的关键，与产品质量、生产率、成本及劳动条件密切相关。其一般工艺设计原则如下。

（1）焊缝的布置尽可能的分散。焊缝密集或交叉，会造成金属过热，热影响区增大，使组织恶化，同时焊接应力增大，甚至引起裂纹，如图4.25所示。

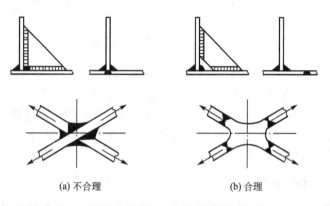

(a) 不合理　　　　　　　(b) 合理

图4.25　焊缝分散布置的设计

（2）焊缝的布置尽可能的对称。为了减小变形，最好是能同时施焊，如图4.26所示。

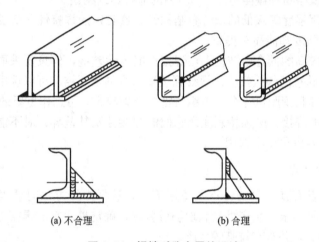

(a) 不合理　　　　　　　(b) 合理

图4.26　焊缝对称布置的设计

（3）便于焊接操作。手工电弧焊时，至少焊条能够进入待焊的位置，如图4.27所示；点焊和缝焊时，电极能够进入待焊的位置，如图4.28所示。

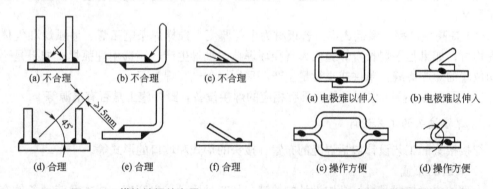

| (a) 不合理 | (b) 不合理 | (c) 不合理 | (a) 电极难以伸入 | (b) 电极难以伸入 |
| (d) 合理 | (e) 合理 | (f) 合理 | (c) 操作方便 | (d) 操作方便 |

图4.27　搭接缝焊的布置　　　　　**图4.28　点焊或缝焊焊缝的布置**

（4）焊缝要避开应力较大和应力集中的部位。对于受力较大、结构较复杂的焊接构件，在最大应力断面和应力集中位置不应布置焊缝。如大跨度的焊接钢梁，焊缝应避免在梁的中间，如图 4.29(a)所示；压力容器的封头应有一直壁段，如图 4.29(b)所示；在构件截面有急剧变化的位置，应避免布置焊缝，如图 4.29(c)所示。

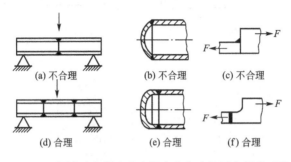

图 4.29 焊缝避开最大应力及应力集中位置布置的设计

（5）焊缝应尽量避开机械加工表面。需要进行机械加工的零件，如焊接轮毂、管配件等，其焊缝位置的设计应尽可能距离已加工表面远一些，如图 4.30 所示。

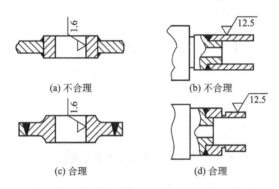

图 4.30 焊缝远离机械加工表面的设计

2）接头的设计

焊接接头的设计应根据焊件的结构形状、强度要求、工件厚度、焊后变形大小、焊条消耗量、坡口加工难易程度、焊接方法等因素综合考虑决定，其主要包括接头形式和坡口形式等，如图 4.31 所示。

（1）焊接接头形式。焊接碳钢和低合金钢常用的接头形式可分为对接、角接、T 形接和搭接等。

对接接头受力比较均匀，是最常用的接头形式，重要的受力焊缝应尽量选用。

搭接接头因两工件不在同一平面，受力时将产生附加弯矩，金属消耗量也大，一般应避免采用。但搭接接头不需开坡口，装配时尺寸要求不高，对某些受力不大的平面联接与空间构架而言，采用搭接接头可节省工时。

角接接头与 T 形接头受力情况都较对接接头复杂，但接头成直角或一定角度连接时，必须采用这种接头形式。

（2）焊接坡口形式。开坡口的目的是使焊件接头根部焊透，同时焊缝美观，此外，通过控制坡口的大小，来调节焊缝中母材金属与填充金属的比例，以保证焊缝的化学成分。

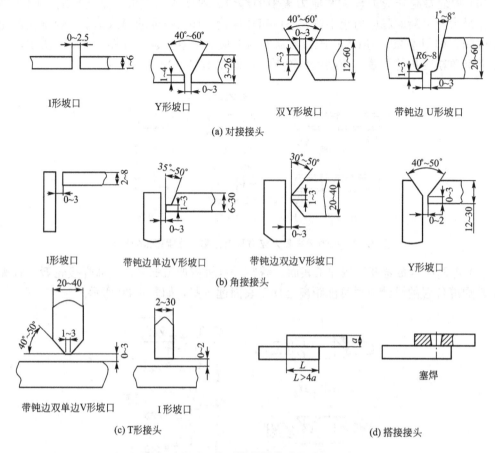

(a) 对接接头

I形坡口　　Y形坡口　　双Y形坡口　　带钝边 U形坡口

(b) 角接接头

I形坡口　　带钝边单边V形坡口　　带钝边双边V形坡口　　Y形坡口

(c) T形接头

带钝边双单边V形坡口　　I形坡口

(d) 搭接接头

塞焊

图 4.31　手工电弧焊焊接接头及坡口形式

　　手工电弧焊坡口的基本形式是 I 形坡口(或称不开坡口)、Y 形坡口、双 Y 形坡口、U 形坡口 4 种,不同的接头形式有各种形式的坡口,其选择主要根据焊件的厚度(图 4.31)。

　　(3) 接头过渡形式。两个焊接件的厚度相同时,双 Y 形坡口比 Y 形坡口节省填充金属,而且双 Y 形坡口焊后角变形较小,但是,这种坡口需要双面施焊。

　　U 形坡口也比 Y 形坡口节省填充金属,但其坡口需要机械加工。

　　坡口形式的选择既取决于板材厚度,也要考虑加工方法和焊接工艺性。如要求焊透的受力焊缝,尽量采用双面焊,以保证接头焊透,且变形小,但其生产率低。不能双面焊时才开单面坡口焊接。

　　对于不同厚度的板材,为保证焊接接头两侧加热均匀,接头两侧板厚截面应尽量相同或相近,如图 4.32 所示。不同厚度钢板对接时的允许厚度差见表 4-5。

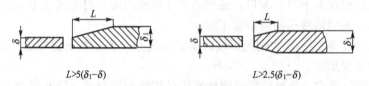

$L > 5(\delta_1 - \delta)$　　　　$L > 2.5(\delta_1 - \delta)$

图 4.32　不同厚度对接

表 4-5　不同厚度钢板对接时的允许厚度差

较薄板的厚度(mm)	2~5	6~8	9~11	>12
允许厚度差(mm)	1	2	3	4

小　结

　　本章主要介绍了焊接的基本过程，常用的焊接方法、各种焊接方法的特点和应用场所，焊接过程中应力变形的产生和消除方法、措施；同时还介绍了焊接件的结构设计。
　　(1) 焊接过程和冶金过程的特点，焊条的种类及选择，焊接热影响区的组织性能。(这部分内容应理解并掌握)
　　(2) 焊接应力和变形产生的原因、预防方法和措施。(这部分内容作为了解)
　　(3) 常用的焊接方法、各种焊接方法的特点和应用场所。(这部分内容应该重点掌握)。
　　(4) 焊接件的结构设计。(这部分内容应该理解并会应用)

习　题

1. 思考题
　　(1) 低碳钢焊缝热影响区包括哪几个部分？简述其组织和性能。
　　(2) 简述酸性焊条、碱性焊条在成分、工艺性能、焊缝性能的主要区别。
　　(3) 电焊条的组织成分及其作用是什么？
　　(4) 简述手工电弧焊的原理及过程。
　　(5) 试从焊接质量、生产率、焊接材料、成本和应用范围等方面比较下列焊接方法。①手工电弧焊；②埋弧焊；③氩弧焊；④CO_2 保护焊。
　　(6) 电阻焊和摩擦焊的焊接过程有何异同？电阻对焊与闪光对焊有何区别？
　　(7) 说明下列制品该采用什么焊接方法比较合适。①自行车车架；②钢窗；③汽车油箱；④电子线路板；⑤锅炉壳体；⑥汽车覆盖件；⑦铝合金。
2. 填空题
　　(1) J422 焊条可焊接的母材是_____，数字表示_____。
　　(2) 焊接熔池的冶金特点是_____，_____。
　　(3) 直流反接指焊条接_____极，工件接_____极。
　　(4) 按药皮类型可将电焊条分为_____两类。
　　(5) 常用的电阻焊方法除点焊外，还有_____，_____。
　　(6) 20 钢、40 钢、T8 钢三种材料中，焊接性能最好的是_____，最差的是_____。
　　(7) 改善合金结构钢的焊接性能可用_____、_____等工艺措施。
　　(8) 酸性焊条的稳弧性比碱性焊条_____、焊接工艺性比碱性焊条_____、焊缝的塑韧性比碱性焊条焊缝的塑韧性_____。

3. 选择题

(1) 汽车油箱生产时常采用的焊接方法是(   )。

    A. CO_2 保护焊   B. 手工电弧焊   C. 缝焊   D. 埋弧焊

(2) 车刀刀头一般采用的焊接方法是(   )。

    A. 手工电弧焊   B. 埋弧焊   C. 氩弧焊   D. 铜钎焊

(3) 焊接时刚性夹持可以减少工件的(   )。

    A. 应力   B. 变形   C. A 和 B 都可以   D. 气孔

(4) 结构钢件选用焊条时，不必考虑的是(   )。

    A. 钢板厚度   B. 母材强度   C. 工件环境   D. 工人技术水平

(5) 铝合金板最佳焊接方法是(   )。

    A. 手工电弧焊   B. 氩弧焊   C. 埋弧焊   D. 钎焊

(6) 结构钢焊条的选择原则是(   )。

    A. 焊缝强度不低于母材强度   B. 焊缝塑性不低于母材塑性

    C. 焊缝耐腐蚀性不低于母材   D. 焊缝刚度不低于母材

第**5**章
金属切削加工

本章学习目标

★ 了解金属切削加工基础知识，了解刀具材料和刀具结构；

★ 了解金属切削加工过程中的物理现象；

★ 了解切削加工的技术经济指标，初步掌握切削用量的合理选择，了解切削液的选用及材料的切削加工性；

★ 了解金属切削机床的分类、牌号、结构及应用；

★ 掌握常用加工方法的工艺特点及应用，了解精密加工和特种加工；

★ 掌握典型表面加工分析；

★ 了解机械加工工艺过程。

本章教学要点

知识要点	能力要求	相关知识
金属切削加工基础知识	了解金属切削加工基础知识	切削运动和切削要素的概念
金属切削刀具	了解刀具材料和刀具结构	刀具常用材料和刀具结构
切削过程的物理现象	了解切削过程中的物理现象	切屑类型，积屑瘤，切削力与切削功率，切削热和切削温度，刀具磨损和刀具耐用度
切削加工技术经济分析	初步掌握切削用量的合理选择，了解切削液的选用及材料的切削加工性	切削加工的技术经济指标，切削用量的合理选择，切削液的选用，材料的切削加工性
金属切削机床	了解金属切削机床的分类、牌号、结构及应用	机床的分类和结构，机床的传动，自动机床和数控机床
常用加工方法的工艺特点及应用	掌握常用加工方法的工艺特点及应用	车削，钻镗削，刨插削，铣削和磨削
精密加工和特种加工简介	了解精密加工和特种加工方法	精密加工和特种加工
典型表面加工分析	掌握典型表面的加工方法	外圆表面、内圆表面、平面、成形表面、螺纹及齿轮的加工
机械加工工艺过程	了解机械加工工艺过程	机械加工工艺过程的基本概念，典型零件加工工艺过程的拟定，零件切削加工的结构工艺性

　　金属切削加工是用切削工具(刀具、磨具和磨料)从毛坯上去除多余的金属，以获得具有所需的几何参数(尺寸、形状和位置)和表面粗糙度的零件的加工方法。切削加工能获得较高的精度和表面质量，对被加工材料、零件几何形状及生产批量具有广泛的适应性。机器上的零件除极少数采用精密铸造和精密锻造等无切削加工的方法获得以外，绝大多数零件都是靠切削加工来获得的。因此如何进行切削加工，对于保证零件质量、提高劳动生产率和降低成本，有着重要的意义。如图 5.1 所示的零件，采用何种制造过程和工艺过程？需要什么成形运动？采用什么机械加工方法及装备？在加工过程中会产生什么物理现象？上述这些问题均要在本章中进行讨论。

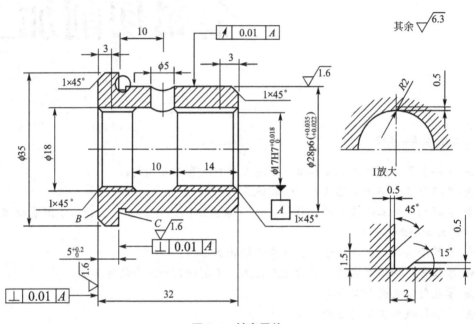

图 5.1　轴套零件

5.1　金属切削加工基础知识

　　金属切削加工是使用切削刀具(磨料和磨具)切除毛坯上多余的材料层，使其成为合格零件的工艺方法。切削加工的任务就是使零件的形状和尺寸达到设计图纸所规定的精度，并将零件的表面粗糙度限制在一定范围之内。

　　手持刀具进行切削的加工者，称为钳工。在机床等设备上对工件进行切削的加工者，称为机械加工工，简称机工。常用的机械加工方法有车削、铣削、刨削、钻削、磨削等，如图 5.2 所示，使用的机床分别称为车床、铣床、刨床、钻床、磨床等。由于机械加工劳动强度低，自动化程度高，加工质量好，所以成为切削加工的主要方式。金属切削加工的方法虽有多种不同的形式，但在很多方面如切削运动、切削工具以及切削过程的物理实质等都有着共同的现象和规律。这些现象和规律是学习各种切削加工方法的共同基础。

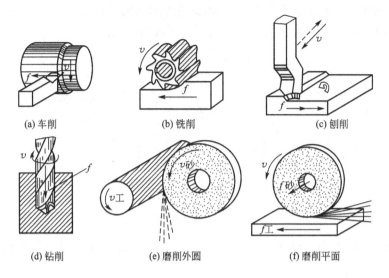

(a) 车削　　　　　　　(b) 铣削　　　　　　　(c) 刨削

(d) 钻削　　　　　　(e) 磨削外圆　　　　　(f) 磨削平面

图 5.2　机械加工时的切削运动

5.1.1　切削运动

机械零件大部分由一些简单的几何表面组成，如各种平面、回转面、沟槽等。机床对这些表面切削加工时，刀具与工件之间需有特定的相对运动，这种相对运动称为切削运动。根据在切削运动中所起的作用不同，切削运动分为主运动和进给运动两种。

1. 主运动

使工件与刀具产生相对运动以进行切削的最基本的运动称为主运动。主运动速度最高，消耗功率最大，其运动形式可以是旋转运动也可以是直线运动，如图 5.2 所示。车削时工件的旋转运动、铣削时铣刀的旋转运动、刨削时刨刀的直线往复运动、钻削时钻头的旋转运动、磨削时砂轮的旋转运动等都是主运动。每种切削加工方法的主运动通常只有一个。

2. 进给运动

使主运动继续切除工件上多余的金属以便形成所需工件表面的运动称为进给运动。其运动形式可以是旋转运动也可以是直线运动或者是两种运动的组合，如图 5.2 所示。车削时车刀的纵、横向移动，铣削和刨削时工件的纵、横向移动，钻削时钻头的轴线移动，磨削时工件的旋转运动和工件的轴向移动或工件的纵、横向移动等都是进给运动。在切削中进给运动可能是一个也可能是几个。无论哪种运动形式的进给运动，它消耗的功率都比主运动要小。

总之，任何切削加工方法都必须有一个主运动，有一个或几个进给运动。主运动和进给运动可以由工件或刀具分别完成，也可以由刀具单独完成。

5.1.2　切削要素

在切削运动过程中，工件上同时形成三个表面，如图 5.3 所示，即待加工表面、加工表面和已加工表面。

（1）待加工表面，工件上有待切除的表面。

（2）加工表面，工件上正在切削的表面（现在也称过渡表面）。

（3）已加工表面，工件上已切去多余金属而形成的新表面。

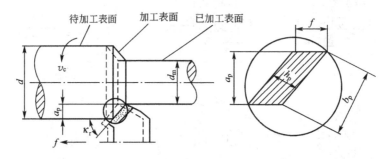

图 5.3　切削要素

切削要素包括切削用量和切削层几何参数。如图 5.3 所示，以车削外圆为例，介绍如下。

1．切削用量

切削用量是用来衡量切削运动量大小的参数。在一般的切削加工中，切削用量包括切削速度、进给量及背吃刀量。三者又称切削用量三要素。在切削加工时合理选择切削用量是提高生产效率和保证加工质量的关键因素。切削用量的选择与机床、刀具、工件、切削液等有密切的关系。

1）切削速度 v_c

切削速度是指切削刃选定点相对于工件的主运动的瞬时速度，即在单位时间内工件和刀具沿主运动方向上相对移动的位移。它是描述主运动的参数，法定单位为 m/s，但在生产中除磨削的切削速度单位用 m/s 外，其他切削速度单位习惯上用 m/min。

若主运动为旋转运动（如车削、铣削、磨削等）时，切削速度为其最大线速度，计算公式为

$$v_c = \frac{\pi D n}{1000 \times 60}(\text{m/s}) \quad 或 \quad v_c = \frac{\pi D n}{1000}(\text{m/min}) \tag{5-1}$$

当主运动为往复运动（如刨削、插削等）时，计算公式为

$$v_c = \frac{2L n_r}{1000 \times 60}(\text{m/s}) \quad 或 \quad v_c = \frac{2L n_r}{1000}(\text{m/min}) \tag{5-2}$$

式中　D——待加工表面的直径或刀具切削刃处的最大直径（mm）；

　　　n——工件或刀具的转速（r/min）；

　　　L——往复运动行程长度（mm）；

　　　n_r——主运动每分钟往复的次数（str/min）。

提高切削速度能提高生产率和加工质量，但切削速度的提高受机床动力和刀具耐用度的限制。

2）进给量 f

进给量是指工件或刀具运动在一个工作循环内，刀具与工件之间沿进给运动方向的相对位移。若主运动为旋转运动时，进给量 f 的单位为 mm/r，称为每转进给量。当主运动为往复直线运动时，进给量 f 的单位为 mm/str，称为每行程进给量。

对于铰刀、铣刀等多齿刀具，进给量是指每齿进给量，即 $f_z = f/z$。

单位时间进给量称为进给速度 v_f，单位为 mm/s 或 mm/min。

进给量越大，生产率一般越高，但是，工件表面的加工质量也越低。

3）背吃刀量 a_p

指工件待加工表面与已加工表面间的垂直距离，单位为 mm。

外圆柱面车削时的背吃刀量的计算公式为

$$a_p = \frac{D-d}{2}(\text{mm}) \qquad (5-3)$$

式中　D、d——待加工表面和已加工表面的直径(mm)。

背吃刀量 a_p 增加，生产率提高，但切削力也随之增加，故容易引起工件振动，使加工质量下降。

2. 切削层几何参数

切削层是指工件上正被刀具切削刃切削的一层金属，如图 5.3 所示。车外圆时，工件每转一转，车刀沿工件轴向移动一个进给量 f，车刀所切下的金属层即为切削层。切削层的参数包括切削厚度、切削宽度和切削面积。

（1）切削厚度 h_D。两相邻加工表面间的垂直距离，其计算公式为

$$h_D = f \sin K_r (\text{mm}) \qquad (5-4)$$

（2）切削宽度 b_D。沿主切削刃度量的切削层尺寸，其计算公式为

$$b_D = \frac{a_p}{\sin K_r}(\text{mm}) \qquad (5-5)$$

（3）切削面积 A_D。切削层在垂直于切削速度截面内的面积，其计算公式为

$$A_D = h_D b_D = f a_p (\text{mm}^2) \qquad (5-6)$$

5.2　金属切削刀具

刀具是金属切削加工中影响生产率、加工质量和成本的最活跃的因素，而这些影响又和刀具切削部分的材料、几何角度有直接的关系。

5.2.1　刀具常用材料

1. 刀具材料应具备的性能

刀具材料是指刀具切削部分的材料，因为它处在高温下工作，并要承受较大的压力、摩擦、冲击和振动等，所以应具备以下基本性能。

（1）较高的硬度。刀具材料的硬度必须高于工件材料的硬度，常温硬度一般应在 60HRC 以上。

（2）足够的强度和韧性。以承受切削力、冲击和振动。

（3）较好的耐磨性。以抵抗切削过程中的磨损，维持一定的切削时间。

（4）较好的耐热性(亦称为红硬性或热硬性)。以便在高温下仍能保持较高硬度。

（5）较好的工艺性(锻造、轧制、焊接、切削加工和热处理等)。便于制造各种刀具。

目前还没有一种材料能全面满足上述要求。因此，必须了解常用刀具材料的性能和特点，以便根据工件材料的性能和切削要求，选择合适的刀具材料，在保证切削要求的情况下，做到成本低廉。

2. 常用的刀具材料

目前应用的刀具材料大体上可分为 4 大类：工具钢（碳素工具钢、合金工具钢、高速工具钢）、硬质合金（钨钴类、钨钛钴类、钨钛钽（铌）类）、涂层刀具材料和新型超硬刀具材料（陶瓷、立方氮化硼、人造金刚石等）。常见的和广泛使用的是工具钢与硬质合金。

1）碳素工具钢

碳素工具钢常用牌号为 T10A、T12A，由于其淬火后硬度可达 61～65HRC，刀具刃磨时容易锋利，价格低廉，但耐热性差（200℃）、淬火后容易变形和开裂，故不宜作复杂刀具，常用作手动刀具，如锉刀、锯条、錾子等。

2）合金工具钢

合金工具钢常用的牌号有 9SiCr、CrWMn 等，其淬火后硬度与碳素工具钢相同，而耐热性（350℃）有所提高，耐磨性也有所提高，但它热处理时变形小，因而常用来制造形状复杂、要求热处理变形小的低速刀具，如丝锥、板牙、铰刀等。

3）高速工具钢（简称高速钢）

高速钢常用的牌号有 W18Cr4V、W6Mo5Cr4V2 等，它具有较高的强度、韧性和耐磨性，常温时硬度为 60～70HRC，但温度高达 550～600℃ 时，硬度仍无明显下降，允许切削速度为 40m/min 左右，同时高速钢热处理时变形小。由于高速钢以上的优点，因而成为目前最常用的刀具材料之一。主要用于制造中等切削速度、形状复杂的刀具，如钻头、铰刀、拉刀、铣刀、齿轮刀具及各种成形刀具。当切削速度高于 40m/min 时，高速钢已无法承受。

4）硬质合金

硬质合金是以高硬度、高熔点的金属碳化物（WC、TiC 等）粉末作基体，以金属 Co 等作粘结剂，用粉末冶金的方法烧结而成的一种刀具材料。它的硬度很高，可达 74～82HRC，耐磨性好，热硬性也很高，可达 800～1000℃，允许切削速度达 100～300m/min。但其强度和韧性较低，不能承受较大的冲击载荷，工艺性也不如高速钢。所以硬质合金材料常用来制成各种形式的刀片，焊接或机夹在中碳钢的刀体上。硬质合金按 ISO 标准可分为 K（钨钴类）、P（钨钛钴类）、M（钨钛钽（铌）类）三类，其牌号及应用范围见表 5-1。

表 5-1 常用硬质合金牌号及应用范围

分类	旧标准代号	主要成分	颜色	粗加工选用牌号	半精加工选用牌号	精加工选用牌号	应用范围
P	YT 类	TiC＋WC＋Co	蓝色	P30、P40、P50	P10、P20	P01	主要用于加工碳素钢、合金钢等材料
K	YG 类	WC＋Co	红色	K30、K40	K10、K20	K01	主要用于加工铸铁、有色金属及非金属材料
M	YW 类	TiC＋WC＋TaC(NbC)＋Co	黄色	M30、M40	M20	M10	主要用于加工钢（包括难加工钢）、铸铁及有色金属

5）涂层刀具材料

涂层刀具是在硬质合金或高速钢的基体上，涂上一层几微米厚的高硬度、高耐磨性的金属化合物（TiC、TiN、Al_2O_3）而构成的。涂层后的硬质合金和高速钢刀具的寿命大大提高。常用的牌号有 CN、CA、YB 等系列。

6）新型超硬刀具材料

随着科技的进步，新的刀具材料不断被采用，如陶瓷材料、人造金刚石、立方氮化硼等。它们的硬度和耐磨性都比上述各种材料高，分别适用于高硬度金属材料的精加工，高强度和高温合金的精加工、半精加工，以及有色金属的低粗糙度加工等。但这些材料的脆性大，抗弯强度低，而且成本高，故目前尚未广泛使用。

5.2.2 刀具主要角度及其作用

切削刀具的种类很多，形状各异，如图 5.4 所示，但它们的结构要素和几何角度有着许多共同的特征。各种多齿刀具或复杂刀具，就一个刀齿而言，都相当于一把外圆车刀的切削部分的演变及组合。因此研究刀具的切削部分都是从车刀入手进行分析的。

1. 车刀的组成

如图 5.5 所示，车刀由刀头和刀杆两部分组成，刀头是车刀的切削部分，刀杆是车刀的夹持部分。车刀的切削部分由三面、二刃、一尖组成。

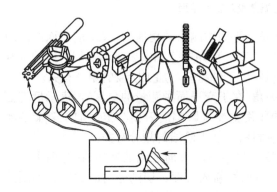

图 5.4 各种刀具切削部分的形状

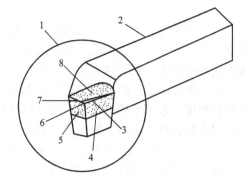

图 5.5 车刀的组成

1—刀头；2—刀杆；3—主切削刃；
4—后刀面；5—副后刀面；6—刀尖；
7—副切削刃；8—前刀面

（1）前刀面。刀具上切屑流过的表面。

（2）主后刀面。与工件加工表面相对的表面。

（3）副后刀面。与工件已加工表面相对的表面。

（4）主切削刃。前刀面与主后刀面相交的切削刃，它承担着主要的切削任务，用于形成工件的过渡表面。

（5）副切削刃，前刀面与副后刀面相交的切削刃，它承担着微量的切削任务，最终形成工件的已加工表面。

（6）刀尖。主切削刃与副切削刃的相交处，为了强化刀尖，常将其磨成小圆弧。

2. 车刀角度及其作用

车刀的主要角度及辅助平面,如图5.6所示。

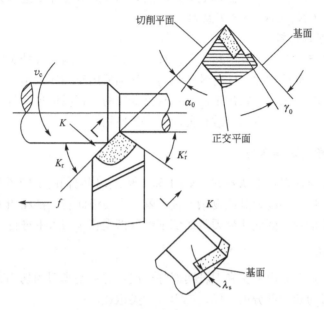

图5.6　车刀的主要角度及辅助平面

(1) 前角 γ_0。前刀面与基面间的夹角(在正交平面中测量的角度),表示前刀面的倾斜程度。前角有正、负、零值,取值范围为 $-5°\sim25°$。前角的作用主要是影响切削刃的锋利程度及刀头强度,前角值大小的选择与刀具材料、工件材料、加工阶段的划分有关。

(2) 主后角 α_0。后刀面与切削平面间的夹角(在正交平面中测量的角度),表示后刀面的倾斜程度,取值范围为 $3°\sim12°$。主后角的作用主要是影响后刀面与工件加工表面的摩擦及刀头的强度,主后角值大小的选择与工件材料、加工阶段的划分有关。

(3) 主偏角 K_r。主切削刃在基面上的投影与进给运动方向之间的夹角(在基面中测量的角度)。主偏角的作用主要是影响主切削刃参加切削的长度、切削分力的比例、切削温度等,主偏角值大小的选择与加工阶段、工件材料和工艺系统刚性有关。

(4) 副偏角 K_r'。副切削刃在基面上的投影与进给反方向之间的夹角(在基面中测量的角度)。副偏角的取值范围一般为 $5°\sim15°$。副偏角的作用主要是影响已加工表面的表面质量和刀尖强度,副偏角值大小的选择与加工阶段、工件材料等有关。

(5) 刃倾角 λ_s。主切削刃与基面间的夹角(在切削平面中测量的角度),表示切削刃的倾斜程度。刃倾角有正、负、零值。刃倾角的作用主要是影响切屑的排出方向、已加工表面的质量、刀头强度和切削力的大小,刃倾角值大小的选择与工件材料、加工阶段和工艺系统刚性等有关。

5.3　切削过程的物理现象

金属切削过程就是刀具从工件表面切除多余的金属,使之成为已加工表面的过程。在切削过程中，会产生一系列极其复杂的物理现象。例如，金属的变形、积屑瘤、切削力、切削热和刀具磨损等，了解这些现象的实质及其变化规律，对于保证加工质量，提高生产率，合理使用机床与刀具，进行技术革新等十分重要。

5.3.1 切屑的形成及其类型

1. 切屑的形成过程

实验研究表明，金属切削过程是多余材料受刀具挤压、滑移变形、断裂而形成切屑的过程。

当切削塑性材料时，这个过程大体上分为以下三个阶段：切削层受到刀具前刀面推挤，在接触处产生弹性变形；刀具继续移动，材料受压增加，其内部的应力、应变逐渐增大，如图 5.7 所示，在始滑移面 OA 产生滑移，当应力达到材料的屈服点时，就沿剪切面 OM 滑移（速度为 v_s），进而产生塑性变形；当作用力达到工件切削层材料断裂强度时，材料沿终滑移面 OE 被挤裂，从母体上分离下来，沿前刀面（v_e 方向）滑出而形成切屑，完成切离。

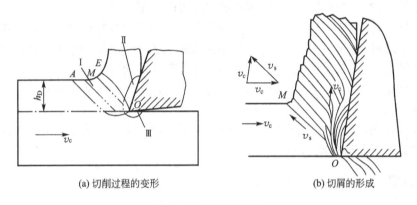

(a) 切削过程的变形　　　　　　　　　(b) 切屑的形成

图 5.7　切屑形成过程

Ⅰ—第Ⅰ变形区；Ⅱ—第Ⅱ变形区；Ⅲ—第Ⅲ变形区

切削时这三个阶段是连续的，几乎在一瞬间完成。切削速度 v_c 与滑移速度 v_s 的合成速度 v_e 就是切屑的流动速度。

为了进一步揭示金属切削时的变形过程和便于分析其实用意义，我们把切削区域划分为三个变形区来分析，如图 5.7(a)所示。这三个变形区是人们经过长期认真的观察（高速摄影）和综合分析得出的。

(1) 第Ⅰ变形区（OAE）。切削层在刀具的作用下产生的挤压变形，其变形量最大，变形区范围的大小与材料的塑性有关，也与切削速度 v_c 有关。它的特点是变形量大，消耗的功率多，产生的热量多。

(2) 第Ⅱ变形区（紧贴前刀面的切屑底面一层薄金属层）。切屑沿前刀面流出时需克服前刀面对切屑挤压产生的摩擦力，切屑受到前刀面的挤压和摩擦，再次产生的塑性变形。此过程使前刀面产生磨损。

(3) 第Ⅲ变形区（紧贴刀具后刀面、工件已加工表面的变形区域）。工件已加工表面受到切削刃钝圆部分和后刀面的挤压、回弹与摩擦，产生的塑性变形。这个变形导致已加工表面的纤维化和加工硬化，产生残余应力，影响表面质量与下道工序的加工。

2. 切屑的类型

切削时，由于被加工材料的性质不同，切削条件的不同，滑移变形的程度有很大差异，产生的切屑无论是形态、尺寸、颜色还是硬度都有很大的区别。如图5.8所示是常见的四种基本类型。

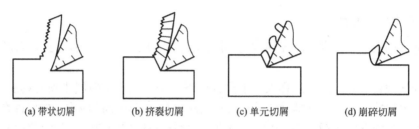

(a) 带状切屑   (b) 挤裂切屑   (c) 单元切屑   (d) 崩碎切屑

图5.8   切屑类型

(1) 带状切屑(图5.8(a))。它的外形呈带状，外表面有较密的、极薄的剪切单元所组成的剪切滑移条纹，较粗糙，与前刀面接触的内表面则很光滑。

(2) 挤裂切屑(图5.8(b))。外表面呈锯齿形，内表面有时有裂纹，但仍连在一起。

(3) 单元切屑(图5.8(c))。它是一种梯块状的不连续的切屑，各单元形状相似。

(4) 崩碎切屑(图5.8(d))。它是一种不规则的碎块状切屑。

前三种切屑是切削塑性金属时得到的，崩碎切屑是切削脆性金属时得到的。

对于同一种加工材料，改变切削条件，可得到不同类型的切屑。如在形成挤裂切屑的条件下，减小前角或增大切削厚度，则可得到单元切屑；若加大前角，提高切削速度，减小切削厚度，则可得到带状切屑。

5.3.2   积屑瘤

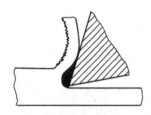

图5.9   积屑瘤

在一定范围的切削速度下切削塑性材料且形成带状切屑时，常有一些来自切屑底层的金属粘接层积在前刀面上，形成硬度很高的楔块，这块金属就称为积屑瘤，如图5.9所示。

1. 积屑瘤的形成

当切屑沿前刀面流出时，在高温与高压的作用下，切屑与前刀面接触的表层产生强烈的摩擦甚至粘结，使该表层流速减慢，产生滞流现象，形成滞流层，当前刀面对滞流层的摩擦阻力超过切屑材料内部的强度极限时，滞流层被剪断而粘结在前刀面上。此过程重复出现，就形成了积屑瘤。

积屑瘤的形成及其积聚高度与工件材料的硬化性质、切削温度和前刀面上的压力分布有关。

2. 积屑瘤对切削过程的影响

(1) 保护刀具。积屑瘤包围着切削刃，可代替切削刃和前刀面进行切削，减少了刀具磨损。

(2) 增大了工作前角。积屑瘤具有30°左右的前角，减小了切削变形，降低了切削力。

(3) 增大了切削厚度。积屑瘤前段伸出切削刃之外，影响了工件的加工精度。

（4）增大已加工表面的表面粗糙度。积屑瘤挤压已加工表面，在其上出现较深的宽窄不同的犁沟，使表面粗糙度值增大。

因此粗加工时产生积屑瘤有一定好处，但精加工时产生积屑瘤对切削加工是有害的。

3. 积屑瘤的控制

影响积屑瘤形成的主要因素有切削速度、工件材料性能、刀具材料和冷却润滑条件等。所以控制积屑瘤的产生就应从这些因素入手。

（1）采用高速或低速切削，避开易产生积屑瘤的中速（5～50m/min）切削。一般使用高速钢刀具材料时采用低速，使用硬质合金刀具材料时采用高速。

（2）对工件材料采用适当的热处理，如正火、调质等，以提高其强度和硬度，降低塑性。

（3）减小进给量，增大前角，提高刀具刃磨质量，合理选用切削液，以减少摩擦，降低切削温度。

5.3.3　切削力与切削功率

在金属切削过程中，工件作用在刀具上的切削抗力称为切削力。它直接影响着切削热的产生，并进一步影响着刀具的磨损、使用寿命、加工精度和已加工表面的质量。在生产中，切削力又是计算切削功率，设计和使用机床、刀具、夹具的必要依据。因此，研究切削力的规律，对于分析生产过程和解决金属切削加工中的工艺问题都有重要意义。

1. 切削力的来源与分解

在金属切削过程中，切削抗力来源于三个方面：被切削金属层的弹、塑性变形抗力；刀具与切屑之间的摩擦阻力；刀具与工件表面之间的摩擦阻力。它们的合力称为总切削力，用 F 表示。以车外圆为例，如图 5.10 所示，切削力作用在主切削刃上某点的主剖面内。

总切削力是一个空间力，为了便于测量和计算，如图 5.10 所示，将总切削力 F 分解为三个互相垂直的分力。

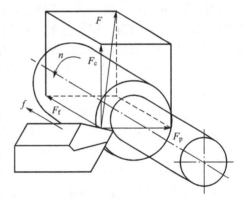

（1）主切削力 F_c。垂直于基面，与切削速度方向一致，又称主切削力或切向力。它是各分力中最大（占总切削力的 80%～90%）且消耗功率最多（占切削总功率的 90%）的一个分力。它是计算机床动力、刀具和夹具强度的依据，也是选择刀具几何形状和切削用量的依据。

图 5.10　切削分力与合力

（2）背向力 F_p。作用在基面内，并与刀具纵向进给方向垂直，又称为径向力。它切削时不消耗功率，但它作用于机床、工件刚性最弱的方向上，可使刀架后移和零件弯曲，引起振动，影响加工精度。它一般用来确定与工件有关的工件挠度、计算机床零件和刀具强度。

（3）进给力 F_f。作用在基面内，并与刀具进给方向平行，又称轴向力、进给抗力、走刀抗力。进给力也做功，但很小（占总功率的 1%～5%）。它作用于进给机构上，是设计和校验进给机构的依据。

总切削力与三个分力的关系如下。

$$F=\sqrt{F_c^2+F_p^2+F_f^2} \tag{5-7}$$

各切削分力可通过测力仪直接测出，也可运用建立在实验基础上的经验公式来计算。

2. 切削功率

切削功率 P_m 是三个切削分力消耗功率的总和，单位为 kW，但在车外圆时，背向力 F_p 消耗的功率为零，进给力 F_f 消耗的功率很小，一般可忽略不计。因此，切削功率 P_m 可用下式计算：

$$P_m=10^{-3}F_c v_c \tag{5-8}$$

在设计机床时，应根据切削功率确定机床电机功率 P_E，还要考虑机床的传动效率 η_m（一般取 0.75～0.85），于是

$$P_E \geqslant P_m/\eta_m \tag{5-9}$$

5.3.4 切削热和切削温度

1. 切削热的产生与传散

切削加工过程中，切削功几乎全部转换为热能，产生大量的热量。将这种产生于切削过程的热量称为切削热。其来源有以下三种。

(1) 切屑弹、塑变形所产生的热量是切削热的主要来源。

(2) 切屑与刀具前刀面之间的摩擦所产生的热量。

(3) 工件与刀具后刀面之间的摩擦所产生的热量。

随着刀具材料、工件材料、切削条件的不同，三个热源的发热量比例也是在变化的。

切削热产生以后，由切屑、工件、刀具及周围介质（如空气等）传出。各部分传出热量的比例取决于工件材料、切削速度、刀具材料及刀具几何形状。实验结果表明，车削时的切削热主要是由切屑传出去的。例如，用高速钢车刀及与之相适应的切削速度切削钢材时，切削热 50%～86%被切屑带走，10%～40%传入工件，3%～9%传入车刀，1%左右通过辐射传入空气。

传入切屑及介质中的热量越多，对加工越有利。而传入刀具及工件的热量越多越有害。传入刀具的热量会使刀具温度升高，加速刀具的磨损。传入工件的热量会使工件升温导致工件变形、产生形状和尺寸误差。

所以，在切削加工中如何减少切削热的产生、改善散热条件、降低切削区域的温度以及减少高温对刀具和工件的不良影响，是十分重要的。

2. 切削温度及其影响因素

切削温度一般是指切削区的平均温度。切削温度的高低取决于切削热产生的多少与传散热量的快慢程度两个方面。

影响切削温度的主要因素有切削用量、工件材料、刀具材料、刀具的几何角度及冷却条件。

5.3.5 刀具磨损和刀具耐用度

在切削过程中，刀具与工件和切屑间的强烈挤压、摩擦，会造成刀具的磨损。磨损后的刀

具切削刃变钝，以致无法再使用。对于可重磨刀具，经过重新刃磨以后，切削刃恢复锋利，仍可继续使用。这样经过使用、磨钝、刃磨锋若干个循环以后，刀具的切削部分便无法继续使用，而完全报废。刀具从开始切削到完全报废，实际切削时间的总和称为刀具总寿命。

1. **刀具磨损的形式与过程**

刀具正常时，按其发生的部位不同其磨损有后刀面磨损、前刀面磨损、前后刀面同时磨损三种形式，如图 5.11 所示。

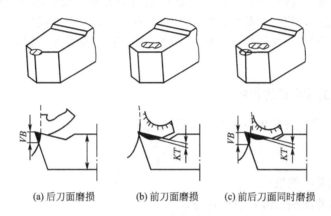

(a) 后刀面磨损　　(b) 前刀面磨损　　(c) 前后刀面同时磨损

图 5.11　刀具的磨损形式

刀具的磨损过程如图 5.12 所示，可分为三个阶段。

第一阶段（OA 段）称为初期磨损阶段，第二阶段（AB 段）称为正常磨损阶段，第三阶段（BC 段）称为急剧磨损阶段。经验表明，在刀具正常磨损阶段的后期、急剧磨损阶段之前，最好换刀重磨。这样既可保证加工质量又能充分利用刀具材料。

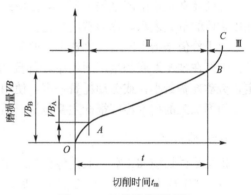

图 5.12　刀具的磨损过程

2. **影响刀具磨损的因素**

因为切削温度升高是加速刀具磨损的主要原因，所以影响刀具磨损的因素同影响切削温度的因素是相同的，即切削用量、工件材料、刀具材料、刀具切削部分的几何角度和冷却条件。

3. **刀具寿命与耐用度**

国际 ISO 标准统一规定，以 1/2 背吃刀量处主后刀面上测定的磨损带宽度 VB 作为刀具磨损标准，如图 5.11(a)、(c)所示。一把新刀（或重新刃磨过的刀具）从开始使用直至达到磨钝标准所经历的实际切削时间，称为刀具耐用度，以 T 表示。根据前面刀具总寿命的定义可知，对于不重磨刀具，刀具寿命等于刀具的耐用度；而对可重磨刀具，刀具总寿命则等于其耐用度乘以刃磨的次数。刀具的耐用度越长，两次刃磨或更换刀具之间的实际工作时间越长。

粗加工时，多以切削时间表示刀具耐用度。目前硬质合金焊接车刀的耐用度大致为60min，高速钢钻头的耐用度为 80～120min，硬质合金端铣刀的耐用度为 120～180min，齿轮刀具的耐用度为 200～300min。

精加工时，常以走刀次数或加工零件个数表示刀具耐用度。

5.4　切削加工技术经济分析

技术与经济是社会进行物质生产不可缺少的两个方面，在实际生产中它们密切联系、互相制约、互相促进，用最低的生产成本和最高的生产率生产出优质产品是每个机械制造企业的永恒追求。因此，在评价或制定一个技术方案时，要力求做到既在技术上先进，又在经济上合理。

5.4.1　切削加工的技术经济指标

技术方案的技术经济效果可用下式概括地描述。

$$E=\frac{V}{C} \tag{5-10}$$

式中　E——技术经济效果；

　　　V——输出的使用价值，也称效益；

　　　C——输入的劳动耗费。

劳动耗费是指生产过程中消耗与占用的劳动量、材料、动力、工具和设备等。这些往往以货币的形式表示，称为费用消耗。

使用价值是指生产活动创造出来的劳动成果，包括质量和数量两个方面。

人们在技术发展和生产活动中，都要力争取得最好的技术经济效果，即使用价值一定，劳动耗费最小；或劳动耗费一定，使用价值最大。

切削加工的技术经济指标主要包括产品质量、生产率和经济性。

1. 产品质量

机械零件切削加工后的质量包括加工精度和表面质量。

(1) 加工精度。是指零件在加工之后，其尺寸、形状、位置等几何参数的实际数值与图纸规定的理想零件的几何参数的符合程度。符合程度越高，加工误差越小，则加工精度越高。零件的加工精度包括尺寸精度、形状精度和位置精度三个方面。

① 尺寸精度。指的是表面本身的尺寸精度（如圆柱面的直径）和表面间的尺寸精度（如孔间距离等）。尺寸精度的高低用尺寸公差的大小来表示。

国家标准 GB/T 1800.1—2009 规定，标准公差分成 20 级，即 IT01、IT0 和 IT1～IT18，IT 表示标准公差，数字越大，精度越低。IT01～IT13 用于配合尺寸，其余用于非配合尺寸。

② 形状精度。指的是实际零件表面与理想表面之间在形状上的接近程度，如圆柱度、圆度、平面度等。

③ 位置精度。指的是表面、轴线或对称面之间的实际位置与理想位置接近的程度，如同轴度、位置度、平行度、垂直度等。

影响加工精度的因素很多，如机床、刀具、夹具本身的制造误差及使用过程的磨损；

零件的安装误差；切削过程中由于切削力、夹紧力以及切削热的作用引起的工艺系统变形所造成的误差，以及测量和调整误差等。

由于在加工过程中影响加工精度的因素很多，所示不同的加工方法会得到不同的加工精度，即使是同一加工方法，在不同的加工条件下所能达到的加工精度也不同。甚至在相同的条件下采用同一种方法，如果多费一些工时，细心地完成每一项操作，也能提高加工精度。但这样做降低了生产率，增加了生产成本，因而是不经济的。所以，通常所说的某种加工方法所能达到的加工精度，是指在正常条件下（正常的设备、合理的工时定额、一定设备操作熟练程度的工人）所获得的加工精度，称为经济精度。相应的表面粗糙度称为经济表面粗糙度。各种切削加工方法所能达到的经济精度和经济表面粗糙度见表 5-2。

表 5-2　各种切削加工方法所能达到的经济精度和经济表面粗糙度

表面要求	加工方法	经济粗糙度 Ra/μm	表面特征	应用举例	经济精度
不加工			清除毛刺	铸、锻件的不加工表面	IT16～IT14
粗加工	粗车、粗铣、粗刨、粗钻、粗锉	50	有明显可见刀纹	静止配合面、底板、垫块	IT13～IT10
		25	可见刀纹	静止配合面、螺钉不结合面	IT10
		12.5	微见刀纹	螺母不结合面	IT10～IT8
半精加工	半精车、半精铣、半精刨、半精磨	6.3	可见加工痕迹	轴、套不结合面	IT10～IT8
		3.2	微见加工痕迹	要求较高的轴、套不结合面	IT8～IT7
		1.6	不见加工痕迹	一般的轴、套结合面	IT8～IT7
精加工	精车、精刨、精铣、精铰、精刮	0.8	可辨加工痕迹的方向	要求较高的结合面	IT8～IT6
		0.4	微辨加工痕迹的方向	凸轮轴轴颈、轴承内孔	IT7～IT6
		0.2	不辨加工痕迹的方向	活塞销孔、高速轴颈	IT7～IT6
超精加工	精磨、研磨、珩磨、镜面磨	0.1	暗光泽面	滑阀工作面	IT7～IT5
		0.05	亮光泽面	精密机床主轴轴颈	IT6～IT5
		0.025	镜状光泽面	量规	IT6～IT5
		0.012	雾状光泽面	量规	≤IT5
		0.008	镜面	量块	≤IT5

设计零件时，首先应根据零件的使用性能来决定选用哪一级精度，其次还应考虑现有的设备条件和加工费用的高低。总之，选择精度的原则是在保证能达到技术要求的前提下，选用较低的精度等级。

（2）表面质量。已加工表面质量（也称表面完整性）包括表面粗糙度、表层加工硬化的程度和深度、表层残余应力的性质和大小。

① 表面粗糙度。无论用何种方法加工，零件表面总会留下细微的凸凹不平的刀痕，出现交错起伏的峰谷现象，粗加工后的表面用眼就能看到，精加工后的表面用放大镜或显微镜也能观察到。这种已加工表面具有的较小间距和微小峰谷的不平度，称为表面粗糙度。

国家标准 GB/T 1031—2009《产品几何技术规范(GPS)表面结构 轮廓法 表面粗糙度参数及其数值》规定，表面粗糙度分为 14 个等级，表面粗糙度以参数 Ra 或 Rz 表示。各种切削加工方法所能达到的经济加工精度、经济表面粗糙度及其应用实例见表 5-2。

表面粗糙度与零件的配合性质、耐磨性和抗腐蚀性等有着密切的关系，它影响机器或仪器的使用性能和寿命。为了保证零件的使用性能，要限制表面粗糙度的范围。在一般情况下，零件表面的尺寸精度、形状和位置精度要求越高，表面粗糙度的数值越小。但有些零件的表面，出于对外观或清洁的考虑，要求光亮，而其精度不一定要求高，如机床手柄、面板等。

② 已加工表面的加工硬化和残余应力。切削塑性材料时，经切削变形后，往往发现零件已加工表面的强度和硬度比零件材料原来的强度和硬度有显著提高，这种现象称为加工硬化。零件表层的硬化，可以提高零件的耐磨性，同时也增大了表面层的脆性，降低了零件抗冲击的能力。

因此，对于重要的零件，除限制表面粗糙度外，还要控制其表层加工硬化的程度和深度，以及表层剩余应力的性质和大小。而对于一般零件，则主要规定其表面粗糙度的数值范围。

2. 生产率

在切削加工中，生产率常由单位时间内生产的零件数量来表示，即

$$R_o = \frac{1}{t_w} \tag{5-11}$$

式中 R_o——生产率；

   t_w——加工单个零件所需要的总时间。

在机床上加工单个零件所需要的总时间称为单件时间，它包括以下 3 个部分。

$$t_w = t_m + t_c + t_o \tag{5-12}$$

式中 t_m——基本工艺时间，它是直接改变零件尺寸、形状和表面质量所消耗的时间。对于切削加工来讲，则为切去切削层所消耗的时间(包括刀具的切入和切出时间在内)，也称为机动时间；

   t_c——辅助时间，是指在每个工序中为了完成基本工艺工作而需要做的辅助动作所消耗的时间，它包括装卸零件、操作机床、装卸刀具、试切和测量工作等辅助动作所需时间；

   t_o——其他时间，包括工人休息和生理需要时间，清扫切屑、收拾工具等清理、清扫、清洁时间。

所以，生产率又可表示为

$$R_o = \frac{1}{t_m + t_c + t_o} \tag{5-13}$$

由式(5-13)可知，提高切削加工的生产率，实际就是设法减少零件加工的基本工艺

时间、辅助时间及其他时间。

以车削外圆为例，如图 5.13 所示，基本工艺时间可用式(5-14)计算：

$$t_{\mathrm{m}} = \frac{l}{nf} \frac{h}{a_{\mathrm{p}}} = \frac{\pi d_{\mathrm{w}} l h}{1000 v_{\mathrm{c}} f a_{\mathrm{p}}} \qquad (5-14)$$

式中　l——车刀行程长度(mm)，$l = l_{\mathrm{w}}$(被加工外圆面长度)$+ l_1$(切入长度)$+ l_2$(切出长度)；

　　　d_{w}——零件待加工表面的直径(mm)；

　　　h——外圆面加工余量之半(mm)；

　　　v_{c}——切削速度(m/s)；

　　　f——进给量(mm/r)；

　　　a_{p}——背吃刀量(mm)；

　　　n——零件转速(r/s)。

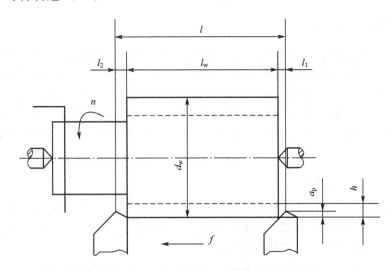

图 5.13　车削外圆时基本工艺时间的计算

综上所述，提高生产率的主要途径如下。

(1) 采用高速切削(即增大零件或刀具的速度)或强力切削，均可减少基本工艺时间，提高生产率。

(2) 采用多刃多刀加工、多件加工、多工艺等也能大大减少基本工艺时间，提高生产率；合理地选择切削用量，粗加工时采用强力切削(f 和 a_{p} 较大)，精加工时采用高速切削。

(3) 在可能的条件下，采用先进的毛坯制造工艺和方法，提高毛坯精度，减少加工余量。

(4) 采用先进机床设备及自动化控制系统，如在大批量生产中采用自动机床，多品种、小批量生产中采用数控机床、加工中心等。

3. 经济性

在制定切削加工方案时，应使产品在保证其使用要求的前提下制造成本最低。产品的制造成本是指费用消耗的总和，它包括毛坯或原材料费用，生产工人工资，机床设备的折旧管理费用，工具、夹具、量具等的折旧和修理费用，车间经费和企业管理费用。若将毛坯成本除外，单个零件切削加工的费用可用式(5-15)计算：

$$C_w = t_w M + \frac{t_m}{T}C_t = (t_m + t_c + t_o)M + \frac{t_m}{T}C_t \qquad (5-15)$$

式中　C_w——单个零件切削加工费用；

　　　　M——单位时间分担的全厂开支，包括工人工资、设备和工具折旧及管理费用等；

　　　　T——刀具的耐用度；

　　　　C_t——刀具刃磨一次的费用。

由式(5-15)可知，零件切削加工的成本包括工时成本和刀具成本两部分，并且受基本工艺时间、辅助时间、其他时间及刀具耐用度的影响。若要降低零件切削加工的成本，除节约全厂开支、降低刀具成本外，还要设法减少 t_m、t_c 和 t_o，并保证一定的刀具耐用度 T。

5.4.2　切削用量的合理选择

合理地选择切削用量，对于保证加工质量、提高生产率和降低加工成本有着重要的影响。在机床、刀具和工件等条件一定的情况下，切削用量的选择具有较大的灵活性和潜力。为了取得最大的技术经济效益，应当根据具体的加工条件，确定切削用量的合理组合。目前，工厂大多是通过《切削用量手册》、实践总结或工艺试验来选择切削用量。一组合理的切削用量应该是在满足高效率、低成本的条件下，加工出合乎质量要求的零件。

1. 切削用量选择的原则

从考虑生产效率出发，应尽量增大切削用量 a_p、f 及 v_c。事实上增大切削用量将会受到许多因素的限制，所以，对增大切削用量 a_p、f 和 v_c 的次序和程度应有所区别。一般选择切削用量时，应考虑以下主要限制因素。

(1) 保证加工质量，主要是保证被加工工件的表面粗糙度和精度要求。

(2) 不能超过机床允许的功率和转矩，不能超过工艺系统的刚性，但同时又能充分发挥它们的能力。

(3) 保证合理的刀具耐用度。

据上分析，选择切削用量的基本原则是粗加工时，从提高生产率的角度出发，首先选尽可能大的背吃刀量，其次要根据加工条件(机床功率和工艺系统刚性的限制条件)选取尽可能大的进给量，最后在刀具耐用度和机床功率允许的条件下选择尽可能大的切削速度；精加工时，主要考虑加工质量，这时加工余量较小，常选用较小的背吃刀量和进给量，以减少切削力，降低表面粗糙度，并选取较高的切削速度。只有在受到刀具等工艺条件限制不宜采用高速切削时才选用较低的切削速度。

2. 切削用量的选择

(1) 背吃刀量 a_p 的选择。背吃刀量要尽可能取得大些，不论粗加工还是精加工，最好一次走刀能把该工序的加工余量切完。如果一次走刀切除会使切削力太大，如果机床功率不足、刀具强度不够或产生振动，可将加工余量分为两次或多次完成。这时也应将第一次走刀的背吃刀量取得尽量大些，其后的背吃刀量取得相对小一些。

（2）进给量 f 的选择。粗加工时，一般对零件的表面质量要求不太高，进给量大小主要受工艺系统刚性的限制，这是因为背吃刀量选定后，进给量的大小就直接影响切削力的大小；精加工时，一般背吃刀量较小，切削力不大，限制进给量的因素主要是零件表面粗糙度。

（3）切削速度 v_c 的选择。在背吃刀量和进给量选定后，可根据合理的刀具耐用度，用计算法或查表法选择切削速度。粗加工时，由于切削力一般较大，切削速度主要受机床功率的限制；精加工时，切削力较小，切削速度主要受刀具耐用度的限制。

5.4.3　切削液的选用

用改变外部条件来影响和改善切削过程，是提高产品质量和生产率的有效措施之一，其中应用最广泛的是合理选择和使用切削液。

1．切削液的作用

（1）冷却作用。切削液浇注在切削区域内，可使刀具前、后面上的温度降低。其冷却效果主要取决于切削液的冷却性能、浇注量和冷却方法。水的冷却性能最好。

（2）润滑作用。切削液可渗透到刀具、切屑、工件之间形成润滑膜而起润滑作用。

（3）洗涤和排屑作用。切削时利用浇注切削液排除切屑，并冲洗附着在切削区域、机床上的细屑或磨粒。

（4）防锈作用。在切削液中加入防锈添加剂，与金属表面产生化学反应生成氧化膜，起到防锈、防蚀的作用。

2．切削液的种类

常用的切削液有两大类。

（1）非水溶性切削液。其主要是切削油，其主要成分是矿物油，少数采用动植物或复合油。这类切削液比热容小、流动性差，主要起润滑作用，也有一定的冷却作用。

（2）水溶性切削液。主要是水溶液（肥皂水、苏打水等）或乳化液。这类切削液比热容大、流动性好，主要起冷却作用，也有一定的润滑作用。在水类切削液中加入一定量的防锈剂或其他添加剂，可以改善其性能。

3．切削液的选用

切削液的种类很多，性能各异，通常应根据加工性质、工件材料和刀具材料等方面来选择合适的切削液。

（1）粗加工时，其主要要求冷却，同时希望降低一些切削力及切削功率，一般应选用冷却作用较好的切削液，如低浓度的乳化液等；精加工时，主要希望提高表面质量和减少刀具磨损，应选用润滑作用较好的切削液，如高浓度的乳化液或切削油。

（2）加工一般钢材时，通常选用乳化液或硫化切削油。加工铜合金和有色金属时，不宜采用含硫化油的乳化液，以免腐蚀工件。加工铸铁、青铜、黄铜等脆性材料时，为了避免崩碎的切屑进入机床运动部件，一般不用切削液。但在低速精加工中，为了提高表面质量，可用煤油作为切削液。

（3）高速钢刀具的耐热性较低，为了提高刀具耐用度，应根据加工的性质和工件材料选用合适的切削液。硬质合金刀具由于耐热性和耐磨性较好，一般不用切削液。如果要用，必须连续地、充分地供给，切不可断断续续，以免硬质合金刀片因骤冷骤热而开裂。

5.4.4 材料的切削加工性

1. 材料切削加工性的概念和衡量指标

材料切削加工性是指材料被切削加工成合格零件的难易程度。材料的切削加工性对刀具耐用度和切削速度的影响很大，对生产率和加工成本的影响也很大。材料的切削加工性越好，切削力和切削温度越低，允许的切削速度越高，被加工表面的粗糙度越小，也易于断屑。材料切削加工性的好坏往往是相对于另一种材料来说的，具体的加工条件和要求不同，加工的难易程度也有很大的差别。常用的材料切削加工性的表达指标主要有以下几种。

(1) 一定刀具耐用度下的切削速度 v_T。即在刀具耐用度确定的前提下，切削某种材料所允许的最高切削速度。允许的切削速度越高，材料的切削加工性越好。通常取 $T=60min$，则 v_T 可表达为 v_{60}。因为材料切削加工性的好坏是相对的，所以生产实践中规定某种材料的切削加工性用切削某种材料所允许的切削速度 v_{60} 与切削 45 钢（正火）的允许切削速度 v_{60} 的比值来衡量，该比值被称为相对加工性，用 K_v 来表示。由于把 45 钢（正火）的 v_{60} 作为比较的基准，故写作 $(v_{60})_j$，于是

$$K_v = v_{60}/(v_{60})_j \qquad (5-16)$$

常用材料的相对加工性分为 8 级，见表 5-3。凡 $K_v > 1$ 的材料，其切削加工性比 45 钢（正火）好，反之较差。

表 5-3 材料切削加工性分级

加工性等级	名称及种类		相对加工性 K_v	典型材料
1	很容易切削材料	一般有色金属	>3.0	5-5-5 铜铅合金，9-4 铝铜合金，铝镁合金
2	容易切削材料	易切削钢	2.5~3.0	15Cr 退火，$\sigma_b = 0.37~0.441GPa$ 自动机钢，$\sigma_b = 0.393~0.491GPa$
3		较易切削钢	1.6~2.5	30 钢正火，$\sigma_b = 0.441~0.549GPa$
4	普通材料	一般钢及铸铁	1.0~1.6	45 钢、灰铸铁
5		稍难切削材料	0.65~1.0	2Cr13 调质钢，$\sigma_b = 0.834GPa$ 85 钢，$\sigma_b = 0.883GPa$
6	切削材料	较难切削材料	0.50~0.65	45Cr 调质钢，$\sigma_b = 1.03GPa$ 65Mn 调质钢，$\sigma_b = 0.932~0.981GPa$
7		难切削材料	0.15~0.50	50CrV 调质钢，1Cr18Ni9Ti，某些钛合金
8		很难切削材料	<0.15	某些钛合金，铸造镍基高温合金

(2) 已加工表面质量。凡较容易获得好的表面质量的材料，其切削加工性较好；反之

则较差。精加工时，常以此为衡量指标。

（3）切屑控制或断屑的难易。凡切屑较容易控制或易于断屑的材料，其切削加工性较好；反之较差。在自动机床或自动生产线上加工时，常以此为衡量指标。

（4）切削力。在相同的切削条件下，凡切削力较小的材料，其切削加工性较好；反之较差。在粗加工时，当机床刚度或动力不足时，常以此为衡量标准。

v_T 和 K_v 是最常用的切削加工性指标，对于不同的加工条件都能适用。

2. 改善材料切削加工性的主要途径

材料的使用要求经常与其切削加工性发生矛盾。这就要求加工部门应与设计部门、冶金部门密切配合，在保证零件使用性能的前提下，通过各种途径来改善材料的切削加工性。

（1）对切削材料进行热处理改变材料的显微组织，以改善切削加工性。例如，对高碳钢进行球化退火来降低硬度，对低碳钢进行正火来降低塑性，都能够改善切削加工性。又如，铸铁在切削加工前进行退火可降低表层硬度，特别是白口铸铁，在高温下长时间退火，变成可锻铸铁，能使切削加工较容易进行。

（2）调整材料的化学成分来改善其切削加工性。在钢中适当添加某些元素，如硫、铝等，可使其切削加工性得到显著改善，这样的钢称为易切削钢；在不锈钢中加入少量的硒，在铜合金中加铝，在铝中加入铜、铅和铋，均可改善其切削加工性。

（3）其他辅助性加工。例如，低碳钢经过冷拔可以降低塑性，改善材料的力学性能，也改善材料的切削加工性。

5.5 金属切削机床

金属切削机床（简称机床）是对金属工件进行切削加工的机器，是制造机器的机器，也称工具机或工作母机。机床的基本功能是为被切削的工件和所使用的刀具提供必要的运动、动力和相对位置。

5.5.1 机床的分类和结构

1. 机床的分类

由于机器零件的种类繁多，因此用来加工零件的机床也必须有多种多样的品种、规格和性能。为了便于区别、管理和使用机床，则需要将品种繁多的机床进行分类。我国主要是根据机床的加工性能和加工时所用的刀具对机床进行分类，共分为车床（C）、钻床（Z）、镗床（T）、铣床（X）、拉床（L）、磨床（M）、刨插床（B）、齿轮加工机床（Y）、螺纹加工机床（S）、特种加工机床（D）、锯床（G）和其他机床（Q）十二大类。并按照一定的规律给予相应的代号，这就是机床的型号。

按照 GB/T 15375—2008《金属切削机床 型号编制方法》规定，我国机床的型号由汉语拼音字母和阿拉伯数字按一定规律排列组成，用以反映机床的种类、主要参数、使用及结构特性，具体表示方法如下。

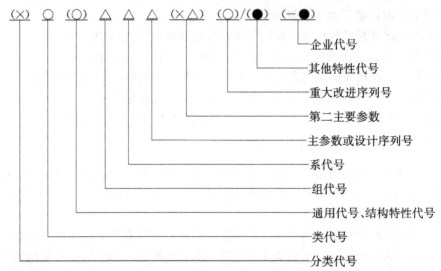

注：△表示数字；○表示大写汉语拼音或英文字母；括号中表示可选项，当无内容时不表示，有内容时则不带括号；●表示大写汉语拼音字母或阿拉伯数字，或两者兼而有之。

下面举例说明机床的型号。

M1432QA 万能外圆磨床

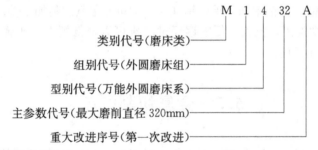

YM3150E 精密滚齿机

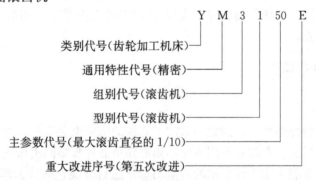

机床除了按加工性能和所使用的刀具进行分类以外，还有其他一些分类方法。

按照万能性程度可分为通用机床、专门化机床和专用机床。

通用机床又称万能机床，这类机床可以加工多种零件的不同工序，加工范围广，但结构复杂，例如普通车床、万能升降台铣床、万能外圆磨床等。专门化机床是专门用来加工某一类(或几类)零件某一特定工序的，例如凸轮轴车床、汽缸珩磨机、齿轮加工机床等。

专用机床是用来加工某一零件的特定工序，是根据特定工序的工艺要求专门设计、制造的，具有专用、高效、自动化和易于保证加工精度等特点；但设计、制造周期长，造价昂贵，不能适应产品的更新，例如各种类型的组合机床。

按照自动化程度，机床又可分为普通、半自动和自动机床。

按照重量的不同，机床又有仪表机床、一般机床、大型机床和重型机床之分。

2. 机床的结构

在各类机床中，切削加工中最基本的机床有五大类，即车床、钻床、刨床、铣床和磨床。其他机床都是这五类机床的演变和发展。表5-4中列出了基本机床的外形图、切削运动以及所用的刀具等。

表5-4 基本机床的外形图

机床类型	加工表面	刀具	切削运动		机床结构简图
			刀具	工作	
钻床	立式	小孔(钻孔、扩孔、铰孔)、螺纹(攻螺纹、套螺纹)、小端面(锪平面)	钻头、扩孔钻、铰刀、丝锥	固定不动	
	摇臂				

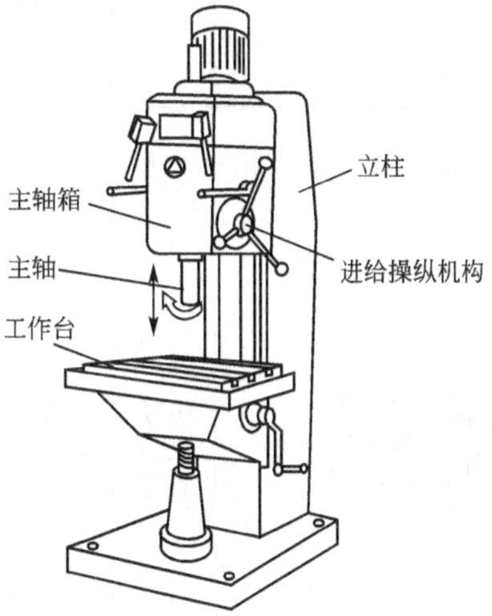

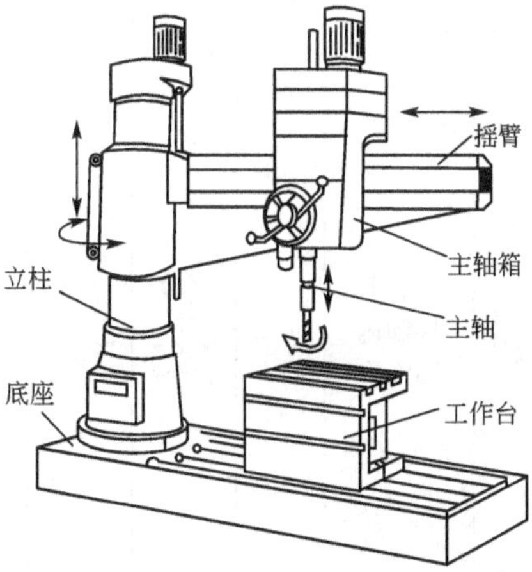

（续）

机床类型		加工表面	刀具	切削运动		机床结构简图
				刀具	工作	
铣床	卧铣	平面、沟槽、成形表面、孔及端面	铣刀			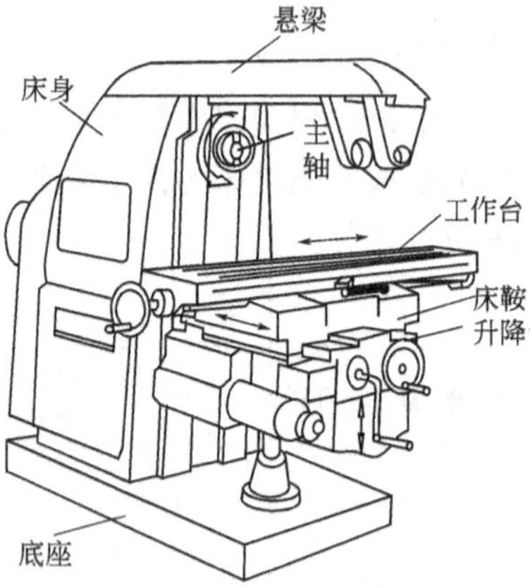
磨床	外圆磨床	内、外圆柱和圆锥面	砂轮			
	内圆磨床	内圆柱和内圆锥面				

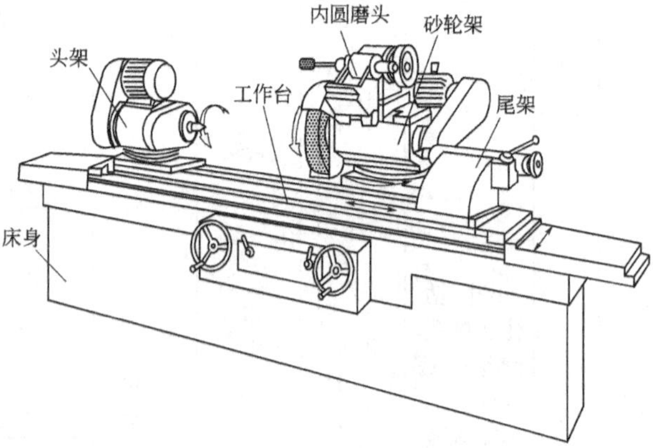

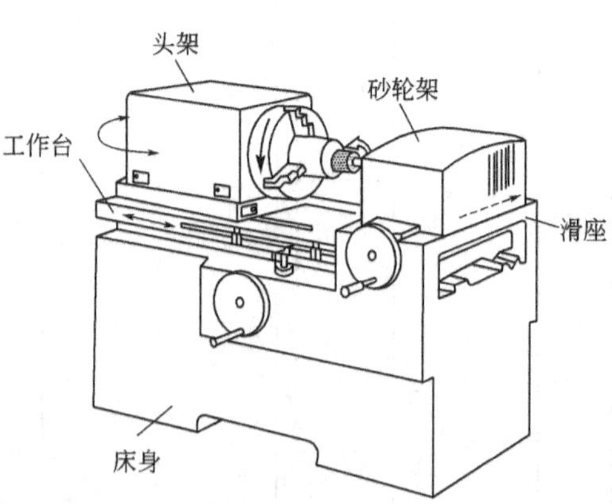

（续）

机床类型	加工表面	刀具	切削运动		机床结构简图
			刀具	工作	
磨床 卧式平面磨床	平面	砂轮			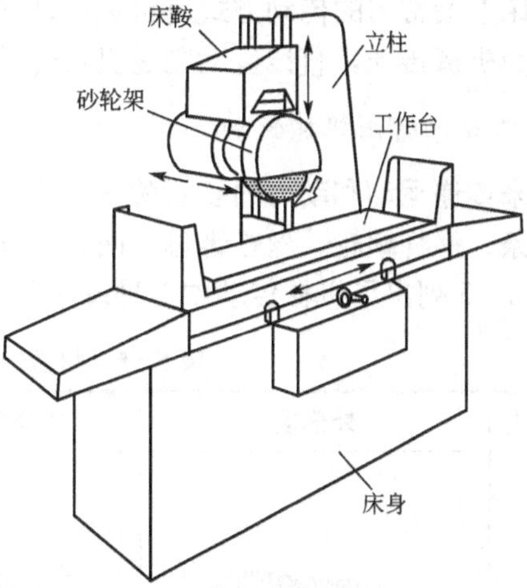
立式平面磨床	平面	砂轮			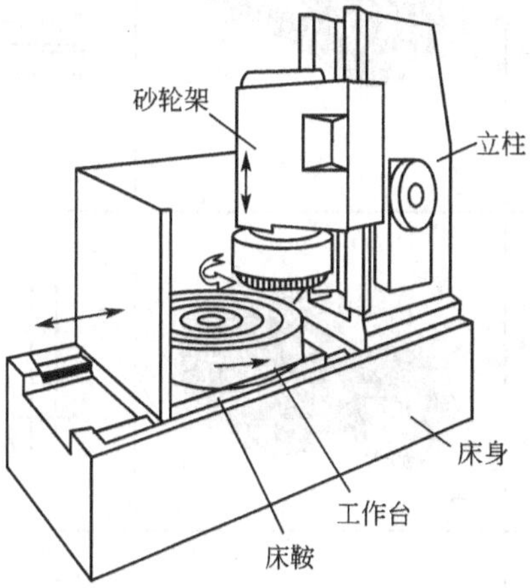

表 5-4 中这些机床的外形、布局和构造各不相同，但归纳起来，它们都是由如下几个主要部分组成的。

（1）主传动部件。用来实现机床的主运动，如车床、钻床、铣床的主轴箱等。

（2）进给传动部件。用来实现机床的进给运动，同时也用来实现机床的调整、快速进、退刀运动等，如车床、钻床、铣床的进给箱。

（3）工件安装部件。用来装夹工件的部件，如车床的卡盘、尾架，钻床、铣床等的工作台。

（4）刀具安装部件。用来装夹刀具的部件，如车床的刀架、铣床的刀轴、磨床的砂轮轴等。

（5）支承部件。是机床的基础部件，主要用来支承和连接机床的各零部件，如各类机床的床身、立柱、底座等。

（6）动力部件。是为机床提供动力的部件，如电动机等。

5.5.2 机床的传动

机床上最常用的传动方式有机械传动和液压传动，此外还有电气传动。机床上的回转运动多为机械传动，直线运动则是机械传动和液压传动都有。

1. 机床的常用机械传动

用来传递运动和动力的装置称为传动副。机械传动中最常用的传动副有皮带、齿轮、齿轮齿条、蜗杆蜗轮、丝杠螺母、曲柄摆杆、棘轮棘爪等。

表 5-5 列出了机械传动中五种基本传动副的传动比计算及各自的特点。

表 5-5 机械传动的五种基本传动副

传动形式	外形图	符号图	传动比	优缺点
皮带传动		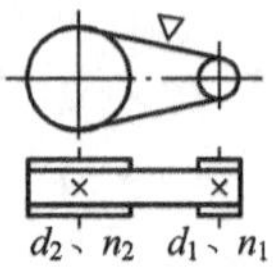 d_2、n_2 d_1、n_1	$i_{I\text{-}II}$ $=n_2/n_1$ $=d_1/d_2$	优点：中心距变化范围大；结构简单；传动平稳；能吸收振动和冲击；可起安全装置作用。 缺点：外廓尺寸大；轴上承受的径向力大；传动比不准确；三角胶带长，寿命不够
齿轮传动		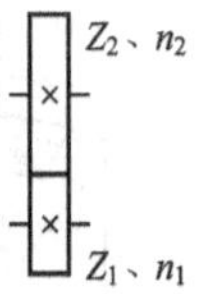 Z_2、n_2 Z_1、n_1	$i_{I\text{-}II}$ $=z_1/z_2$	优点：外廓尺寸小；传动比准确；传动效率高；寿命长。 缺点：制造较复杂；精度不高时传动不平稳；有噪音
齿轮齿条传动		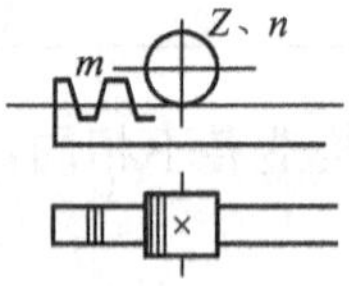 m Z、n	$v=\pi mzn/60$ （mm/s）	优点：可把旋转运动变成直线运动，或反之；传动效率高，结构紧凑。 缺点同上
蜗杆蜗轮传动		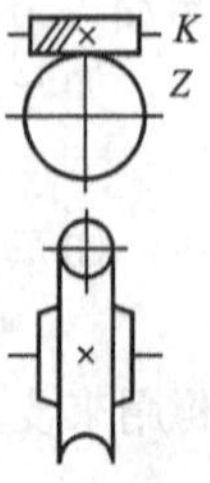 K Z	$i_{I\text{-}II}=k/z$	优点：可获得较大的减速比；传动平稳；无噪音；结构紧凑；可以自锁。 缺点：传动效率低；需要良好的润滑；制造较复杂

（续）

传动形式	外形图	符号图	传动比	优缺点
丝杠螺母传动		 T、n	$v=nT/60(\text{mm/s})$	优点：可把旋转运动变成直线运动，应用普遍；工作平稳，无噪音。 缺点：传动效率低

　　为实现某一运动的要求，需要把许多传动副依次地联系起来，组成链式的传动，这就是传动链。

　　为了便于分析传动链中的传动关系，对各种传动件规定了简化符号（表 5－6）。

表 5－6　常用传动件的简化符号

名称	图形	符号	名称	图形	符号
轴			齿轮传动		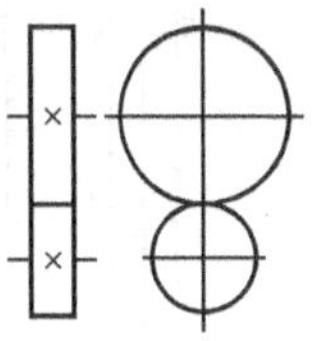
滚动轴承		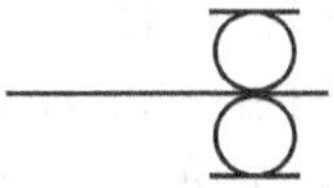	齿轮齿条传动		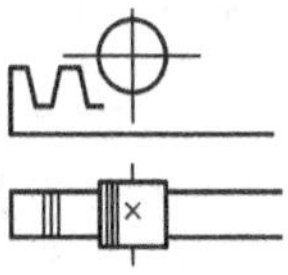
双向摩擦离合器		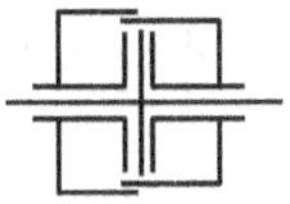	滑动轴承		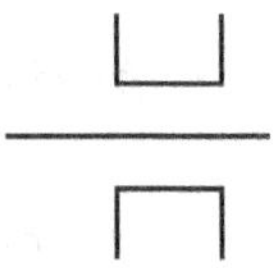
螺杆传动（整体螺母）			推力轴承	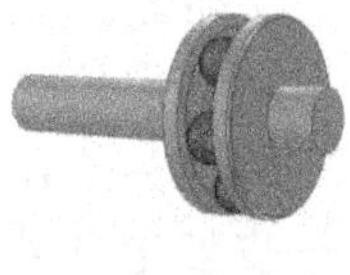	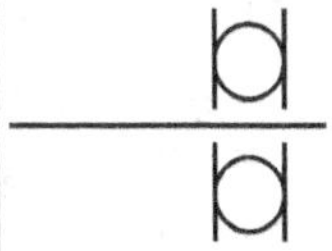
平带传动		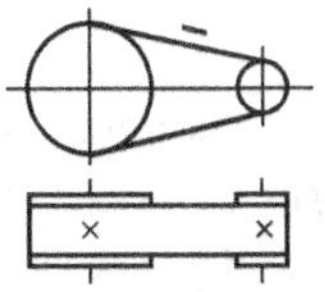	双向滑动轴承		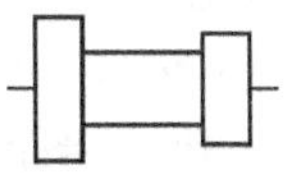

（续）

名称	图形	符号	名称	图形	符号
螺杆传动(开合螺母)			蜗杆传动		
V带传动			锥齿轮传动		

图 5.14 是由皮带、齿轮、蜗轮蜗杆和齿轮齿条组成的传动链。在分析计算传动链时常用的方法是，首先要搞清楚该传动链两端的首末端件是什么，然后按传动的先后次序列出传动结构式（传动路线），再依据传动要求找出首末端件间的运动量的关系（计算位移），最后根据传动结构式和计算位移列出运动平衡式。

图示传动链的首端件是小皮带轮 d_1，末端件是齿条。运动经小带轮 d_1、传动带和大带轮 d_2、再经圆柱齿轮 z_1、z_2、z_3、z_4、蜗杆蜗轮 k、z_k 和齿轮齿条 z、m 将输入的旋转运动转变为直线运动，实现了运动的传递。

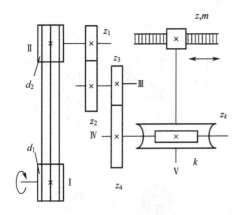

图 5.14　传动链

传动结构式为

$$\frac{d_1}{d_2} \rightarrow \frac{z_1}{z_2} \rightarrow \frac{z_3}{z_4} \rightarrow \frac{k}{z_k} \rightarrow 齿轮齿条$$

计算位移是皮带轮 d_1 转一转，齿条移动的距离；或小皮带轮转 n_1 转，齿条移动的距离 s。

运动平衡式如式(5-17)。

$$n_1 \times \frac{d_1}{d_2} \times \varepsilon \times \frac{z_1}{z_2} \times \frac{z_3}{z_4} \times \frac{k}{z_k} \times \pi m z = s \qquad (5-17)$$

式中　　d_1、d_2——皮带轮直径；

　z_1、z_2、z_3、z_4——传动齿轮的齿数；

　　　k、z_k——蜗杆头数和蜗轮齿数；

　　　ε——皮带轮打滑系数，一般取 0.98；

　　　z、m——和齿条相啮合的小齿轮的齿数和模数。

上式可改写成

$$n_1 \times i_1 \times i_2 \times i_3 \times i_4 \times \varepsilon \pi m z = s \qquad (5-18)$$

小皮带轮 d_1 和齿轮 z 之间的总传动比 I 为

$$I = i_1 \times i_2 \times i_3 \times i_4 \qquad (5-19)$$

式中　$i_1 \sim i_4$——分别为传动链中相应传动副的传动比；

　　　　I——为传动链的总传动比，即传动链的总传动比等于组成传动链各传动副传动比的乘积。

运动平衡式不仅可用于计算传动链中各传动机构的转速、末端件的位移，而且在机床调整时，还可用来计算配换挂轮的齿数。

2. 机床常用的变速机构

机床的传动装置应保证加工时能得到最有利的切削速度。机床上各种不同的切削速度是由传动系统中不同的变速机构来实现的。

机床的传动系统中常用的变速机构见表 5-7。

表 5-7　变速机构

传动形式	外形图	符号图	传动链及传动比	优缺点
塔轮变速			$I \rightarrow \left\{ \begin{array}{c} \dfrac{d_1}{d_4} \\ \dfrac{d_2}{d_5} \\ \dfrac{d_3}{d_6} \end{array} \right\} \rightarrow II$	优点：中心距变化范围大；结构简单；传动平稳；能吸收振动和冲击；可起安全装置作用　缺点：外廓尺寸大；轴上承受的径向力大；传动比不准确；三角胶带长；寿命不够
滑移齿轮变速			$I \rightarrow \left\{ \begin{array}{c} \dfrac{z_1}{z_4} \\ \dfrac{z_2}{z_5} \\ \dfrac{z_3}{z_6} \end{array} \right\} \rightarrow II$	优点：外廓尺寸小；传动比准确；传动效率高；寿命长　缺点：制造较复杂；精度不高时传动不平稳；有噪音
摆动齿轮变速			$I \rightarrow \left\{ \begin{array}{c} \dfrac{z_1}{z_6} \\ \dfrac{z_2}{z_6} \\ \dfrac{z_3}{z_6} \end{array} \right\} \rightarrow II$	优缺点同上。不同之处：外形尺寸更小；结构刚度低；传递力矩不宜大

（续）

传动形式	外形图	符号图	传动链及传动比	优缺点
离合器式齿轮变速			$I \longrightarrow \begin{Bmatrix} \dfrac{z_1}{z_3} \\ \dfrac{z_2}{z_4} \end{Bmatrix} \longrightarrow II$	优点：传动比准确；寿命长 缺点：制造较复杂；精度不高时传动不平稳；有噪音；齿轮总是处于啮合状态，磨损大、传动效率低

3. CA6140 型普通车床的传动系统分析

为了便于了解和分析机床的传动情况，可利用机床的传动系统图。机床的传动系统图是表示机床全部运动关系的示意图。在图中用简单的规定符号代表各传动部件和机构（表 5-6），并把它们按照运动传递的先后次序以展开图的形式画在投影图上。传动图只能表示传动关系，不能代表各元件的实际尺寸和空间位置。

普通车床的传动系统由主运动传动链、车螺纹传动链、纵向进给传动链和横向进给传动链组成。图 5.15 为 CA6140 车床的传动系统图。看懂传动系统图是认识机床和分析机

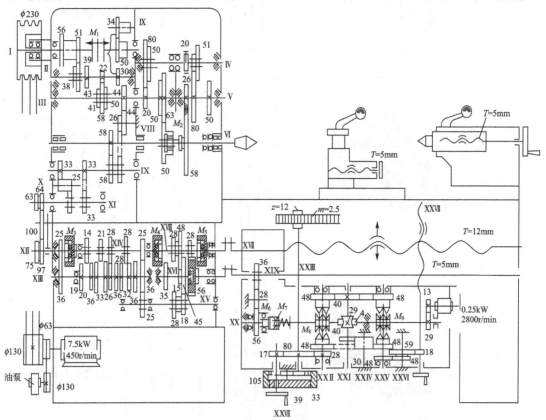

图 5.15　CA6140 车床传动系统

床的基础。如前所述，通常的方法是"抓两端，连中间"，也就是说，在了解某传动链的传动路线时，首先应搞清楚此传动链的首末件是什么。知道了首末件，然后再找它们之间的传动关系，就可很容易找出传动路线。

1) 主运动传动链

主运动传动链的功用是把电动机的运动传给主轴，使主轴带动工件实现主运动。因此，主运动传动链的首末件是电动机和主轴。普通车床的主轴应能变速及换向，以满足对各种工件的加工要求。

(1) 传动路线。通过分析传动图，可写出主运动传动链的结构式为

电动机
7.5kW
1450r/min
$\xrightarrow{\frac{\phi 130}{\phi 230}}$ I $\rightarrow$
$\begin{cases} M_1左 \rightarrow \begin{cases} \frac{56}{38} \\ \frac{51}{43} \end{cases} \longrightarrow \\ M_1右 \rightarrow \frac{50}{34} \rightarrow VI \rightarrow \frac{34}{30} \end{cases}$
$\rightarrow$ II $\rightarrow$
$\begin{cases} \frac{39}{41} \\ \frac{22}{58} \\ \frac{30}{50} \end{cases}$

III $\rightarrow$
$\begin{cases} \begin{cases} \frac{20}{80} \\ \frac{50}{50} \end{cases} \rightarrow IV \rightarrow \begin{cases} \frac{20}{80} \\ \frac{51}{50} \end{cases} \rightarrow V \rightarrow \frac{26}{58} \rightarrow M_2 \\ \underline{\hspace{3cm}} \frac{63}{50} \underline{\hspace{3cm}} \end{cases}$ $\rightarrow$ 主轴

(2) 主轴的转速及转速级数。主轴的转速可按下列运动平衡式计算：

$$n_主 = 1450 \times \frac{130}{230} \times \varepsilon \times i_{I-II} \times i_{II-III} \times i_{III-IV} \text{(r/min)} \qquad (5-20)$$

式中　　　　　　ε——V 带打滑系数，$\varepsilon = 0.98$；

i_{I-II}、i_{II-III}、i_{III-IV}——分别为轴 I—II、II—III、III—IV 间的可变传动比。

主轴最高转速为 $n_{max} = 1450 \times \frac{130}{230} \times 0.98 \times \frac{56}{38} \times \frac{39}{41} \times \frac{63}{51} \approx 1440 \text{(r/min)}$

主轴最低转速为 $n_{min} = 1450 \times \frac{130}{230} \times 0.98 \times \frac{51}{43} \times \frac{22}{58} \times \frac{20}{80} \times \frac{20}{80} \times \frac{26}{58} \approx 10 \text{(r/min)}$

由传动图上可以看出，主轴名义上可获得 $2 \times 3 \times (1+2 \times 2) = 30$ 级正转转速，但由于 i_{III-IV} 的四种传动比中有两个均为 1/4，因此，主轴实际上只能获得 $2 \times 3 \times (1+3) = 24$ 级正转转速；反转转速也只有 $3 \times (1+3) = 12$ 级。

2) 进给运动传动链

进给运动传动链是使刀架实现纵向或横向移动的传动链，始端件为主轴，末端件是刀架。进给运动的动力也来源于主电动机。进给运动的传动路线为运动从主轴 VI 经轴 IX（或再经轴 X 上的中间齿轮 225）传至轴 XI，再经交换齿轮传至轴 XII，然后传入进给箱。从进给箱传出的运动：一条传动路线是经丝杠 XIX 带动溜板箱，使刀架纵向运动，这是车削螺纹的传动路线；另一条传动路线是经光杠 XX 和溜板箱内的一系列传动机构，带动刀架作纵向或横向的进给运动，这是一般机动进给的传动路线（其余可参阅相关教材）。

3) 机床机械传动的组成

由以上普通车床的传动系统分析可知，机床机械传动系统由以下几部分组成。

(1) 定比传动机构。具有固定传动比或固定传动关系的传动机构，例如前面介绍的几种常用的传动副。

（2）变速机构。改变机床部件运动速度的机构。例如，图5.15中主轴箱的轴Ⅰ、Ⅱ、Ⅲ、Ⅳ、Ⅴ间采用的为滑动齿轮变速机构，轴Ⅲ、Ⅵ和Ⅴ、Ⅶ间采用的为离合器式齿轮变速机构等。

（3）换向机构。变换机床部件运动方向的机构。为了满足加工的不同需要（例如车螺纹时刀具的进给和返回，车右旋螺纹和左旋螺纹等），机床的主传动部件和进给传动部件往往需要正、反向的运动。机床运动的换向，可以直接利用电动机反转，也可以利用齿轮换向机构等。例如，图5.15主轴箱中Ⅰ、Ⅱ和Ⅸ、Ⅺ轴间及溜板箱中ⅩⅪ、ⅩⅫ和ⅩⅪ、ⅩⅩⅤ轴间等都用了换向齿轮。

（4）操纵机构。用来实现机床运动部件变速、换向、启动、停止、制动及调整的机构。机床上常见的操纵机构包括手柄、手轮、杠杆、凸轮、齿轮齿条、拨叉、滑块及按钮等。

（5）箱体及其他装置。箱体用以支承和连接各机构，并保证它们相互位置的精度。为了保证传动机构的正常工作，还要设有开停装置、制动装置、润滑与密封装置等。

4）机械传动的优缺点。机械传动与液压传动、电气传动相比较，其主要优点如下。

（1）传动比准确，适用于定比传动；

（2）实现回转运动的结构简单，并能传递较大的转矩；

（3）故障容易发现，便于维修。

但是，机械传动一般情况下不够平稳；制造精度不高时，振动和噪声较大；实现无级变速的机构成本高。因此，机械传动主要用于速度不太高的有级变速传动。

4. 液压传动

1）液压传动原理

除机械传动外，液压传动在机床上也得到了广泛的应用。例如，磨床工作台的直线往复进给运动采用液压传动。图5.16是简化的磨床工作台液压系统。

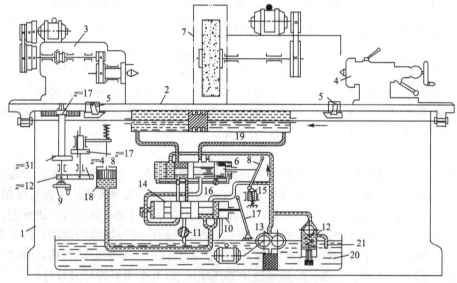

图5.16 外圆磨床液压传动示意图

1—床身；2—工作台；3—头架；4—尾架；5—挡块；6—换向阀；7—砂轮罩；8—杠杆；9—手轮；10—滑阀；11—节流阀；12—安全阀；13—油泵；14—油泵；15—弹簧帽；16—油阀；17—杠杆；18—油筒；19—油缸；20—油箱；21—回油管

如图 5.16 所示，液压系统工作时，电动机带动油泵 13 将油箱 20 中的低压油变为高压油，压力油经管路输送到换向阀 6，流到油缸 19 的右端或左端，使工作台 2 向左或向右作进给运动。此时油缸 19 另一端的油，经换向阀 6、滑阀 10 及节流阀 11 流回油箱。节流阀 11 是用来调节工作台运动速度的。

工作台的往复换向动作是由挡块 5 使换向阀 6 的活塞自动转换实现的。挡块 5 固定在工作台 2 侧面槽内，按照要求的工作台行程长度，调整两挡块之间的距离。当工作台向左移动到行程终了时，挡块 5 先推动杠杆 8 到垂直位置；然后借助作用在杠杆 8 滚柱上的弹簧帽 15 使杠杆 8 及活塞继续向左移动，从而完成换向动作。此时工作台 2 向右移动到行程终了时，挡块 5 先推动杠杆 8 到垂直位置；然后借助作用在杠杆 8 滚柱上的弹簧帽 15 使杠杆 8 及活塞继续向右移动，从而完成换向动作。如此往复循环，便实现了工作台的直线往复进给运动。

2) 液压传动的特点

与机械传动比较，液压传动的主要特点如下。

(1) 容易在比较大的范围内实现无级变速。

(2) 在与机械传动输出功率相同的条件下，液压传动的体积小、重量轻，惯性小、动作灵敏。

(3) 传动平稳、操作方便、容易实现频繁的换向和过载保护，也便于采用电液联合控制，实现自动化。

(4) 机件在油液中工作，润滑条件好，寿命长，但存在泄漏现象。

(5) 油液有一定的可压缩性，油管也会产生弹性变形，因此不能实现定比传动，而且运动速度随油温和载荷而变化。

(6) 液压元件制造精度高，需采用专业化生产。

5.5.3　自动机床和数控机床简介

自动化生产是一种较理想的生产方式。在机械制造业中，对于大批量生产，采用自动机床或半自动机床、组合机床和专用机床组成的自动生产线(简称自动线)，可解决生产自动化的问题。对于中小批量生产的自动化，可应用数控机床实现。

1. 自动和半自动机床

经调整以后，不需人工操作便能完成自动循环加工的机床，称为自动机床。除装卸工件是由手工操作外，能完成半自动循环加工的机床，称为半自动机床。用机械程序控制的自动车床是自动机床的代表，其控制元件为靠模、凸轮、鼓轮等。在自动机床上，操作者的主要任务是在机床工作前根据加工要求调整机床，而在机床加工过程中，仅观察工作情况、检查加工质量、定期上料和更换已磨损刀具等。

图 5.17 表示单轴自动车床的工作原理。待加工棒料穿过空心主轴 3，并夹紧在弹簧夹头 2 中，主轴由胶带带动。刀具分别安装在横向刀架 7 和纵向刀架 4 上。棒料的送进、夹紧、切削和切断等各种动作都受分配轴 5 上的一系列凸轮机构控制。分配轴 5 由蜗轮机构带动后，其上的各凸轮机构便随之缓慢地匀速转动。送料鼓轮 12 通过杠杆拨动送料夹头 1 完成自动送料工作。夹料鼓轮 11 拨动杠杆控制弹性夹头 2 实现棒料的夹紧和松开。纵向进给凸轮 6 带动纵向进给刀架 4 使刀具实现纵向进给，盘形凸轮 8 通过杠杆带动横向进给

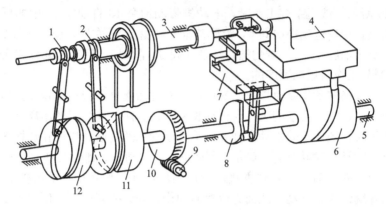

图 5.17　自动车床工作原理图

1—送料夹头；2—弹性夹头；3—空心主轴；4—纵向进给刀架；
5—分配轴；6—纵向进给凸轮；7—横向进给刀架；8—横向盘形
进给凸轮；9—蜗杆；10—蜗轮；11—夹料鼓轮；12—送料鼓轮；

刀架 7 完成切槽和切断动作。当分配轴 5 转动一周时，自动车床完成一个工作循环，也即加工出来一个完整的零件。

自动车床能够减轻工人劳动强度，提高生产率，稳定加工质量。

自动和半自动车床适于大批量生产形状不太复杂的小型零件，如螺钉、螺母、轴套、齿轮轮坯等。它的加工精度较低，生产率很高。但是，这种机械控制的自动机床，不仅基本投资较大，而且在变换产品时，需要根据新的零件设计和制造一套新的凸轮，并需重新调整机床，这势必花费大量的生产准备时间，生产周期较长，不能适应多品种、中小批量生产自动化的需要。

2. 数控机床

数字控制机床(简称数控机床)是一种安装了程序控制系统的机床，该系统能逻辑地处理具有使用数字或符号编码指令规定的程序。数控机床是综合应用了机械制造技术，微电子技术，信息处理、加工、传输技术，自动控制技术，伺服驱动技术，检测监控技术、传感器技术，软件技术等最新成果而发展起来的完全新型的自动化机床。它的出现和发展，有效地解决了多品种、小批量生产精密、复杂零件的自动化问题。

1) 数控机床的工作原理

数控机床把零件的全部加工过程记录在控制介质上，并输入机床的数控系统中，由数控装置发出指令码控制驱动装置，从而使机床动作加工零件。

数控机床的工作过程主要包括以下几个部分。

(1) 对零件图纸进行数控加工的工艺分析，确定其工艺参数并完成数控加工的工艺设计，包括对零件图形的数字处理。

(2) 编写加工程序单，并按程序单制作控制介质(纸带、磁带或磁盘)。

(3) 由数控系统阅读控制介质上的指令，并对其进行信号译码、计算，将结果以脉冲信号形式依次送往相应的伺服机构。

(4) 伺服机构根据接收到的信息和指令驱动机床相应的工作部件，使其严格按照既定的速度和位移量有顺序地动作，自动地实现零件的加工过程，加工出符合图纸要求的零件。

2）数控机床的组成

数控机床一般由信息载体、数控装置、伺服系统、测量反馈装置和机床主机等组成。

（1）信息载体。信息载体又称为控制介质，是人与被控对象之间建立联系的媒介，在信息载体上存储着数控设备的全部操作信息。信息载体有多种形式，目前一般采用微处理机数控系统，系统内存容量大大增加，数控系统内存 ROM 中有编程软件，零件程序也能直接保存在数控系统内存 RAM 中。

（2）数控装置。该装置接收来自信息载体的控制信息，完成输入信息的存储，并通过数据的变换、插补运算等将控制信息转换成数控设备的操作（指令）信号，使机床按照编程者的意图顺序动作，实现零件的加工。

现代数控机床的数控系统都应具备以下一些功能。

① 多坐标控制（多轴联动）。

② 实现多种函数的插补（直线、圆弧、抛物线等）。

③ 代码转换（EIA/ISO 代码转换、英制/公制转换、二-十进制转换、绝对值/增量值转换等）。

④ 人机对话，手动数据输入，加工程序输入、编辑及修改。

⑤ 加工选择，各种加工循环、重复加工、凹凸模加工等。

⑥ 可实现各种补偿功能，进行刀具半径、刀具长度、传动间隙、螺距误差的补偿。

⑦ 实现故障自诊断。

⑧ CRT 显示，实现图形、轨迹、字符显示。

⑨ 联网及通信功能。

（3）伺服系统。该系统是数控设备位置控制的执行机构。它的作用是将数控装置输出的位置指令经功率放大后，迅速、准确地转换为线位移或角位移来驱动机床的运动部件。

（4）检测装置。该装置用来检测数控设备工作机构的位置或者驱动电机转角等，用作闭环、半闭环系统的位置反馈。

（5）机床本体。与传统的机床相比，数控机床的外部造型、整体布局、传统系统与刀具系统的部件结构以及操作机构等方面都发生了很大的变化。这种变化的目的是为了满足数控技术的要求和充分发挥数控机床的特点。

数控机床在主机结构上有以下特点。

① 数控机床结构具有较高的动态刚度、阻尼精度及耐磨性，热变形较小。

② 数控机床大多采用了高性能的主轴及伺服系统，其机械传动结构大为简化，传动链较短，从而有效地保证了传动精度。

③ 普遍地采用了高效、无间隙传动部件，如滚珠丝杠传动副、直线滚动导轨、塑料导轨等。

④ 机床功能部件增多，如工作台自动换位机构、自动上下料、自动检测装置等。

（6）辅助装置。辅助装置是保证数控机床功能充分发挥所需的配套装置，包括冷却过滤装置、吸尘防护装置、润滑装置及辅助主机实现传动和控制的气动和液动装置。另外，从数控机床技术本身的要求来看，对刀仪、自动编程机、自动排屑器、物料储运及上下料装置也是必备的辅助装置。

3）数控机床的分类

（1）按工艺用途分类，分为金属切削类数控机床和金属成形类数控机床。

① 金属切削类数控机床。这类机床和传统的通用机床品种一样，有数控车床、数控铣床、数控磨床、数控镗床以及加工中心等。

② 金属成形类数控机床。这类机床有数控折弯机、数控弯管机、数控回转头压力机等。

（2）**按控制运动的方式分类**，分为点位控制数控机床、直线控制数控机床和轮廓控制数控机床。

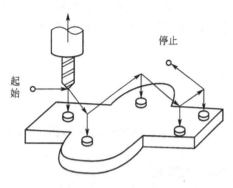

图 5.18　点位控制

① 点位控制数控机床。这类机床只对点位置进行控制，即机床的数控装置只控制刀具或机床工作台，从一点准确地移动到另一点。这类被控对象在移动时并不进行加工，所以移动的路径并不重要，如数控钻床、数控镗床和数控冲床等，如图 5.18 所示。

② 直线控制数控机床。这类机床不仅控制刀具或工作台从一点准确地移动到另一点，而且还要保证两点之间的运动轨迹为一条直线。刀具相对于工件移动的同时要进行加工，如数控车床、数控镗床、加工中心等，如图 5.19 所示。

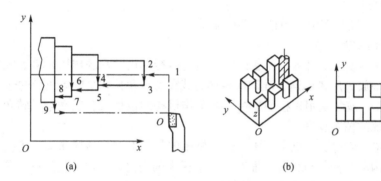

(a)　　　　　　　　　　　(b)

图 5.19　直线控制

③ 轮廓控制数控机床。该类系统对两个或两个以上的坐标轴同时进行控制，不仅能控制数控设备移动部件的起点和终点坐标，而且还能控制整个加工过程的轨迹及每一点的速度和位移量，如数控铣床、数控磨床等，如图 5.20 所示。

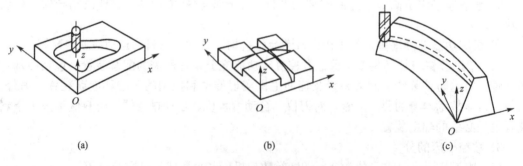

(a)　　　　　　　　　　　(b)　　　　　　　　　　　(c)

图 5.20　轮廓控制

（3）按伺服系统类型分类，分为开环控制系统、闭环控制系统和半闭环控制系统。

①开环控制系统。开环伺服系统一般由步进电动机、变速齿轮和丝杠螺母副等组成（图 5.21）。由于伺服系统没有检测反馈装置，不能对工作台的实际位移量进行检验，也不能进行误差校正，故其位移精度比较低。但开环伺服系统结构简单、调试维修方便、价格低廉，故适用于中、小型经济型数控机床。

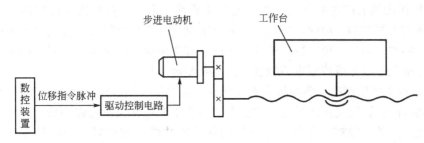

图 5.21　开环伺服系统结构框图

②闭环控制系统。这类机床通常由直流伺服电动机（或交流伺服电动机）、变速齿轮、丝杠螺母副和位移检测装置组成（图 5.22）。安装在机床工作台上的直线位移检测装置将检测到的工作台实际位移值反馈到数控装置中，与指令要求的位置进行比较，用差值进行控制，直至差值为零，因此位移精度比较高。但由于系统比较复杂，调整、维修比较困难，故一般应用在高精度的数控机床上。

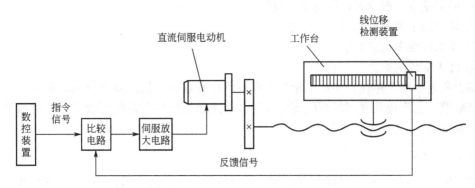

图 5.22　闭环伺服系统结构框图

③半闭环控制系统。这类机床伺服系统也属于闭环控制的范畴，只是位移检测装置不是装在机床工作台上，而是装在传动丝杠或伺服电动机轴上（图 5.23）。由于丝杠螺母等

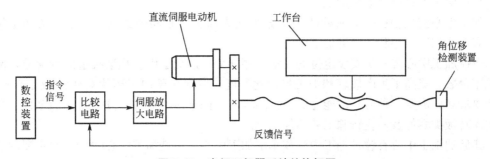

图 5.23　半闭环伺服系统结构框图

传动机构不在控制环内，它们的误差不能进行校正，因此这种机床的精度不及闭环控制数控机床，但位移检测装置结构简单，系统的稳定性较好，调试较容易，因此应用比较广泛。

4）数控机床的特点及应用

（1）数控机床的优点有以下几点。

① 数控机床具有广泛的通用性和较大的灵活性。由于数控机床是按照控制介质记载的加工程序加工零件的，因此，当加工对象改变时，只需要更换控制介质和刀具就可自动加工出新的零件；而且，现代数控机床一般都具有两坐标或两坐标以上联动的功能，能完成许多普通机床难以完成或根本不能加工的复杂型面的加工。

② 具有较高的生产率。数控机床有足够大的刚度，可以选用较大的切削用量，有效地缩短机动时间；数控机床还具有自动换刀、不停车变速和快速行程等功能，可使辅助时间大为缩短。另外，数控机床加工的零件形状及尺寸的一致性好，一般只需要进行首件检验。

③ 具有较高的加工精度和稳定的加工质量。由于数控机床本身的定位精度和重复定位精度都很高，很容易保证尺寸的一致性，也大大减少了普通机床加工中人为造成的误差。不但可以保证零件获得较高的加工精度，而且质量稳定。

④ 大大减轻了工人的劳动强度。

（2）数控机床的缺点有以下几点。

① 加工成本一般较高，设备先期投资大。

② 只适用于多品种的中、小批量生产。

③ 加工过程中难以调整。

④ 机床维修困难。

综上所述，对于单件、中小批量生产和形状比较复杂、精度要求较高的零件，以及产品更新频繁、生产周期要求较短的零件加工，选用数控机床可以获得较高的产品质量和很好的经济效益。

3．加工中心

加工中心是带有一个容量较大的刀库（可容纳的刀具数量一般为10～120把）和自动换刀装置，使工件能在一次装夹中完成大部分甚至全部加工工序的数控机床。

和同类型的数控机床相比，加工中心的结构复杂，控制功能也较多。加工中心最少有三个运动坐标系，其控制功能最少可实现两轴联动控制，多的可实现五轴联动、六轴联动，从而保证刀具进行复杂加工。

加工中心按主轴在空间所处的状态分为立式加工中心和卧式加工中心。按加工精度分，有普通加工中心和高精度加工中心。

数控加工中心因一次安装定位完成多工序加工，避免了因多次装夹造成的误差，减少了机床台数，提高了生产效率和加工自动化程度。主要用于加工形状复杂、加工工序多、精度要求高、需要多种刀具才能完成加工的零件，如箱体类零件，复杂表面的零件、异形件、盘套板类零件及一些特殊工艺的加工等。

典型的加工中心有镗铣加工中心和车削加工中心。镗铣加工中心（图5.24）主要用于形状复杂、需进行多面多工序（如铣、钻、镗、铰和攻螺纹等）加工的箱体零件。

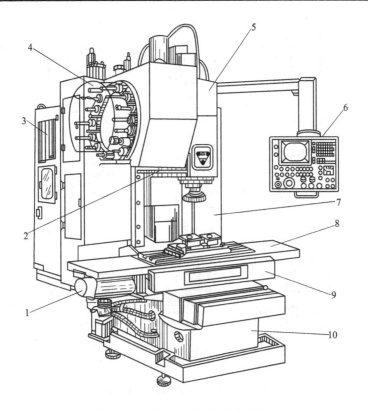

图 5.24　JCS—018A 型立式加工中心
1—直流伺服电动机；2—换刀装置；3—数控柜；4—盘式刀库；5—主轴箱；
6—机床操作面板；7—驱动电源柜；8—工作台；9—滑座；10—床身

5.6　常用加工方法的工艺特点及应用

5.6.1　车削

车削加工是机械加工中应用最为广泛的方法之一，切削时，工件做旋转运动，刀具做纵向或横向进给运动。车削加工范围很广，可以加工圆柱面、圆锥面、成形面及螺纹等（图 5.25），因此在零件的组成表面中，车削方法应用最多。

1. 车床

车床是完成车削加工所必需的装备。车床的主运动通常是工件的旋转运动，进给运动通常由刀具的直线移动来完成。

（1）卧式车床。卧式车床是车床中应用最普遍、工艺范围最广泛的一种类型。主要由主轴箱、进给箱、溜板箱、刀架、尾座、床身、电气箱、床脚等部分组成，如图 5.26所示。

（2）立式车床。立式车床主要用于加工径向尺寸较大而轴向尺寸较短，且形状复杂大

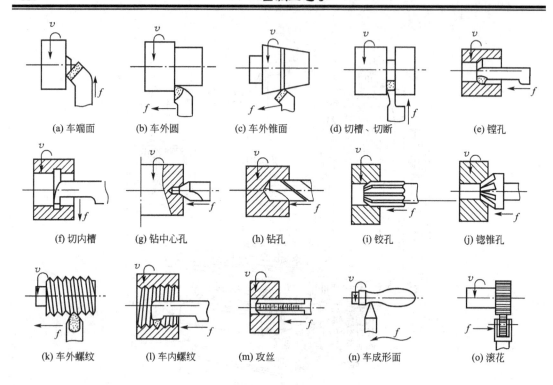

(a) 车端面　(b) 车外圆　(c) 车外锥面　(d) 切槽、切断　(e) 镗孔

(f) 切内槽　(g) 钻中心孔　(h) 钻孔　(i) 铰孔　(j) 锪锥孔

(k) 车外螺纹　(l) 车内螺纹　(m) 攻丝　(n) 车成形面　(o) 滚花

图 5.25　车床主要加工工艺类型

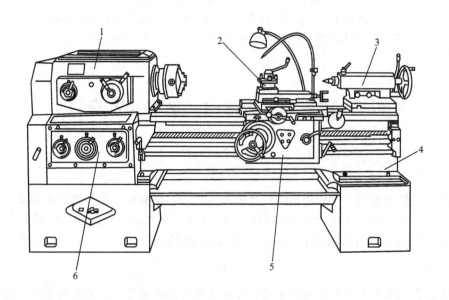

图 5.26　CA6140 卧式车床外形图

1—主轴箱；2—刀架；3—尾座；4—床身；5—溜板箱；6—进给箱

型或重型零件。立式车床布局的主要特点是主轴垂直布置，有一个直径较大的圆形工作台，用于安装工件。立式车床分为单柱和双柱两种型式，前者用于加工直径小于 160mm

的工件，后者用于加工直径大于 200mm 的工件，最大加工直径可达 2500mm，如图 5.27 所示。

（3）自动及半自动车床。自动和半自动车床能够完成自动工作循环。自动控制系统主要控制机床上各工作部件和工作机构的运动速度、时间、行程、位置及动作的先后顺序。

自动和半自动车床种类和型号繁多，归纳起来有如下几种形式：按自动化程度可分为自动和半自动；按主轴数目可分为单轴和多轴；按主轴的放置方式可分为立式和卧式；按工艺方法可分为横切和纵切；按工件的复杂程度和加工方式可分为下行作业、顺序作业和平行-顺序作业等。

2. 车削加工工艺特点

（1）易于保证工件各加工面的位置精度。车削时工件绕某一固定轴线回转，各表面具有相同的回转轴线，故易于保证加工表面间的同轴度要求。而工件端面与轴线的垂直度要求，则主要由车床本身的精度来保证。

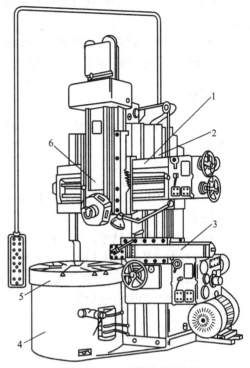

图 5.27　立式车床外观图

1—横梁；2—立柱；3—侧刀架；
4—床身；5—工作台；6—垂直刀架

（2）切削过程比较平稳。除了车削断续表面之外，一般情况下车削过程是连续进行的，并且当车刀几何形状、背吃刀量和进给量一定时，切削层公称横截面积是不变的。因此，车削时切削力基本上不发生变化、车削过程比铣削和刨削平稳。

（3）适用于有色金属零件的精加工。当有色金属零件表面粗糙度 Ra 值要求较小时，不宜采用磨削加工，若用砂轮磨削，软的磨屑易堵塞砂轮，难以得到很光洁的表面，而要用车削或铣削等。

（4）刀具简单。车刀是刀具中最简单的一种。制造、刃磨和安装均较方便。这就便于根据具体加工要求选用合理的角度，因此，车削的适应性较广，并且有利于加工质量和生产效率的提高。

3. 车削加工的应用

车床是应用最广泛的一类机床(往往可占机床总台数的 20%～35%)。在车床上使用不同的车刀或其他刀具，可以加工各种回转表面，如内外圆柱面、内外圆锥面、螺纹、沟槽、端面和成形面等，如图 5.25 所示。加工精度可达 IT8～IT7，表面粗糙度 Ra 值为 1.6～0.8。

车削常用来加工单一轴线的零件，如直轴和一般盘、套类零件等。若改变工件的安装位置或将车床适当改装，还可以加工多轴线的零件(如曲轴、偏心轮等)或盘形凸轮。

单件小批生产中，各种轴、盘、套等类零件多选用适应性广的卧式车床或数控车床进行加工；直径大而长度短(长径比 $L/D \approx 0.3～0.8$)的重型零件多用立式车床加工。

成批生产外形较复杂且具有内孔及螺纹的中小型轴、套类零件时，应选用转塔车床进行加工。

大批、大量生产形状不太复杂的小型零件，如螺钉、螺母、管接头、轴套类等时，多选用半自动和自动车床进行加工，它的生产率很高但精度较低。

5.6.2　钻镗削

钻床和镗床可以看成是为适应孔加工而特制的车床。在钻床和镗床上，可以方便地进行孔加工。

1. 钻削

钻削加工是用钻头或扩孔钻在工件上加工孔的方法。钻削加工主要在钻床上进行。

1) 钻床

钻床是一种孔加工机床，它一般用于加工直径不大、精度要求不高的孔。其主要加工方法是用钻头在实心材料上钻孔，此外还可以在原有孔的基础上扩孔、铰孔、铣平面、攻螺纹等(图 5.28)。在钻床上加工时，工件固定不动，主运动是刀具(主轴)的旋转，刀具(主轴)沿轴向的移动为进给运动。

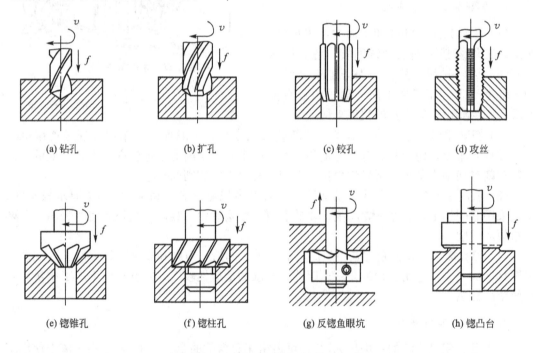

| (a) 钻孔 | (b) 扩孔 | (c) 铰孔 | (d) 攻丝 |

| (e) 锪锥孔 | (f) 锪柱孔 | (g) 反锪鱼眼坑 | (h) 锪凸台 |

图 5.28　钻床主要加工工艺类型

钻床分为坐标镗钻床、深孔钻床、摇臂钻床、台式钻床、立式钻床、卧式钻床、铣钻床、中心孔钻床等。

钻床通常以钻头回转同时轴向移动作为它的表面成形运动。钻孔时，钻头的刀尖轴向移动形成直线母线。工件与刀具的相对回转，可以看成直线母线沿圆导线运动而形成内圆柱面。常见钻床的主要组成部件如图 5.29、图 5.30 所示。

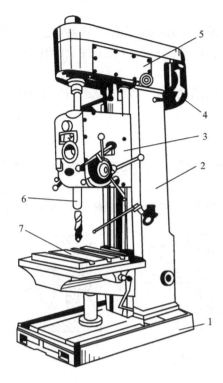

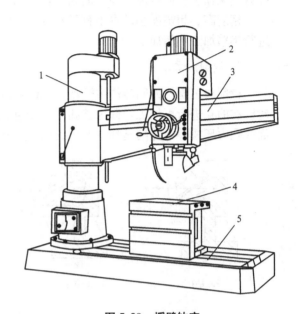

图 5.29　立式钻床

1—底座；2—立柱；3—进给箱；4—电动机；
5—主轴变速箱；6—主轴；7—工作台

图 5.30　摇臂钻床

1—立柱；2—主轴箱；3—摇臂；
4—工作台；5—底座；

2）钻削加工工艺特点

（1）容易产生"引偏"。所谓"引偏"，是指加工时由于钻头弯曲而引起的孔径扩大、孔不圆或孔的轴线歪斜等。钻孔时产生引偏，主要是因为钻孔最常用的刀具是麻花钻，其直径和长度受所加工孔的限制，呈细长状，刚度较差。为形成切削刃和容纳切屑，必须制出两条较深的螺旋槽，使钻心变细，而这进一步削弱了钻头的刚度。为减少导向部分与已加工孔壁的摩擦，钻头仅有两条很窄的棱边与孔壁接触，接触刚度和导向作用也很差。

（2）排屑困难。钻孔时，由于切屑较宽，容屑槽尺寸又受到限制，因而在排屑过程中往往与孔壁发生较大的摩擦，挤压、拉毛和刮伤已加工表面，降低表面质量。有时切屑可能阻塞在钻头的容屑槽里卡死钻头，甚至将钻头扭断。

（3）切削热不易传散。由于钻削是一种半封闭式的切削，钻削时所产生的热量，虽然也由切屑、工件、刀具和周围介质传出，但它们之间的比例却和车削大不相同。如用标准麻花钻不加切削液钻钢料时，工件吸收的热量约占 52.5%，钻头约占 14.5%，切屑约占 28%，介质约占 5%。

3）钻削加工的应用

在各类机器零件上经常需要进行钻孔，钻孔一般要占机械加工厂切削加工总量的 30% 左右。但是，钻削的精度较低，表面较粗糙（加工精度为 IT13～IT12，表面粗糙度 Ra 在 6.3～12.5 μm 之间）、生产效率也比较低。因此，钻孔一般只用于直径在 80mm 以下的次要孔（例如，精度和粗糙度要求不高的螺纹底孔、油孔等）的最终加工和精度较高或高的孔的预加工。

单件、小批量生产中，中小型工件上的小孔（一般 $D<13$ mm）常用台式钻床加工，中小型工件上直径较大的孔（一般 $D<50$ mm）常用立式钻床加工；大中型工件上的孔应采用摇臂钻床加工；回转体工件上的孔多在车床上加工。

精度高、粗糙度小的中小直径孔（$D<50$ mm）在钻削之后，常常需要采用扩孔和铰孔进行半精加工和精加工。

2. 镗削加工

镗削加工是镗刀回转作主运动，工件或镗刀移动作进给运动的切削加工方法。用镗刀对已有的孔进行再加工，称为镗孔。对于直径较大的孔（一般 $D>80\sim100$ mm）、内成形面或孔内环槽等，镗削是唯一合适的加工方法。镗削的加工工艺范围如图 5.31 所示。

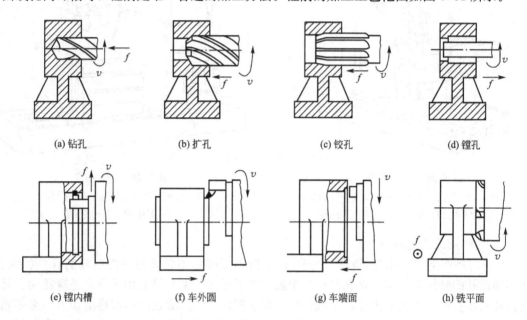

(a) 钻孔	(b) 扩孔	(c) 铰孔	(d) 镗孔
(e) 镗内槽	(f) 车外圆	(g) 车端面	(h) 铣平面

图 5.31 镗床主要加工工艺类型

1) 镗床

镗削加工主要在镗床上进行。镗床的主要功用是用镗刀镗削工件上已铸出或已钻出的孔。镗床不只用于镗孔，还可以铣平面、铣沟槽、钻孔、扩孔、铰孔、车端面、车环形槽和车螺纹等（图 5.31）。有时，一个箱体零件可以在镗床上完成全部加工。

镗床的主要类型有卧式铣镗床（图 5.32）、坐标镗床和精镗床等。

2) 镗削加工工艺特点

（1）加工范围广。镗削加工是广泛应用的加工方法。一把镗刀可以加工一定范围内不同直径的孔。除特别小的孔外，不论是标准孔还是非标准孔，都可以镗削加工。

（2）能修正底孔轴线的位置。镗削时，通过调整刀具和工件的相对位置的轴线位置，可保证孔的位置精度。

（3）成本较低。镗刀结构简单，刃磨方便，加工尺寸的范围大。在单件小批量生产中采用镗削加工较经济；在大批量生产中，需使用镗模镗削加工。

（4）生产率较低。一般来说，镗刀的切削较小，生产率不如车削和铣削。

3）镗削加工的应用

因为标准扩孔钻和铰刀的最大直径为 80mm，对于直径较大的孔（$D>80$mm）、内成形面或孔内环槽等，镗削是唯一合适的加工方法；一般镗孔精度可达 IT8～IT7，表面粗糙度 Ra 在 0.8～1.6μm 的范围之间；精细镗时，精度可达 IT7～IT6，表面粗糙度 Ra 在 0.2～0.8μm 之间。

镗孔可以在多种机床上进行。回转体零件上的孔多在车床上加工，机架和箱体等外形复杂的大型零件上孔径较大或孔系（指要求相互平行或垂直的若干个孔）、尺寸精度较高、有位置精度要求的孔系，应在镗床上加工。

盘套类零件中心部位的孔和小支架上的轴承孔可以在车床上镗削加工。

小支架和小箱体上的轴承孔也可以在卧式铣床上镗削加工。卧式铣镗床外形如图 5.32 所示。

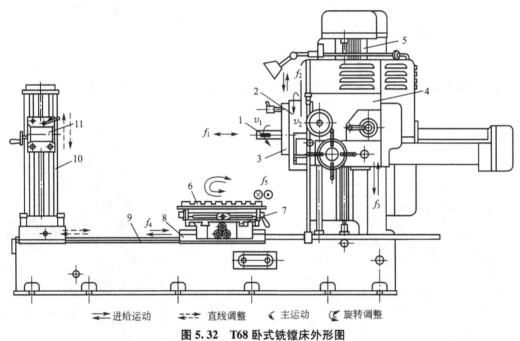

图 5.32　T68 卧式铣镗床外形图

1—主轴；2—平旋盘；3—径向刀架；4—主轴箱；5—前立柱；
6—回转工作台；7—上滑座；8—下滑座；9—床身；10—后立柱；11—尾架

5.6.3　刨插削

刨削是用刨刀对工件做水平直线往复运动的切削加工方法，是加工平面和沟槽的主要方法之一，图 5.33 所示为刨削常见的加工工艺范围。

1. 刨床

刨床类机床主要用于加工各种平面和沟槽，其主运动是刀具或工件所作的直线往复运动（所以也称为直线运动机床）。它只在一个运动方向上进行切削，称为工作行程；返程时不切削，称为空行程。进给运动是刀具或工件沿垂直于主运动方向所做的间歇运动。

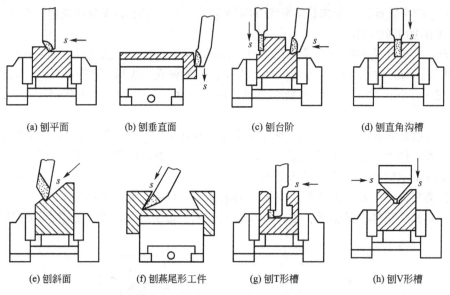

(a) 刨平面　　(b) 刨垂直面　　(c) 刨台阶　　(d) 刨直角沟槽

(e) 刨斜面　　(f) 刨燕尾形工件　　(g) 刨T形槽　　(h) 刨V形槽

图5.33　刨床主要加工工艺类型

常见的刨床类机床有牛头刨床(图5.34)、龙门刨床(图5.36)和插床(图5.35)等。

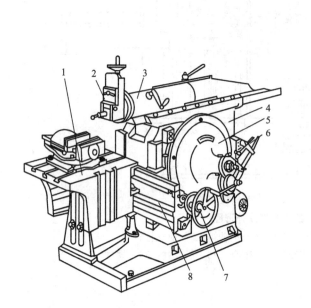

图5.34　牛头刨床外形图
1—工作台；2—刀架；3—滑枕；
4—床身；5—摆杆机构；6—变速机构；
7—进刀机构；8—横梁

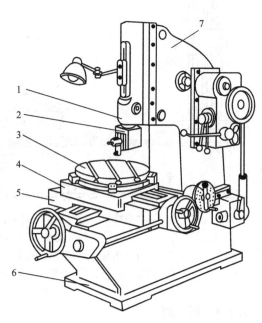

图5.35　插床外形图
1—滑枕；2—刀架；3—工作台；4—上滑座
5—下滑座；6—床身；7—立柱

2. 刨削的工艺特点

(1) 通用性好。根据切削运动和具体的加工要求，刨床的结构比车床、铣床简单，价

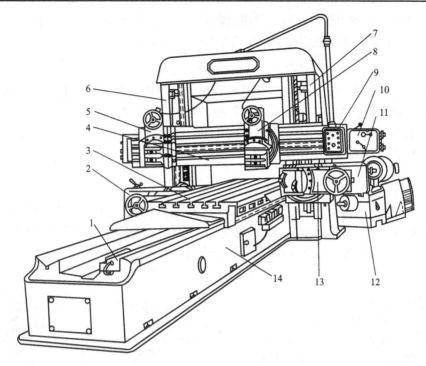

图 5.36　龙门刨床外形图

1—液压安全器；2—左侧刀架进刀箱；3—工作台；4—横梁；5—左垂直刀架；
6—左立柱；7—右立柱；8—右垂直刀架；9—悬挂按钮站；10—垂直刀架进刀箱；
11—右侧刀架进刀箱；12—工作台减速箱；13—右侧刀架；14—床身图

格低、调整和操作也较简便，所用的单刃刨刀与车刀基本相同，形状简单，制造、刃磨和安装均较方便。

（2）生产效率较低。刨削的主运动为往复直线运动，反向时受惯性力的影响，加之刀具切入和切出时有冲击，从而限制了切削速度的提高。单刃刨刀实际参加切削的切削刃长度有限，一个表面往往要经过多次行程才能加工出来，加工时间较长，刨刀返回行程时不进行切削、又增加了辅助时间。因此，刨削的生产效率低于铣削，但是对于狭长表面（如导轨、长槽等）的加工，刨削的生产效率则高于铣削，因为铣削进给的长度与工件的长度有关，而刨削进给的长度则与工件的宽度有关，工件较窄可减少进给次数，且常可多件刨削。

（3）加工精度低。刨削的主运动为往复直线运动，冲击力较大，只能采用中、低速切削。当用中等切削速度刨削钢件时易产生积屑瘤，增大表面粗糙度值。刨削的精度可达 IT8～IT7，表面粗糙度 Ra 在 $1.6\sim6.3\mu m$ 之间，当采用宽刀精刨时，加工精度会更高一些。

3. 刨削的应用

由于刨削的特点，刨削主要在单件小批量生产中、维修车间和模具车间的应用较多；牛头刨床的最大刨削长度一般不超过 1000mm，因此只适于加工中、小型工件；龙门刨床主要用来加工大型工件，或同时加工多个中、小型工件。例如，济南第二机床厂生产的 B236 龙门刨床，最大刨削长度为 20m，最大刨削宽度为 6.3m。由于龙门刨床刚度较好，而且有 2～4 个刀架可同时工作，因此加工精度和生产率均比牛头刨床高。

刨削的精度可达 IT8～IT7，表面粗糙度 Ra 值为 $1.6\sim6.3\mu m$。当采用宽刀精刨时，即在龙门刨床上，用宽刃刨刀以很低的切削速度，切去工件表面上一层极薄的金属，平面度不大于 $0.02/1000$，表面粗糙度 Ra 值可达 $0.4\sim0.8\mu m$。

4. 插床

插床实质上是立式刨床，其主运动是滑枕带动插刀所做的直线往复运动。图 5.35 所示为插床的外形。滑枕 1 向下移动为工作行程，向上为空行程。

插床主要用于加工工件的内表面，如内孔中的键槽及多边形孔等，适于加工盲孔或有障碍台肩的内表面。

5.6.4 铣削

铣刀在铣床上的加工称为铣削。铣床是用多齿刀具进行铣削加工的机床，加工范围广，它可以加工平面(水平面、垂直面等)、沟槽(键槽、T 形槽、燕尾槽等)、分齿零件(齿轮、链轮、棘轮、花键轴等)、螺旋形表面(螺纹和螺旋槽)及各种曲面等，如图 5.37 所示。

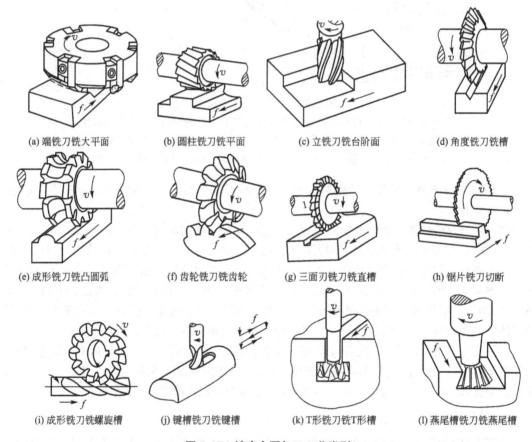

(a) 端铣刀铣大平面　(b) 圆柱铣刀铣平面　(c) 立铣刀铣台阶面　(d) 角度铣刀铣槽

(e) 成形铣刀铣凸圆弧　(f) 齿轮铣刀铣齿轮　(g) 三面刃铣刀铣直槽　(h) 锯片铣刀切断

(i) 成形铣刀铣螺旋槽　(j) 键槽铣刀铣键槽　(k) T形铣刀铣T形槽　(l) 燕尾槽铣刀铣燕尾槽

图 5.37　铣床主要加工工艺类型

1. 铣床

常见的铣床有卧式铣床和立式铣床之分。卧式铣床的主轴呈水平布置，立式铣床的主轴呈垂直布置。

卧式铣床的主要组成部件如图 5.38 所示。铣床主轴由主电动机经主运动传动系统带动。铣床工作台由进给电动机经进给运动传动系统带动。

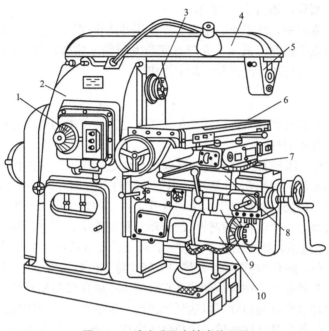

图 5.38　卧式升降台铣床外形图

1—主轴变速机构；2—床身；3—主轴；4—悬梁；5—刀杆支架；
6—工作台；7—回转盘；8—床鞍；9—升降台；10—进给变速机构

立式铣床的主要组成部件如图 5.39 所示。

2. 铣削的工艺特点

（1）生产率较高。铣刀是典型的多齿刀具，铣削时有几个刀齿同时参加工作，并且参与切削的切削刃较长；铣削的主运动是铣刀的旋转，有利于高速铣削。因此，铣削的生产率比刨削高。

（2）加工范围广。铣刀的类型多，铣床附件多。特别是分度头和回转工作台的应用，使铣削加工的范围极为广泛。

（3）加工质量中等。由于铣削过程不够平稳，粗铣后再精铣只能达到中等精度。尺寸公差等级为 IT9～IT7，表面粗糙度 Ra 值为 $1.6～6.3\mu m$。

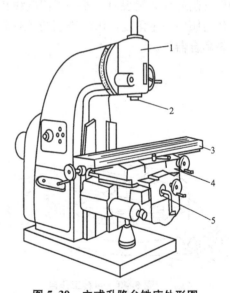

图 5.39　立式升降台铣床外形图

1—立铣头；2—主轴；3—工作台；
4—床鞍；5—升降台

（4）成本较高。铣床结构复杂，铣刀的制造和刃磨比较难，故铣削加工成本较高。

3. 铣削的应用

铣削的形式很多，铣刀的类型和形状更是多种多样，再配上附件如分度头、圆形工作台等的应用，致使铣削加工范围较广，主要用来加工平面（包括水平面、垂直面和斜面）、沟槽、成形面和切断等，如图 5.37 所示。

单件、小批量生产中，加工小、中型工件多用升降台式铣床（卧式和立式两种）。加工中、大型工件时可以采用龙门铣床。龙门铣床与龙门刨床相似，有 3～4 个可同时工作的铣头，生产率高，广泛应用于成批和大量生产中。

4. 铣床附件

升降台式铣床配备有多种附件，用来扩大工艺范围。其中回转工作台（圆工作台）和万能分度头是常用的两种附件。

（1）回转工作台。回转工作台安装在铣床工作台上，用来装夹工件，以铣削工件上的圆弧表面或沿圆周分度。如图 5.40 所示，用手轮转动方头 5，通过回转工作台内部的蜗杆蜗轮机构，使转盘 1 转动，转盘的中心为圆锥孔，供工件定位用。利用 T 形槽、螺钉和压板将工件夹紧在转盘上。传动轴 3 和铣床的传动装置相连接，可进行机动进给。扳动手柄 4 可接通或断开机动进给。调整挡铁 2 的位置，可使转盘自动停止在所需的位置上。

（2）万能分度头。图 5.41 所示为 FW250 型（夹持工件最大直径为 250mm）万能分度头的外形。万能分度头最基本的功能是使装夹在分度头主轴顶尖与尾座顶尖之间或夹持在卡盘上的工件，依次转过所需的角度，以达到规定的分度要求。它可以完成以下工作：由分度头主轴带动工件绕其自身轴线回转一定角度，完成等分或不等分的分度工作，用以铣削方头、六角头、直齿圆柱齿轮、键槽、花键等；通过配备挂轮，将分度头主轴与工作台丝杠联系起来，组成一条以分度头主轴和铣床工作台纵向丝杠为两末端件的内联系传动链，用以铣削各种螺旋表面、阿基米德旋线凸轮等；用卡盘夹持工件，使工件轴线相对于铣床工作台倾斜一定角度，用以铣削与工件轴线相交成一定角度的沟槽、平面、直齿锥齿轮、齿轮离合器等。

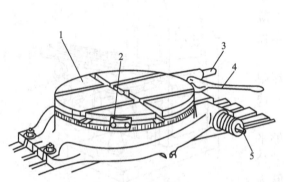

图 5.40　回转工作台

1—转盘；2—挡铁；3—传动轴；4—手柄；5—方头

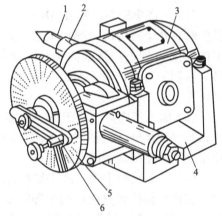

图 5.41　FW250 型万能分度头

1—顶尖；2—主轴；3—回转体；
4—机座；5—分度盘；6—旋转手柄

5.6.5　磨削

用磨料磨具（砂轮、砂带、油石和研磨剂等）为工具对工件表面进行加工的方法称为磨削。磨削可以加工内外圆柱面、圆锥面、平面、渐开线齿廓面、螺旋面以及成形面，还可以刃磨刀具和进行切断等，其应用范围十分广泛(图5.42)。

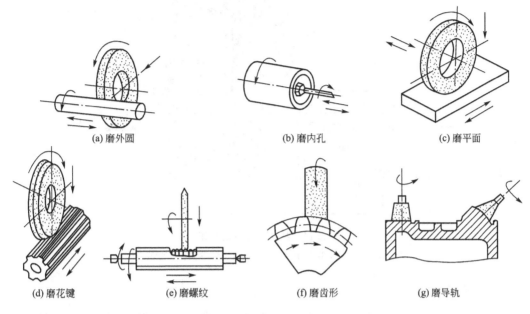

图 5.42　磨床主要加工工艺类型

1. 磨床

磨削使用的机床，统称为磨床。为了适应磨削各种不同形状的工件表面，磨床的种类繁多，主要类型有各类内外圆磨床(图5.43)、平面磨床(图5.44)、工具磨床、刀具刃磨机床以及各种专门化磨床。

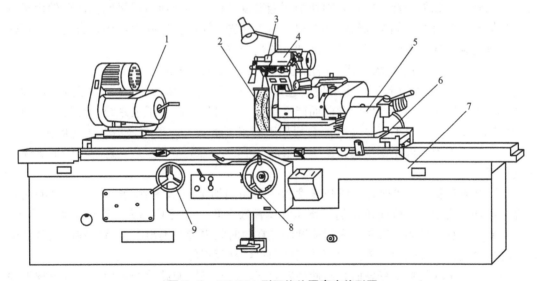

图 5.43　M1432A 型万能外圆磨床外形图
1—头架；2—砂轮；3—磨具；4—磨架；5—尾座；
6—工作台；7—床身；8—横向进给手轮；9—纵向进给手轮

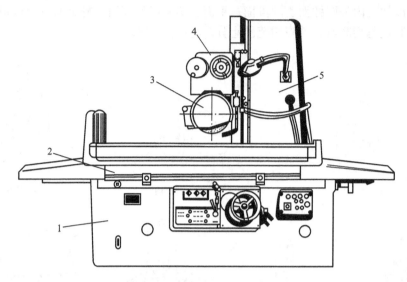

图 5.44　卧式矩台平面磨床
1—床身；2—工作台；3—砂轮架；4—滑座；5—立柱

2. 磨削的工艺特点

(1) 精度高、表面粗糙度小。磨削时，砂轮表面有极多的切削刃，并且刃口圆弧半径较小。例如，粒度为 46♯ 的白刚玉磨粒，$r_n \approx 0.006 \sim 0.012mm$，而一般车刀和铣刀的 $r_n \approx 0.012 \sim 0.032mm$。磨粒上较锋利的切削刃能够切下一层很薄的金属，切削厚度可以小到数微米，这是精密加工必须具备的条件之一。一般切削刀具的刃口圆弧半径虽然也可以磨得小些，但不耐用，不能或难以进行经济的、稳定的精密加工。

(2) 砂轮有自锐作用。磨削过程中，砂轮的自锐作用是其他切削刀具所没有的。一般刀具的切削刃，如果磨钝或损坏，则切削不能继续进行，必须换刀或重磨。而砂轮由于本身的自锐性，使得磨粒能够以较锋利的刃口对工件进行切削。实际生产中，有时就利用这一原理进行强力连续磨削，以提高磨削加工的生产效率。

(3) 背向磨削力 F_p 较大。背向磨削力作用在工艺系统(机床、夹具、工件、刀具所组成的系统)刚度较差的方向上，容易使工艺系统产生变形，影响工件的加工精度。例如纵磨细长轴的外圆时，由于工件的弯曲而产生腰鼓形。另外，由于工艺系统的变形，会使实际的背吃刀量比名义值小，这将增加磨削加工的走刀次数。一般在最后几次光磨走刀中，要少吃刀或不吃刀，以便逐步消除由于变形而产生的加工误差。但是，这样将降低磨削加工的效率。

(4) 磨削温度高。磨削时的切削速度为一般切削加工的 $10 \sim 20$ 倍。在这样高的切削速度下，加上磨粒多为负前角切削，挤压和摩擦较严重，消耗功率大，产生的切削热多。又因为砂轮本身的传热性很差，大量的磨削热在短时间内传散不出去，所以在磨削区会形成瞬时高温烧伤工件表面，使淬火钢件表面退火，硬度降低。

高温下，工件材料将变软而容易使砂轮阻塞，这不仅影响砂轮的耐用度，也影响工件表面的质量。因此在磨削过程中，应采用大量的切削液。除冷却的作用外还可以起到冲洗砂轮的作用。

3. 磨削方式

磨削分为外圆磨削、内圆磨削、平面磨削和无心磨削等几种主要磨削方式。

1）外圆磨削

外圆磨削是用砂轮外圆周面来磨削工件的外回转表面的磨削方式，它能磨削外圆柱面、圆锥面、球面和特殊形状的外表面，基本的磨削方法有两种；纵磨法和横磨法（切入磨法）。

（1）纵磨法。如图 5.45 所示，砂轮旋转作主运动。进给运动有工件旋转作圆周进给运动；工件沿其轴线往复移动作纵向进给运动；在工件的每一往复行程终了时，砂轮做一次横向进给运动，工件全部余量在多次行程中逐步被磨去。

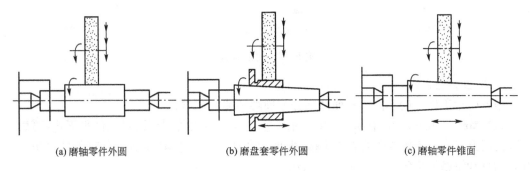

| (a) 磨轴零件外圆 | (b) 磨盘套零件外圆 | (c) 磨轴零件锥面 |

图 5.45　外圆纵磨法

（2）切入磨法。如图 5.46 所示，切入磨时，工件只做圆周进给运动，而无纵向进给运动；砂轮则连续地做横向进给，直到磨去全部余量为止。

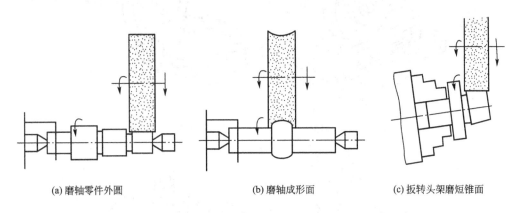

| (a) 磨轴零件外圆 | (b) 磨轴成形面 | (c) 扳转头架磨短锥面 |

图 5.46　外圆切入磨法

2）内圆磨削

内圆表面的磨削可以在内圆磨床上进行，也可以在万能外圆磨床上进行。普通内圆磨床是生产中应用最广的一种，图 5.47 所示为普通内圆磨床的磨削方法。磨削时，根据工件的形状和尺寸不同，可采用纵磨法（图 5.47(a)）、横磨法（图 5.47(b)），有些普通内圆磨床上备有专门的端磨装置，可在一次装夹中磨削内孔和端面（图 5.47(c)），这样不仅容易保证内孔和端面的垂直度，而且生产效率较高。

切入磨法，如图 5.47(b)所示。与纵磨法的不同点在于砂轮宽度大于被磨表面的长度，磨削过程中没有纵向进给运动，砂轮仅做连续的横向进给运动，在进给过程中逐渐地磨去工件的全部余量。

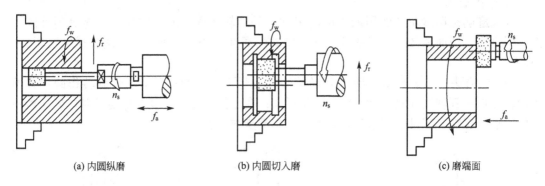

(a) 内圆纵磨　　　　　　　(b) 内圆切入磨　　　　　　　(c) 磨端面

图 5.47　内圆磨法

3）平面磨削方式

根据砂轮工作面的不同，平面磨削分为周磨和端磨两类。

(1) 周磨。如图 5.48 中(a)、(b)所示，它是采用砂轮的圆周面对工件平面进行磨削。这种磨削方式中，砂轮与工件的接触面积小，磨削力小，磨削热小，冷却和排屑条件较好，而且砂轮磨损均匀。

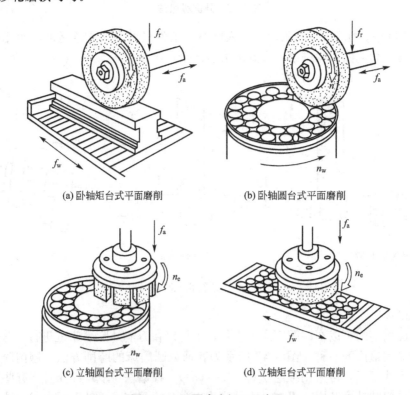

(a) 卧轴矩台式平面磨削　　　　　　(b) 卧轴圆台式平面磨削

(c) 立轴圆台式平面磨削　　　　　　(d) 立轴矩台式平面磨削

图 5.48　平面磨床加工示意图

(2) 端磨。如图 5.48 中(c)、(d)所示，它是采用砂轮端面对工件平面进行磨削。这种磨削方式中，砂轮与工件的接触面积大，磨削力大，磨削热多，冷却和排屑条件差，工件受热变形大。此外，由于砂轮端面径向各点的圆周速度不相等，砂轮磨损不均匀。

根据平面磨床工作台的形状和砂轮工作面的不同，普通平面磨床可分为四种类型：卧轴矩台式平面磨床图 5.48(a)、卧轴圆台式平面磨床图 5.48(b)、立轴圆台式平面磨床图 5.48(c)、立轴矩台式平面磨床图 5.48(d)。

4. 磨削的应用

磨削主要用于零件的精加工。尤其是淬硬钢和高硬度特殊材料零件的精加工，也有不少用于粗加工的高效磨削。磨削的加工精度可达 IT6～IT4、表面粗糙度 Ra 值为 1.25～0.01m。

磨削加工是用磨具以较高的线速度对工件表面进行加工的方法。磨具按形状分为磨轮和磨条。磨轮也称为砂轮。磨削加工主要在磨床上进行。

随着科学技术的发展，磨削有取代刀具切削加工的趋势。目前在工业发达国家，磨床在机床中所占的比例很大。

磨削过去一般常用于半精加工和精加工，随着机械制造业的发展，磨床、砂轮、磨削工艺和冷却技术等都有了较大的改进，磨削已能经济地、高效地切除大量金属。又由于日益广泛地采用精密铸造、模锻、精密冷轧等先进的毛坯制造工艺，毛坯的加工余量较小，可不经车削、铣削等粗加工，直接利用磨削加工，达到较高的精度和表面质量要求。因此，磨削加工获得了越来越广泛的应用和迅速的发展。目前，在工业发达的国家中磨床在机床总数中占 30%～40%，据推断，磨床所占比例今后还要增加。

磨削可以加工的工件材料范围很广，既可以加工铸铁、碳钢、合金钢等一般结构材料，也能够加工高硬度的淬硬钢、硬质合金、陶瓷和玻璃等难切削的材料，但是，磨削不宜精加工塑性较大的有色金属工件。

5.7　精密加工和特种加工简介

随着生产和科学技术的发展，许多工业部门，尤其是国防、航天、电子等工业，要求产品向高精度、高速度、大功率、耐高温、耐高压、小型化等方向发展；产品的零件所使用的材料越来越难加工，形状和结构越来越复杂，要求精度越来越高，表面粗糙度越来越小，普通的加工方法已不能满足其需要，便创造和发展了一些精密加工和特种加工方法，本节仅简要地介绍它们当中常用的几种。

5.7.1　精密加工

精密加工是指在精加工之后从零件上切除很薄的材料层，以提高零件精度和减小表面粗糙度为目的的加工方法，如研磨、珩磨和超级光磨等。

1. 研磨

研磨是在研具与零件之间置以研磨剂，研具在一定压力作用下与零件表面之间作复杂的相对运动，借助于研具与工件之间的相对运动，对工件表面作轻微的切削，以获得精确的尺寸精度和表面粗糙度很小的加工面。

研具的材料应比零件材料软，以便部分磨粒在研磨过程中能嵌入研具表面，起滑动切削作用。大部分磨粒悬浮于研具与零件之间，起滚动切削作用。研具可以用铸铁、软钢、黄铜、塑料或硬木制造，但最常用的是铸铁研具。因此它适于加工各种材料，并能较好地保证研磨质量和生产效率，成本也比较低。

研磨剂由磨料、研磨液和辅助填料等混合而成，有液态、膏状和固态三种，以适应不同加工的需要。磨料主要起机械切削作用，是由游离分散的磨粒做自由滑动、滚动和冲击来实现的。常用的磨粒有刚玉、碳化硅等，其粒度在粗研时为 240 号～W20，精研时为 W20 以下。研磨液主要起冷却和润滑作用，并能使磨粒均匀地分布在研具表面。常用的研磨液有煤油、汽油、全损耗系统用油（俗称机油）等。辅助填料可以使金属表面产生极薄的、较软的化合物膜，以便零件表面凸峰容易被磨粒切除，提高研磨效率和表面质量。最常用的辅助填料是硬脂酸、油酸等化学活性物质。

研磨方法分手工研磨和机械研磨两种。

（1）手工研磨是人手持研磨具或零件进行研磨的方法，如图 5.49 所示，所用研具为研磨环。研磨时，将弹性研磨环套在零件上，并在研磨环与零件之间涂上研磨剂，调整螺钉使研磨环对零件表面形成一定的压力。零件装夹在前后顶尖上，作低速回转（20～30m/min）运动，同时手握研磨环作轴向往复运动，并经常检测零件，直至合格为止。手工研磨生产率低，只适用于单件小批量生产。

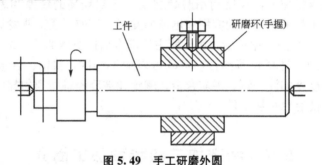

图 5.49 手工研磨外圆

（2）机械研磨是在研磨机上进行，图 5.50 所示为用研磨机研磨小件外圆的工作示意图。研具由上下两块铸铁研磨盘 5、2 组成，二者可同向或反向旋转。下研磨盘与机床转轴刚性连接，上研磨盘与悬臂轴 6 活动铰接，可按照下研磨盘自动调位，以保证压力均匀。在上下研磨盘之间有一个与偏心轴 1 相连的分隔盘 4，其上开有安装零件的长槽，槽与分隔盘径向倾斜角为 γ。当研磨盘转动时，分隔盘由偏心轴带动做偏心旋转，零件 3 既可以在槽内自由转动，又可因分隔盘的偏心而做轴向滑动，因而其表面形成网状轨迹，从而保证从零件表面切除均匀的加工余量。悬臂轴可向两边摆动，以便装夹零件。机械研磨生产率高，适合大批大量生产。

研磨具有如下特点。

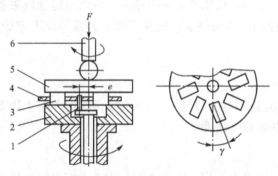

图 5.50 研磨机工作示意图

1—偏心轴；2—下研磨盘；3—零件；

4—分隔盘；5—上研磨盘；6—悬臂轴

（1）加工简单，不需要复杂设备。研磨除可在专门的研磨机上进行外，还可以在简单改装的车床、钻床等上面进行，设备和研具皆比较简单，成本低。

（2）研磨质量高。研磨过程中金属塑性变形小，切削力小、切削热少，表面变形层薄，切削运动复杂，因此，可以达到高的尺寸精度、形状精度和小的表面粗糙度，但不能纠正零件各表面间的位置误差。若研具精度足够高，经精细研磨、加工后表面的尺寸误差和形状误差可以小到 $0.1\sim0.3\mu m$，表面粗糙度 Ra 值可达 $0.025\mu m$ 以下。

（3）生产率较低。研磨对零件进行的是微量切削，前道工序为研磨留的余量一般不超过 $0.01\sim0.03$ mm。

（4）研磨零件的材料广泛。可研磨加工钢件、铸铁件、铜、铝等有色金属件和高硬度的淬火钢件、硬质合金及半导体元件、陶瓷元件等。

研磨应用很广，常见的表面如平面、圆柱面、圆锥面、螺纹表面、齿轮齿面等，都可以用研磨进行精整加工。精密配合偶件如柱塞泵的柱塞与泵体、阀芯与阀套等，往往要经过两个配合件的配研才能达到要求。

2. 珩磨

珩磨是利用带有磨条（由几条粒度很细的磨条组成）的珩磨头对孔进行精整加工的方法。图 5.51(a)所示为珩磨加工示意图，珩磨时，珩磨头上的油石以一定的压力压在被加工表面上，由机床主轴带动珩磨头旋转并沿轴向作往复运动（工件固定不动）。在相对运动的过程中，磨条从工件表面切除一层极薄的金属，加之磨条在工件表面上的切削轨迹是交叉而不重复的网纹，如图 5.51(b)所示，故珩磨精度可达 IT7～IT5 以上，表面粗糙度 Ra 值为 $0.008\sim0.1\mu m$。

图 5.52 所示为一种结构比较简单的珩磨头，磨条用黏结剂与磨条座固结在一起，并装在本体的槽中，磨条两端用弹簧圈箍住。旋转调节螺母，通过调节锥和顶销，可使磨条胀开，以便调整珩磨头的工作尺寸及磨条对孔壁的工作压力。为了能使加工顺利进行，本体必须通过浮动联轴节与机床主轴连接。

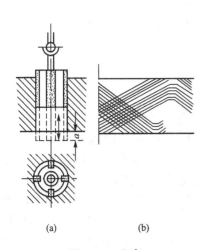

(a)　　　　(b)

图 5.51　珩磨

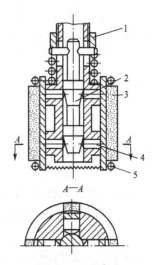

图 5.52　珩磨头

1—调节螺母；2—调节锥；3—磨条；4—顶块；5—弹簧箍

为了及时地排出切屑和切削热，降低切削温度和减少表面粗糙度，珩磨时要浇注充分的珩磨液。珩磨铸铁和钢件时，通常用煤油加少量机油或锭子油（10%～20%）作珩磨液；珩磨青铜等脆性材料时，可以用水剂珩磨液。

磨条材料依工件材料选取。加工钢件时，磨条一般选用氧化铝；加工铸铁、不锈钢和有色金属时，磨条材料一般选用碳化硅。

在大批量生产中，珩磨在专门的珩磨机上进行。机床的工作循环常是自动化的，主轴旋转是机械传动，而其轴向往复运动是液压传动。珩磨头磨条与孔壁之间的工作压力由机床液压装置调节。在单件小批生产中，常将立式钻床或卧式车床进行适当改装，来完成珩磨加工。

珩磨具有如下特点。

（1）生产率较高。珩磨时多个磨条同时工作，又是面接触，同时参加切削的磨粒较多，并且经常连续变化切削方向，能较长时间保持磨粒刃口锋利。珩磨余量比研磨大，一般珩磨铸铁时为 0.02～0.15mm，珩磨钢件时为 0.005～0.08mm。

（2）精度高。珩磨可提高孔的表面质量、尺寸和形状精度，但不能纠正孔的位置误差。这是珩磨头与机床主轴浮动连接所致。因此，在珩磨孔的前道精加工工序中，必须保证其位置精度。

（3）珩磨表面耐磨损。由于已加工表面有交叉网纹，利于油膜形成，润滑性能好，磨损慢。

（4）珩磨头结构较复杂，刚性好，与机床主轴浮动连接，珩磨时需用以煤油为主的冷却液。

（5）工艺参数：网纹交叉角（淬火钢 8°～11°、铸铁 7°～26°）；圆周线速度 $v_圆$（淬火钢 22～36m/min、铸铁 60～70m/min）；等压径向进给控制单位压力（10～200N/cm²）；等速径向进给量 f_r（钢 0.1～1.25μm/(r/m)、铸铁 0.5～2.7μm/(r/m)）；磨条数量和宽度由工件表面直径而定；磨条长度由工件长度而定。

珩磨主要用于孔的精整加工，加工范围很广，能加工直径为 5～500mm 或更大的孔，并且能加工深孔。珩磨还可以加工外圆、平面、球面和齿面等。

珩磨不仅在大批量生产中应用极为普遍，而且在单件小批生产中应用也较广泛。对于某些工件的孔，珩磨已成为典型的精整加工方法，例如飞机、汽车等的发动机的汽缸、缸套、连杆以及液压缸、枪筒、炮筒等。

3. 超级光磨

超级光磨是用细磨粒的磨具（油石）对零件施加很小的压力进行光整加工的方法。图 5.53 所示为超级光磨加工外圆的示意图。加工时，零件旋转（一般零件圆周线速度为 6～30m/min），磨具以恒力轻压于零件表面，做轴向进给运动的同时做轴向微小振动（一般振幅为 1～6mm，频率为 5～50Hz），从而对零件微观不平的表面进行光磨。

加工过程中，在油石和零件之间注入光磨液（一般为煤油加锭子油），一方面为了冷却、润滑及清除切屑等，另一方面为了形成油膜，以便自动终止切削。当油石最初与比较粗糙的零件表面接触时，虽然压力不大，但由于实际接触面积小，压强较大，油石与零件表面之间不能形成完整的油膜，如图 5.54(a)所示，加之切削方向经常变化，油石的自锐作用较好，切削作用较强。随着零件表面被逐渐磨平，以及细微切屑等嵌入油石空隙，使

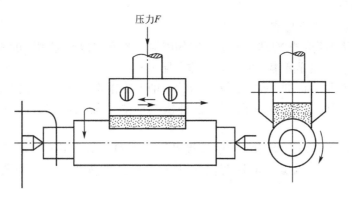

图 5.53 超级光磨加工外圆

油石表面逐渐平滑，油石与零件接触面积逐渐增大，压强逐渐减小，油石和零件表面之间
逐渐形成完整的润滑油膜，如图 5.54(b)所示，
切削作用逐渐减弱，经过光整抛光阶段，最后便
自动停止切削。

当平滑的油石表面再一次与待加工的零件表
面接触时，较粗糙的零件表面将破坏油石表面平
滑而完整的油膜，使磨削过程重新再一次进行。

超级光磨具有如下特点。

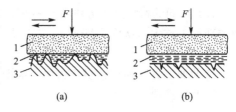

图 5.54 超级光磨加工过程
1—油石；2—油膜；3—零件

(1) 设备简单，操作方便。超级光磨可以在
专门的机床上进行，也可以在适当改装的通用机床(如卧式车床等)上进行，利用不太复杂
的超精加工磨头进行。一般情况下，超级光磨设备的自动化程度较高，操作简便，对工人
的技术水平要求不高。

(2) 加工余量极小。由于油石与零件之间无刚性的运动联系，油石切除金属的能力较
弱，只留有 $3 \sim 10 \mu m$ 的加工余量。

(3) 生产率较高。因为超级光磨只是切去零件表面的微观凸峰，加工过程所需时间很
短，一般为 $30 \sim 60s$。

(4) 表面质量好。由于油石运动轨迹复杂，加工过程是由切削过渡到光整抛光，表面
粗糙度很小(Ra 小于 $0.012 \mu m$)，并具有复杂的交叉网纹，利于储存润滑油，加工后表面
的耐磨性较好。但不能提高其尺寸精度和形位精度，零件所要求的尺寸精度和形位精度必
须由前道工序保证。

超级光磨的应用也很广泛，如汽车和内燃机零件、轴承、精密量具等小粗糙度表面常
用超级光磨作光整加工。它不仅能加工轴类零件的外圆柱面，而且还能加工圆锥面、孔、
平面和球面等。

5.7.2 特种加工简介

特种加工是指利用诸如化学的、物理的(电、声、光、热、磁)、电化学的方法对材料
进行的加工。与传统的机械加工方法相比，它具有一系列的特点，能解决大量普通机械加
工方法难以解决甚至不能解决的问题，因而自其产生以来，得到迅速发展，并显示出极大

的潜力和应用前景。

特种加工主要有如下优点。

(1) 加工范围不受材料物理、力学性能的限制，具有"以柔克刚"的特点。可以加工任何硬的、脆的、耐热或高熔点的金属或非金属材料。

(2) 特种加工可以很方便地完成常规切(磨)削加工很难、甚而无法完成的各种复杂型面、窄缝、小孔，如汽轮机叶片曲面、各种模具的立体曲面型腔、喷丝头的小孔等的加工。

(3) 用特种加工可以获得的零件的精度及表面质量有其严格的、确定的规律性，充分利用这些规律性，可以有目的地解决一些工艺难题和满足零件表面质量方面的特殊要求。

(4) 许多特种加工方法对零件无宏观作用力，因而适合于加工薄壁件、弹性件，某些特种加工方法则可以精确地控制能量，适于进行高精度和微细加工，还有一些特种加工方法则可在可控的气氛中工作，适于要求无污染的纯净材料的加工。

(5) 不同的特种加工方法各有所长，它们之间合理的复合工艺，能扬长避短，形成有效的新加工技术，从而为新产品结构设计、材料选择、性能指标拟定提供更为广阔的可能性。

特种加工方法种类较多，这里仅简要介绍电火花加工、电解加工、激光加工、超声波加工以及快速原型技术。

1. 电火花加工

电火花加工是利用工具电极和工件电极间瞬时火花放电所产生的高温熔蚀工件表面材料来实现加工的。图 5.55 所示为电火花加工装置原理图。工件固定在工作台上，脉冲发生器 1 的两极分别接在工具电极 3 与工件 4 上，当工具电极与工件在自动紧急调节装置的驱动下在工作液 5 中相互靠近时，极间电压击穿间隙而产生火花放电，释放大量的热。工件表层吸收热量后达到很高的温度(10000℃以上)，其局部材料因熔化甚至气化而被蚀除下来，形成一个微小的凹坑。多次放电的结果是工件表面产生大量非常小的凹坑。工具电极在自动进给调节机构的驱动下不断下降，其轮廓形状便被"复印"到工件上(工具电极材料也会被蚀除，但其速度远小于工件材料)，这样就完成了零件的加工。

电火花加工具有如下特点。

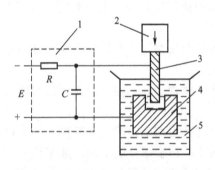

图 5.55　电火花加工装置原理图

1—脉冲发生器；2—自动进给调节装置；
3—工具电极；4—工件；5—工作液

电火花加工适用于导电性较好的金属材料的加工而不受材料的强度、硬度、韧性及熔点的影响，因此为耐热钢、淬火钢、硬质合金等难以加工材料提供了有效的加工手段，又由于加工过程中工具与零件不直接接触，故不存在切削力，从而工具电极可以用较软的材料，如纯铜、石墨等来制造，并可用于薄壁、小孔、窄缝的加工，而无需担心工具或零件的刚度太低而无法进行，也可用于各种复杂形状的型孔及立体曲面型腔的一次成形，而不必考虑加工面积太大会引起切削力过大等问题。

电火花加工过程中一组配合好的电参数，如电压、电流、频率、脉宽等称为电规准。电规准通常可分为两种（粗规准和精规准），以适应不同的加工要求。电规准的选择与加工的尺寸精度及表面粗糙度有着密切的关系。一般精规准穿孔加工的尺寸误差可达 $0.05\sim0.01$mm，型腔加工的尺寸误差可达 0.1mm 左右，表面粗糙度 Ra 值为 $3.2\sim0.8\mu$m。

电火花加工的应用范围很广，它可以用来加工各种型孔、小孔，如冲孔凹模、拉丝模孔、喷丝孔等；可以加工立体曲面型腔，如锻模、压铸模、塑料模的模膛；也可用来进行切断、切割以及表面强化、刻写、打印铭牌和标记等。

2. 电解加工

电解加工是利用金属在电解液中产生阳极溶解的电化学原理对工件进行成形加工的一种方法。电解加工的原理如图 5.56 所示。工件接直流电源的正极，工具接负极，两极间保持较小的间隙（$0.1\sim0.8$mm），具有一定压力（$0.5\sim2$MPa）的电解液从两极间的间隙中高速（$15\sim60$m/s）流过。当工具电极向工件不断进给时，在面对阴极的工件表面上，金属材料按阴极型面的形状不断溶解，电解产物被高速电解液带走，于是工具型面的形状就相应地"复印"在工件上了。

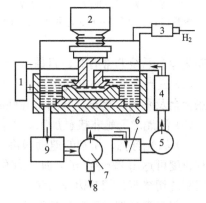

图 5.56　电解加工原理图
1—直流电源；2—电极送进机构；
3—风扇；4—过滤器；5—泵；
6—清洁电解液；7—离心分离器；
8—残液；9—脏电解液

电解加工具有如下特点。

影响电解加工质量和生产效率的工艺因素很多，主要有电解液（包括电解液成分、浓度、温度、流速以及流向等）、电流密度、工作电压、加工间隙及工具电极进给速度等。

电解加工不受材料硬度、强度和韧性的限制，可加工硬质合金等难切削金属材料；它能以简单的进给运动，一次完成形状复杂的型面或型腔的加工（例如汽轮叶片、锻模等），效率比电火花成形加工高 $5\sim10$ 倍；电解过程中，作为阴极的工具理论上没有损耗，故加工精度可达 $0.2\sim0.005$mm；电解加工时无机械切削力和切削热的影响，因此适宜于易变形或薄壁零件的加工。此外，在加工各种膛线、花键孔、深孔、内齿轮以及去毛刺、刻印等方面，电解加工也获得了广泛应用。

电解加工的主要缺点是设备投资较大，耗电量大；电解液有腐蚀性，需对设备采取防护措施；对电解产物也需妥善处理，以防止污染环境。

3. 激光加工

激光是一种亮度高、方向性好（激光光束的发散角极小）、单色性好（波长或频率单一）、相干性好的光。由于激光的上述四大特点，通过光学系统可以使它聚焦成一个极小的光斑（直径仅几微米至几十微米），从而获得极高的能量密度（$10^7\sim10^{10}$W/cm^2）和极高的温度（10000℃以上）。在此高温下，任何坚硬的材料都将瞬时急剧熔化和蒸发，并产生强烈的冲击波，使熔化的物质爆炸式地喷射去除。激光加工就是利用这种原理蚀除材料进行加工的。为了帮助蚀除物的排除，还需对加工区吹氧（加工金属时使用），或吹保护性气体，如二氧化碳、氮等（加工可燃物质时使用）。

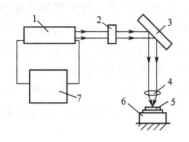

图 5.57　激光加工机示意图

1—激光器；2—光阐；3—反光镜
4—聚焦镜；5—零件；6—工作台；7—电源

对工件的激光加工由激光加工机完成。激光加工机通常由激光器、电源、光学系统和机械系统等部分组成(图 5.57)。激光器(常用的有固体激光器和气体激光器)把电能转变成光能，产生所需要的激光束，经光学系统聚焦后，照射在工件上进行加工。工件固定在三坐标精密工作台上，由数控系统控制和驱动，完成加工所需的进给运动。

激光加工具有如下特点。

(1) 不需要加工工具，故不存在工具磨损问题，同时也不存在断屑、排屑的麻烦。这对高度自动化生产系统非常有利，目前激光加工机床已用于柔性制造系统之中。

(2) 激光束的功率密度很高，几乎对任何难加工的金属和非金属材料(如高熔点材料、耐热合金及陶瓷、宝石、金刚石等硬脆材料)都可以加工。

(3) 激光加工是非接触加工，工件无受力变形。

(4) 激光打孔、切割的速度很高(打一个孔只需 0.001s，切割 20 mm 厚的不锈钢板，切割速度可达 1.27m/min)，加工部位周围的材料几乎不受热影响，工件热变形很小。激光切割的切缝窄，切割边缘质量好。

目前，激光加工已广泛应用于金刚石拉丝模、钟表宝石轴承、发散式气冷冲片的多孔蒙皮、发动机喷油嘴、航空发动机叶片等的小孔加工，以及多种金属材料和非金属材料的切割加工。随着激光技术与数控技术的密切结合，激光加工技术的应用将会得到更迅速、更广泛的发展，并在生产中占有越来越重要的地位。

4. 超声波加工

超声波加工是利用超声频(16～25kHz)振动的工具端面冲击工作液中的悬浮磨料，由磨粒对工件表面撞击抛磨来实现对工件加工的一种方法，其加工原理如图 5.58所示。

超声发生器将工频交流电能转变为有一定功率输出的超声频电振荡，然后通过换能器将此超声频电振荡转变为超声频机械振荡，借助于振幅扩大棒把振动的位移幅值由 0.005～0.01mm 放大到 0.1～0.15mm，驱动工具振动。工具端面在振动中冲击工作液中的悬浮磨粒，使其以很高的速度不断地撞击、抛磨被加工表面，把加工区域的材料粉碎成很细的微粒后打击下来。虽然每次打击下来的材料很少，但由于打击的频率高，仍有一定的加工速度。由于工作液的循环流动，被打击下来的材料微粒被及时带走。随着工具的逐渐伸入，其形状便"复印"在工件上。

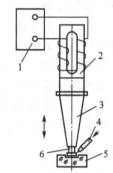

图 5.58　超声波加工原理示意图

1—超声波发生器；2—换能器；
3—振幅扩大棒；4—工作液；
5—工件；6—工具

超声波加工具有如下特点。

超声波加工适合于加工不导电的非金属材料，例如玻璃、陶瓷、石英、锗、硅、玛瑙、宝石、金刚石等，对于导电的硬质合金、淬火钢等也能加工，但加工效率比较低；由于超声波加工是靠极小的磨料作用，所以加工精度较高，一般可达 0.02mm，表面粗糙度 Ra 值为 $1.25\sim0.1\mu m$，被加工表面也无残余应力、组织改变及烧伤等现象；在加工过程中不需要工具旋转，因此易于加工各种复杂形状的型孔、型腔及成形表面；超声波加工机床的结构比较简单，操作维修方便，工具可用较软的材料（如黄铜、45 钢、20 钢等）制造。超声波加工的缺点是生产效率低，工具磨损大。

近年来，超声波加工与其他加工方法相结合进行的复合加工发展迅速，如超声振动切削加工、超声电火花加工、超声电解加工、超声调制激光打孔，等等。这些复合加工方法由于把两种甚至多种加工方法结合在一起，起到取长补短的作用，使加工效率、加工精度及加工表面质量显著提高，因此愈来愈受到人们的重视。

5. 快速原型技术

快速原型技术即 RP(Rapid Prototyping Technology)是 20 世纪 80 年代中期发展起来的一种新的制造技术。快速原型技术是用离散分层的原理制作产品原型的总称，其原理为：产品三维 CAD 模型→分层离散→按离散后的平面几何信息逐层加工堆积原材料→生成实体模型。该技术集计算机技术、激光加工技术、新型材料技术于一体，依靠 CAD 软件，在计算机中建立三维实体模型，并将其切分成一系列平面几何信息，以此控制激光束的扫描方向和速度，采用粘结、熔结、聚合或化学反应等手段逐层有选择地加工原材料，从而快速堆积制作出产品实体模型。比较成熟的快速原型技术成形方法有以下几种。

1) 光固化法/SL 法(Stereo Lithography)

该技术以光敏树脂为原料，将计算机控制下的紫外激光以预定零件分层截面的轮廓为轨迹对液态树脂逐点扫描，使被扫描区的树脂薄层产生光聚合反应，从而形成零件的一个薄层界面。当一层固化完毕后，托盘下降，在原先固化好的树脂表层再敷上一层新的液态树脂以便进行下一层扫描固化。新固化的一层牢固地粘合在前一层上，如此重复直到整个零件原型制造完毕。SL 法的原理图如图 5.59 所示。

SL 法是第一个投入商品应用的 RP 技术。这种方法的特点是精度高、表面

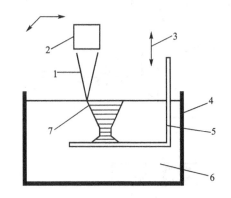

图 5.59 SL 法原理图
1—激光束；2—扫描镜；3—z 轴升降；
4—树脂槽；5—托盘；6—光敏树脂；7—零件原型

质量好、原材料利用率将近 100%，适合制造壳体类零件及形状复杂、特别精细（如首饰、工艺品等）的零件。

2) 叠层制造法/LOM 法(Laminated Object Manufacturing)

如图 5.60 所示，LOM 工艺将单面涂有热溶胶的纸片通过加热辊加热粘接在一起，位于上方的激光器按照 CAD 分层模型所获数据，用激光束将纸切割成所制零件的内外轮廓，然后新的一层纸再叠加在上面，通过热压装置和下面已切割层粘合在一起，激光束再次切

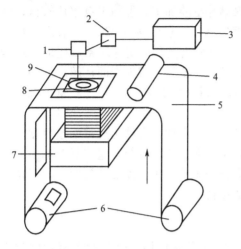

图 5.60　LOM 法原理图

1—x-y 扫描系统；2—光路系统；3—激光器；

4—加热器；5—纸料；6—滚筒；

7—工作平台；8—边角料；9—零件原型

割，这样反复逐层切割、粘合、切割……直到整个零件模型制作完成。该法只需切割轮廓，特别适合制造实心零件。

3）激光选区烧结法/SLS 法（Selective Laser Sintering）

如图 5.61 所示，SLS 法采用 CO_2 激光器作能源，目前使用的造型材料多为各种粉末材料。在工作台上均匀铺上一层很薄（$100\sim200\mu m$）的粉末，激光束在计算机控制下按照零件分层轮廓有选择性地进行烧结，一层完成后再进行下一层烧结。全部烧结完后去掉多余的粉末，再进行打磨、烘干等处理便可获得零件。目前，成熟的工艺材料为蜡粉及塑料粉，用金属粉或陶瓷粉进行直接烧结的工艺正在实验研究阶段。它可以直接制造工程材料的零件，具有诱人的前景。

4）熔积法/FDM 法（Fused Deposition Modeling）

如图 5.62 所示，FDM 法工艺的关键是保持半流动成形材料刚好在熔点之上（通常控制比熔点高 1℃ 左右），FDM 喷头受 CAD 分层数据控制，使半流动状态的熔丝材料从喷头中被挤压出来，凝固形成轮廓形状的薄层，一层叠一层最后形成整个零件模型。

此外还有三维打印法、漏板光固化法等工艺。

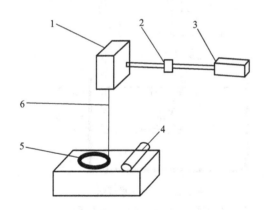

图 5.61　SLS 法原理图

1—扫描镜；2—透镜；3—激光器；

4—压平辊子；5—零件原型；6—激光束

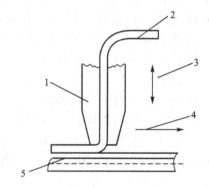

图 5.62　FDM 法原理图

1—加热装置；2—丝材；3—z 向送丝；

4—x-y 向驱动；5—零件原型

快速原型技术具有如下特点。

（1）能由产品的三维计算机模型直接制成实体零件，而不必设计、制造模具，因而制造周期大大缩短（由几个月或几周缩短为十几小时甚至几小时）。

（2）能制造任意复杂形状的三维实体零件而无需机械加工。

（3）能借电铸、电弧喷涂技术进一步由塑胶件制成金属模具，或者能将快速获得的塑胶件当做易熔铸模(如同失蜡铸造)或木模,进一步浇铸金属铸件或制造砂型。

快速原型技术将传统的"去除"加工法(由毛坯切去多余材料形成零件)改变为"增加"加工法(将材料逐层积累形成零件),从而从根本上改变了零件制造过程。人们普遍认为,快速原型技术如同数控技术一样,是制造技术的重大突破,它的出现和发展必将极大地推动制造技术的进步。

5.8　典型表面加工分析

机械零件尽管多种多样,其结构形状都是由各种表面组合而成的。归纳起来,一般构成机械零件的典型表面有圆柱面(外圆及内圆表面)、圆锥面、平面、螺旋面及其他成形表面(或称曲面)等常见表面。零件的加工过程实际上是加工这些表面的过程。因此合理选择这些常见表面的加工方案,是正确制定零件加工工艺的基础。

在选择某一表面的加工方法时,应遵循如下基本原则。

(1) 所选加工方法的经济精度及表面粗糙度要与加工表面的要求相适应。

(2) 所选加工方法要与零件材料的切削加工性及产品的生产类型相适应。

(3) 几种加工方法配合选用。对于要求较高的表面,往往不是仅用一种加工方法就能经济、高效地加工出来。所以,应根据零件表面的具体要求,考虑各种加工方法的特点和应用,将几种加工方法组合起来,完成零件表面的加工。

(4) 表面加工要分阶段进行。对于要求较高的表面,一般不是只加工一次就能达到要求,而是要经过多次加工才能逐步达到。为保证零件的加工质量,提高生产效率和经济效益,整个加工过程应分阶段进行。一般分为粗加工、半精加工和精加工 3 个阶段。粗加工的目的是切除加工表面上大部分加工余量,并完成精基准的加工。半精加工的目的是为主要表面的精加工做好准备(达到一定的精度要求并留有精加工余量),并完成一些次要表面的加工。精加工的目的是获得符合精度和表面粗糙度要求的表面。

粗加工时,背吃刀量和进给量大,切削力大,产生的切削热多。由于工件受力变形、受热变形以及内应力重新分布等,将破坏已加工表面的精度,因此,只有在粗加工之后再进行精加工,才能保证质量要求。

先进行粗加工,可以及时地发现毛坯的缺陷(如砂眼、裂纹、局部余量不足等),避免因对不合格的毛坯继续加工而造成的浪费。

加工分阶段进行,可以合理地使用机床,有利于精密机床保持其精度。

下面介绍常见表面的加工方案选择。

5.8.1　外圆表面加工

一般轴类及盘类零件都有外圆表面,外圆表面加工方案一般由工件材料、加工精度、表面质量及生产批量等因素所决定。

1. 外圆表面的技术要求

(1) 本身精度。主要指它本身的尺寸精度和形状精度,如直径精度、外圆面的长度精度,外圆面的圆度,圆柱度等。

（2）位置精度。一般包括外圆面与其他外圆面的同轴度要求，与内孔的同轴度要求，与端面的垂直精度要求。

（3）表面质量。主要指表面粗糙度的要求。对于某些重要零件，还对表层硬度、残余内应力和显微组织等有要求。

2. 外圆表面加工方案的分析

外圆表面加工由于表面成形方法不同有轨迹法及成形法两种。因此，加工方法多采用车床上加工及磨削加工。在大批量生产中，有的外圆表面如曲轴外圆表面的粗加工也有采用拉削加工的。对导电性材料和超硬、脆材料加工可采用电火花和超声波加工等。

外圆表面常用加工方案见表 5-8。

表 5-8　外圆表面常用加工方案

序号	加工方案	加工精度	表面粗糙度 $Ra/\mu m$	适用范围
1	粗车	IT13～IT11	50～12.5	适用于淬火钢以外的各种金属
2	粗车-半精车	IT10～IT9	6.3～3.2	
3	粗车-半精车-精车	IT7～IT6	1.6～0.8	
4	粗车-半精车-精车-抛光(滚压)	IT7～IT6	0.02～0.025	
5	粗车-半精车-磨	IT7～IT6	0.8～0.4	主要用于淬火钢，也用于未淬火钢，但不宜用于有色金属
6	粗车-半精车-粗磨-精磨	IT6～IT5	0.4～0.2	
7	粗车-半精车-粗磨-精磨-高精度磨削	IT5～IT3	0.4～0.2	
8	粗车-半精车-粗磨-精磨-研磨	IT5～IT3	0.08～0.001	主要用于要求高质量的外圆加工
9	粗车-半精车-精车-精细车(研磨)	IT6～IT5	0.4～0.025	适用于有色金属
10	旋转电火花	IT8～IT6	6.3～0.8	高硬度导电材料
11	超声波套料	IT8～IT6	1.6～0.8	非金属材料

5.8.2　内圆表面加工

内圆表面(也称内孔)是组成机械零件的基本表面，对于盘套类和支架箱体类零件，孔是重要表面之一，按照它和其他零件之间的连接关系来区分，可分为非配合孔和配合孔。前者一般在毛坯上直接钻、扩出来；而后者则必须在钻孔、扩孔等粗加工的基础上，根据不同的精度和表面质量的要求，以及零件的材料、尺寸、结构等具体情况做进一步的加工，无论后续的半精加工和精加工采用何种方法。总的来说，内孔加工与外圆表面加工相比，由于受刀具尺寸、刀杆刚度影响及散热、冷却、润滑条件的限制，加工难度较大。内圆表面常用加工方案见表 5-9。

1. 孔的技术要求

孔与外圆面的技术要求相似，主要有以下几个要求。

（1）本身精度。包括孔的尺寸精度、孔的长度尺寸精度、孔的圆度和圆柱度等。

（2）位置精度。包括孔与外圆面，孔与孔间的同轴度，孔与其他表面的平行度、垂直度等。

（3）表面质量。主要指表面粗糙度等。

表 5-9　内圆表面常用加工方案

序号	加工方案	公差等级	表面粗糙度 $Ra/\mu m$	适用范围
1	钻	IT13～IT11	12.5	用于加工除淬火钢以外的各种金属的实心工件
2	钻-铰	IT9	3.2～1.6	用于加工除淬火钢以外的各种金属的实心工件,但孔径 D<20mm
3	钻-扩-铰	IT9～IT8	3.2～1.6	用于加工除淬火钢以外的各种金属的实心工件,但孔径为 10～80mm
4	钻-扩-粗铰-精铰	IT7	1.6～0.4	
5	钻-拉	IT9～IT7	1.6～0.4	用于大批量生产
6	(钻)-粗镗-半精镗	IT10～IT9	6.3～3.2	用于除淬火钢以外的各种材料
7	(钻)-粗镗-半精镗-精镗	IT8～IT7	1.6～0.8	
8	(钻)-粗镗-半精镗-磨	IT8～IT7	0.8～0.4	用于淬火钢、不淬火钢和铸铁件。但不宜加工硬度低、韧性大的有色金属
9	(钻)-粗镗-半精镗-粗磨-精磨	IT7～IT6	0.4～0.2	
10	粗镗-半精镗-精镗-磨	IT7～IT6	0.4～0.025	
11	粗镗-半精镗-精镗-研磨	IT7～IT6	0.4～0.025	用于钢件、铸铁和有色金属件的加工
	粗镗-半精镗-精镗-精细镗			
12	电火花穿孔		3.2～0.4	用于高硬导电材料
13	超声波加工		1.6～0.1	用于硬、脆非金属
14	激光打孔			用于难加工材料的小孔和微孔

2. 孔加工方案的分析

零件上的孔多种多样,常见的有螺栓螺钉孔、润滑油孔,套筒、齿轮、法兰盘上的轴向配合孔,箱体零件上的轴承孔,深孔(即深径比 $L/D>5\sim10$,如车床主轴的轴向通孔等),圆锥孔(如装配用的定位销孔等)。

制定孔的加工方案应考虑工件加工精度、工件形状、尺寸大小及生产批量。

由于孔的功用不同,致使孔径、深径比(L/D)以及孔的尺寸精度、形位精度和粗糙度等方面的要求差别很大。为适应不同的需要和不同的生产类型,孔的加工方法有很多,常用的切削加工方法有钻孔、扩孔、铰孔、车孔、镗孔、拉孔、磨孔以及金刚镗、精密磨削、超精加工、珩磨、研磨和抛光等;特种加工方法有电火花穿孔、超声波穿孔及激光打孔等。

此外,选择孔的加工方案时,还应同时考虑机床的选用。

(1) 小型支架类零件上的轴承孔,一般选用车床利用花盘-弯板装夹加工,或选用卧铣加工。

(2) 箱体和大、中型支架类零件上的轴向孔,多选用铣镗床加工。

(3) 轴、套、盘类零件上的轴向孔,一般选用车床、磨床加工。大批大量生产中,盘、套类零件上轴向通直配合孔，多选用拉床加工。

（4）各类零件上的销钉孔、螺钉孔和润滑油孔，一般在钻床上加工。

（5）各种难加工材料零件上的孔，应选用相应的特种加工机床加工。

5.8.3 平面加工

平面是盘形、板类及箱体类零件的主要组成表面。平面按其作用不同，可分为非结合平面、结合平面、导向平面及量具的测量平面。零件上常见的直槽、T 型槽、V 型槽、燕尾槽、平键槽均可看做平面（有时也有曲面）的不同组合。

1. 平面的技术要求

平面与外圆面和孔不同，一般平面本身的尺寸精度要求不高，其技术要求是：

（1）形状精度　如平面度和直线度等。

（2）位置精度　如平面的平行度、垂直度。

（3）表面质量　如表面粗糙度、表层硬度、残余应力、显微组织等。

2. 平面加工方案的分析

平面加工因其工件形状、尺寸、加工精度及表面粗糙度和生产批量的不同，可以采用各种不同的加工方法和加工方案，以取得较好的经济效益。平面常用的加工方法有车削、铣削、刨削、刮削、宽刀细刨、拉削、普通磨削、导轨磨削、精密磨削、砂带磨削、研磨和抛光等；特种加工方法有电解磨削平面及电火花线切割平面等。

常用的平面加工方案见表 5 - 10。

表 5 - 10　平面常用加工方案

序号	加工方案	公差等级	表面粗糙度 $Ra/\mu m$	适用范围
1	粗车	IT13～IT11	50～12.5	回转体的端面
2	粗车-半精车	IT10～IT8	6.3～3.2	
3	粗车-半精车-精车	IT8～IT7	1.6～0.8	
4	粗车—半精车—磨削	IT8～IT6	0.8～0.2	
5	粗刨（或粗铣）	IT13～IT11	25～6.3	一般不淬硬平面（端铣表面粗糙度 Ra 值较小）
6	粗刨（或粗铣）-精刨（或精铣）	IT10～IT8	6.3～1.6	
7	粗刨（或粗铣）-精刨（或精铣）-刮研	IT7～IT6	0.8～0.1	精度要求较高的不淬硬平面，批量较大时宜采用宽刃精刨方案
8	以宽刃精刨代替上述刮研	IT7	0.8～0.2	
9	粗刨（或粗铣）-精刨（或精铣）-磨削	IT7	0.4～0.025	精度要求高的淬硬平面或不淬硬平面
10	粗刨（或粗铣）-精刨（或精铣）-粗磨-精磨	IT7～IT6	0.8～0.2	
11	粗铣-拉削	IT9～IT7	0.1～0.006（或 $Rz0.05$）	大批量生产，较小的平面（精度视拉刀精度而定）
12	粗铣-精铣-磨削-研磨	IT5 以上		高精度平面

（续）

序号	加工方案	公差等级	表面粗糙度 $Ra/\mu m$	适用范围
13	电解磨削平面		0.8～0.1	高硬导电材料
14	线切割平面		3.2～1.6	

5.8.4　成形表面加工

1. 成形面的技术要求

与其他表面类似，成形面的技术要求也包括尺寸精度、形位精度及表面质量等。但是，成形面往往是为实现特定功能而专门设计的，因此其表面形状的要求是十分重要的。加工时，刀具的切削刃形状和切削运动，应首先满足表面形状的要求。

2. 加工方案的分析

成形面的加工方法应根据零件的尺寸、形状及生产批量等来选择；一般的成形面可以分别用车削、铣削、刨削、拉削或磨削等方法加工。这许多加工方法可以归纳为如下两种基本方式。

（1）用成形刀具加工。即用切削刃形状与工件廓形相符合的刀具，直接加工出成形面。例如用成形车刀车成形面（图 5.63）、用成形铣刀铣成形面等。

用成形刀具加工成形面，机床的运动和结构比较简单，操作也简便，但是刀具的制造和刃磨比较复杂（特别是成形铣刀和拉刀），成本较高。而且，这种方法的应用，受工件成形面尺寸的限制，不宜用于加工刚度差而成形面较宽的工件。

（2）利用刀具和工件作特定的相对运动加工。用靠模装置车削成形面（图 5.64）就是其中的一种。此外，还可以利用手动、液压仿形装置或数控装置等，来控制刀具与工件之间特定的相对运动。利用刀具和工件作特定的相对运动来加工成形面，刀具比较简单，并且加工成形面的尺寸范围较大。但是，机床的运动和结构都较复杂，成本也高。

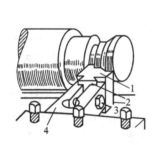

图 5.63　用成形车刀车成形面
1—成形车刀；2—燕尾；
3—夹紧螺钉；4—刀夹

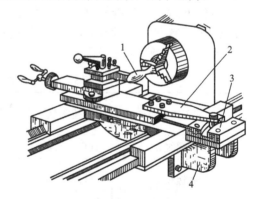

图 5.64　用靠模车成形面
1—工件；2—连板；
3—靠模；4—托架

小型回转体零件上形状不太复杂的成形面，在大批大量生产时，常用成形车刀在自动或半自动车床上加工；批量较小时，可用成形车刀在普通车床上加工。

成形的直槽和螺旋槽等,一般可用成形铣刀在万能铣床上加工。

尺寸较大的成形面,大批量生产中,多采用仿形车床或仿形铣床加工;单件小批生产时,可借助样板在普通车床上加工,或者依据划线在铣床或刨床上加工,但这种方法加工的质量和效率较低。为了保证加工质量和提高生产效率,在单件小批生产中可应用数控机床加工成形面。

大批大量生产中,为了加工一定的成形面,常常专门设计和制造专用的拉刀或专门化的机床,例如加工凸轮轴上凸轮的凸轮轴车床、凸轮轴磨床等。

对于淬硬的成形面,或精度高、粗糙度小的成形面,其精加工则要采用磨削,甚至要用精整加工。

5.8.5 螺纹表面加工

螺纹属于成形表面,按形状分可分为圆柱螺纹、圆锥螺纹;按牙形分为三角螺纹、梯形螺纹、模数螺纹、圆弧形螺纹等,其中应用最多的为三角螺纹;按用途分可分为联接螺纹(如螺栓)和导向螺纹(如丝杆等)。

1. 螺纹的技术要求

螺纹也和其他类型的表面一样,有一定的尺寸精度、形位精度和表面质量的要求。由于它们的用途和使用要求不同,技术要求也有所不同。

(1) 对于紧固螺纹和无传动精度要求的传动螺纹,一般只要求中径、外螺纹的大径、内螺纹的小径的精度。

(2) 对于有传动精度要求或用于读数的螺纹,除要求中径和顶径的精度外,还要求螺距和牙型角的精度。为了保证传动或读数精度及耐磨性,对螺纹表面的粗糙度和硬度等也有较高的要求。

2. 螺纹加工方案的分析

螺纹的加工方法很多,有车螺纹、铣螺纹、磨螺纹、攻螺纹、套螺纹、搓螺纹、滚螺纹及电火花加上螺纹等。选择螺纹的加工方法时,要考虑的因素较多,其中主要的是工件形状、螺纹牙型、螺纹的尺寸和精度、工件材料和热处理以及生产类型等。

螺纹常用加工方案见表 5 - 11。

表 5 - 11　螺纹常用加工方案

序号	加工方案	公差等级	表面粗糙度 $Ra/\mu m$	适用范围
1	车螺纹	IT9~IT4	3.2~0.8	用于轴、盘、套类工件
2	铣螺纹	IT9~IT8	6.3~3.2	用于加工大直径梯形螺纹和模数螺纹
3	铣螺纹-磨螺纹-研磨螺纹	>IT3	0.1~0.05	用于加工高精度内外螺纹
4	攻螺纹	IT8~IT6	6.3~1.6	用于加工各类工件上的内螺纹
5	套螺纹	IT8~IT6	3.2~1.6	用于加工外螺纹
6	搓螺纹	IT7~IT5	1.6~0.8	用于加工 $d\leqslant 25mm$ 的外螺纹

（续）

序号	加工方案	公差等级	表面粗糙度 $Ra/\mu m$	适用范围
7	滚螺纹	IT6～IT4	0.8～0.2	用于加工 $d=0.3\sim 120mm$ 的外螺纹
8	回转式电火花加工	IT9～IT5	1.6～0.1	用于加工硬脆材料
9	共轭回转式电火花加工	IT4～IT3	＜0.1	用于加工精密螺纹环规

5.8.6　齿轮表面加工

齿轮作为传递运动和动力的机械零件，应用在机械、仪表等产品中。齿轮的传动精度与齿形加工有着密切的联系。齿轮按形状分为圆柱齿轮和圆锥齿轮。圆柱齿轮按齿向分为直齿圆柱齿轮和斜齿圆柱齿轮。圆锥齿轮也分为直齿圆锥齿轮和弧齿圆锥齿轮，除此之外，还有蜗轮及齿条。

1. 齿轮的技术要求

（1）传递运动的准确性。要求齿轮较准确地传递运动，传动比恒定，即要求齿轮在一转中的转角误差不超过一定范围。

（2）传动的平稳性。要求齿轮传递运动平稳，以减小冲击、振动和噪声，即要求限制齿轮转动时瞬时速比的变化。

（3）载荷分布的均匀性。要求齿轮工作时，齿面接触要均匀，以使齿轮在传递动力时不致因载荷分布不匀而使接触应力过大，引起齿面过早磨损。接触精度除了包括齿面接触均匀性以外，还包括接触面积和接触位置。

（4）传动侧隙。要求齿轮工作时，非工作齿面间留有一定的间隙，以贮存润滑油，补偿因温度、弹性变形所引起的尺寸变化和加工、装配时的一些误差。

2. 齿轮加工方案的分析

齿形加工方法的确定与齿轮齿形本身的加工精度要求有着十分密切的关系。同时，还要考虑生产批量及工件尺寸大小，应根据条件适当地确定齿形加工工艺方法。

齿形加工方法有成形法和展成法。

齿形常用的切削加工方法有铣齿、插齿、滚齿、剃齿、珩磨、磨齿及研齿等；少无切削加工方法有精锻齿轮等；特种加工方法有电解加工和线切割齿轮等。

齿轮常用加工方案见表 5-12。

表 5-12　齿轮常用加工方案

序号	加工方案	公差等级	表面粗糙度 $Ra/\mu m$	适用范围
1	铣齿	IT11～IT9	6.3～3.2	用于加工单件小批生产和维修工作中精度低于 9 级的直齿轮、螺旋齿轮等
2	插齿或滚齿	IT8～IT7	3.2～1.6	用于加工各种批量中精度等于或低于 7 级不淬硬的齿轮

（续）

序号	加工方案	公差等级	表面粗糙度 $Ra/\mu m$	适用范围
3	插齿或滚齿-磨齿	IT6～IT3	0.8～0.2	用于加工单件小批生产淬硬和不淬硬的各种齿轮
4	插齿或滚齿-珩齿	IT8～IT7	0.8～0.2	用于加工齿面淬火后去除氧化皮和降低齿面粗糙度 Ra 值的齿轮，一般不提高齿轮精度
5	插齿或滚齿-研齿	IT8～IT7	1.6～0.2	
6	滚齿-剃齿-珩齿	IT7～IT6	0.8～0.2	用于加工大批大量生产中淬硬和不淬硬的精度为 7～6 级的齿轮。
7	精锻齿轮	IT9～IT8	3.2	用于加工大批大量生产中直齿锥齿轮
8	电解加工齿轮	IT8～IT7	0.8～0.1	用于加工大批大量生产中的内齿轮
9	线切割齿轮	IT8～IT7	3.2～1.6	用于加工难加工的导电材料

5.9　机械加工工艺过程

机械加工工艺过程是生产过程的重要组成部分，它是采用机械加工的方法，直接改变毛坯的形状、尺寸和质量，使之成为合格的产品的过程。拟定加工工艺规程是根据生产条件，规定工艺过程和操作方法，并写成工艺文件。拟定出的工艺文件，是进行生产准备，安排生产作业计划，组织产品生产，制定劳动定额的主要依据；也是工人操作及技术检验等工作的主要依据。

5.9.1　机械加工工艺过程的基本概念

1. 工艺过程

工艺过程是指在生产过程中改变生产对象的形状、尺寸、相对位置和性能等，使其成为半成品或成品的过程。机械产品的工艺过程又可分为铸造、锻造、冲压、焊接、铆接、机械加工、热处理、电镀、涂装、装配等工艺过程。工艺过程是生产过程中的主要组成部分，根据其作用不同可分为零件机械加工过程和部件或成品装配工艺过程。

机械加工工艺过程是利用切削加工、磨削加工、电加工、超声波加工、电子束及离子束加工等机械、电的加工方法，直接改变毛坯的形状、尺寸、相对位置和性能等，使其转变为合格零件的过程。把零件装配成部件或成品并达到装配要求的过程称为装配工艺过程。机械加工工艺过程直接决定零件和产品的质量，对产品的成本和生产周期都有较大的影响，是机械产品整个工艺过程的主要组成部分。

2. 机械加工工艺过程的组成

机械加工工艺过程由一个或若干个顺次排列的工序组成。每一个工序又可分为一个或若干个安装、工位、工步和走刀等。

（1）工序。指一个或一组操作者，在一个工作地点或一台机床上，对同一个或同时对几个零件进行加工所连续完成的那一部分工艺过程。只要操作者、工作地点或机床、加工对象三者之一变动或者加工不是连续完成的，就不是一道工序。同一零件、同样的加工内容也可以安排在不同的工序中完成。

（2）工步。指在同一个工序中，当加工表面不变、切削工具不变、切削用量中的进给量和切削速度不变的情况下所完成的那部分工艺过程。当构成工步的任一因素改变后，即成为新的工步。一个工序可以只包括一个工步，也可以包括几个工步。在机械加工中，有时会出现用几把不同的刀具同时加工一个零件的几个表面的工步，称为复合工步，如图 5.65 所示。有时，为了提高生产效率，在铣床用组合铣刀铣平面的情况，可视为一个复合工步。

（3）走刀。加工表面由于被切去的金属层较厚，需要分几次切削，走刀是指在加工表面上切削一次所完成的那一部分工步，每切去一层材料称为一次走刀。一个工步可包括一次或几次走刀。

（4）安装。工件经一次装夹后所完成的那一部分工序称为安装。在一个工序中，零件可能安装一次，也可能需要安装几次。但是应尽量减少安装次数，以免产生不必要的误差和增加装卸零件的辅助时间。

（5）工位。指为了减少安装次数，常采用转位（移位）夹具、回转工作台，使零件在一次安装中先后处于几个不同的位置。零件在机床上所占据的每一个待加工位置称为工位。图 5.66 所示为回转工作台上一次安装完成零件的装卸、钻孔、扩孔和铰孔 4 个工位的加工实例。采用这种多工位加工方法，可以提高加工精度和生产率。

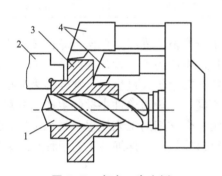

图 5.65　复合工步实例

1—钻头；2—夹具；3—零件；4—工具

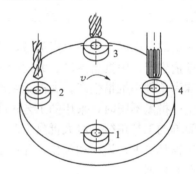

图 5.66　多工位加工

1—装卸；2—钻孔；3—扩孔；4—铰孔

3. 生产类型

机械加工工艺受到生产类型的影响。生产类型是指产品生产的专业化程度。企业在计划期内应当生产的产品产量和进度计划称为生产纲领。计划期为一年的生产纲领称为年生产纲领，也称年生产总量。机械产品中某零件的年生产纲领 N 可按下式计算：

$$N = Qn(1+\alpha)(1+\beta) \tag{5-21}$$

式中　N——某零件的年生产纲领（件/年）；

　　　Q——某产品的年生产纲领（台/年）；

　　　n——每台产品中该零件的数量（件/台）；

　　　α——备品率，以百分数计；

　　　β——废品率，以百分数计。

生产批量是指一次投入或产出的同一产品（或零件）的数量。根据零件的生产纲领或生产批量可以划分出不同的生产类型，它反映了企业生产专业化的程度，一般分为 3 种不同的生产类型：单件小批量生产、成批生产、大量生产。

（1）单件生产。其基本特点是生产的产品品种繁多，每种产品仅制造一个或少数几个，很少重复生产。重型机械制造、专用设备制造、新产品试制等都属于单件生产。

（2）成批生产。其基本特点是一年中分批次生产相同的零件，生产呈周期性重复。机床、工程机械、液压传动装置等许多标准通用产品的生产都属于成批生产。

（3）大量生产。其基本特点是同一产品的生产数量很大，通常是某一工作地长期进行同一种零件的某一道工序的加工。汽车、拖拉机、轴承等的生产都属于大量生产。

按年生产纲领划分的生产类型见表 5-13。

表 5-13　不同产品生产类型的划分

生产类型	工作地点每月担负的工序数	产品年产量(台、件、种)		
		重型(单个零件质量大于 2000kg)	中型(单个零件质量为 100~2000kg)	小型(单个零件质量小于 100kg)
单件生产	不作规定	<5	<20	<100
小批生产	>20~40	5~100	20~200	100~500
中批生产	>10~20	100~300	200~500	500~5000
大批生产	>1~10	300~1000	500~5000	5000~50000
大量生产	1	>1000	>5000	>50000

在一定的范围内，各种生产类型之间并没有十分严格的界限。根据产品批量大小，又分为小批量生产、中批量生产、大批量生产。小批量生产的工艺特征接近单件生产，常将两者合称为单件小批量生产。大批量生产的工艺特征接近于大量生产，常合称为大批大量生产。生产批量不同时，采用的工艺过程也有所不同。一般对单件小批量生产，只需要制定一个简单的工艺路线；对大批量生产，则应制定一个详细的工艺规程对每个工序、工步和工作过程都要进行设计和优化，并在生产中严格遵照执行。详细的工艺规程是工艺装备设计制造的依据。

为了获得最佳的经济效益，对于不同的生产类型，其生产组织、生产管理、车间管理、毛坯选择、设备工装、加工方法和操作者的技术等级要求均有所不同，具有不同的工艺特点，各种生产类型的工艺特征见表 5-14。

表 5-14　各种生产类型的工艺特征

工艺特点　批量　项目	单件生产	成批量生产	大量生产
加工对象	经常变换	周期性变换	固定不变
工艺规程	简单的工艺路线卡	有比较详细的工艺规程	有详细的工艺规程
毛坯的制造方法及加工余量	木模手工造型或自由锻，毛坯精度低，加工余量大	金属模造型或模锻，毛坯精度与余量中等	广泛采用模锻或金属模机器造型，毛坯精度高、余量少

（续）

项目 工艺特点 批量	单件生产	成批量生产	大量生产
机床设备	采用通用机床，部分采用数控机床。按机床种类及大小采用"机群式"排列	通用机床及部分高生产率机床。按加工零件类别分工段排列	专用机床、自动机床及自动线，按流水线形式排列
夹具	多用标准附件，极少采用夹具，靠划线及试切法达到精度要求	广泛采用夹具和组合夹具，部分靠加工中心一次安装	采用高效率专用夹具，靠夹具及调整法达到精度要求
刀具与量具	通用刀具和万能量具	较多采用专用刀具及专用量具	采用高生产率刀具和量具，自动测量
对工人的要求	技术熟练的工人	一定熟练程度的工人	对操作工人的技术要求较低，对调整工人技术要求较高
零件的互换性	一般是配对生产，无互换性，主要靠钳工修配	多数互换，少数用钳工修配	全部具有互换性，对装配要求较高的配合件，采用分组选择装配
成本	高	中	低
生产率	低	中	高

5.9.2　典型零件加工工艺过程的拟定

1. 轴类零件

轴类零件是机器中常见的典型回转体零件之一，其主要功用是支承传动零部件（带轮、齿轮、联轴器等）、传递转矩以及承受载荷。对于机床主轴，要求有较高的回转精度。轴类零件按形状结构特点可分为光轴、空心轴、阶梯轴、异形轴（如曲轴、齿轮轴、凸轮轴、十字轴等）四大类。

轴类零件的是长度(L)大于直径(d)的回转体零件，长径比 $L/d \leqslant 12$ 时通称为刚性轴，而长径比 $L/d > 12$ 时称为细长轴或挠性轴。其被加工表面常有同轴线的内外圆柱面、内外圆锥面、螺纹、花键、键槽及沟槽等。

轴类零件的技术要求是设计者根据轴的主要功用以及使用条件确定的，它要符合第5.8节所讲的内、外圆表面加工的通用技术要求，在这里不再赘述。

1）轴类零件的材料及毛坯

轴类零件选用的材料、毛坯生产方式以及采用的热处理，对选取加工过程有极大影响。一般轴类零件常用的材料是 45 钢，并根据其工作条件选取不同的热处理规范，可得到较好的切削性能及综合力学性能。40Cr 等合金结构钢适用于中等精度而转速较高的轴类零件，这类钢经调质和表面淬火处理后，具有较高的综合力学性能。轴承钢 GCr15 和弹簧钢 65Mn 经调质和表面高频淬火后再回火，表面硬度可达 50～58HRC，具有较高的耐疲劳性能和较好的耐磨性能，可制造较高精度的轴。

20CrMnTi、18CrMnTi、20Mn2B、20Cr 等含铬、锰、钛和硼等元素，经正火和渗碳淬火处理可获得较高的表面硬度，较软的芯部。因此，耐冲击、韧性好，可用来制造在高转速、重载荷等条件下工作的轴类零件，其主要缺点是热处理变形较大。中碳合金氮化钢 38CrMoAlA 由于氮化温度比一般淬火温度低，经调质和表面氮化后，变形很小，且硬度也很高，具有很高的心部强度，良好的耐磨性和耐疲劳性能。

轴类零件可选用棒料、铸件或锻件等毛坯形式。一般的光轴和外圆直径相差不大的阶梯轴，以棒料为主；而对于外圆直径相差大的阶梯轴或重要的轴，常选用锻件；对于某些大型的、结构复杂的轴(如曲轴)才采用铸件。

2) 轴类零件的加工工艺特点

轴类零件最常用的精定位基准是两中心孔，采用这种方法符合基准重合与基准统一的原则，因为轴类零件的各外圆表面、圆锥面、螺纹表面的同轴度及端面的垂直度等设计基准都是轴的中心线。

粗加工时为了提高零件的刚度，一般用外圆表面或外圆表面与中心孔共同作为定位基准。内孔加工时，也以外圆作为定位基准。

对于空心轴，为了使以后各工序有统一的定位基准，在加工出内孔后，采用带中心孔的锥堵或锥堵心轴，保证用中心孔定位，如图 5.67 所示。

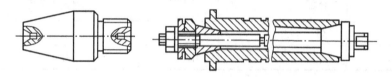

图 5.67　带中心孔的锥堵或锥堵心轴

3) 轴类零件的加工工艺过程

轴类零件的加工工艺过程需根据轴的结构类型、生产批量、精度及表面粗糙度要求、毛坯种类、热处理要求等的不同而变化。在设备维修和备件制造等单件小批生产中，一般遵循工序集中原则。

在批量加工轴类零件时，要将粗、精加工分开，先粗后精；对于精密的轴类零件，精磨是最终的加工工序，有些要求较高精度的机床主轴，还要安排光整加工。车削和磨削是加工轴类零件的主要加工方法，其一般的加工工序安排为准备毛坯→正火→切端面打中心孔→粗车→调质→半精车→精车→表面淬火→粗、精磨外圆表面→终检。轴上的花键、键槽、螺纹、齿轮等表面的加工，一般都放在外圆半精加工以后，精磨之前进行。

轴类零件毛坯是锻件，大多需要进行正火处理，以消除锻造内应力、改善材料内部金相组织和降低硬度，改善材料的可加工性。对于机床主轴等重要轴类零件，在粗加工后应安排调质处理以获得均匀细致的回火索氏体组织，提高零件材料的综合力学性能，并为表面淬火时得到均匀细密的组织，也可获得由表面向中心逐步降低的硬化层奠定基础，同时，索氏体金相组织经机械加工后，表面粗糙度值较小。此外，对有相对运动的轴颈表面和经常装卸工具的内锥孔等摩擦部位，一般应进行表面淬火，以提高其耐磨性。

图 5.68 所示是 CA6140 型车床主轴零件图。主轴材料为 45 钢，在大批量生产的条件

下，拟定的加工工艺过程见表 5－15。

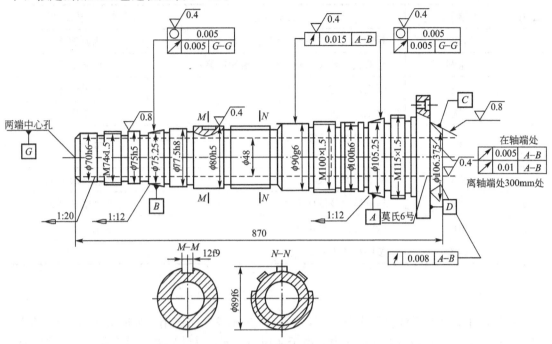

图 5.68　CA6140 型车床主轴

表 5－15　CA6140 车床主轴加工工艺过程

工序	工序名称	工序内容	设备及主要工艺装备
1	模锻	锻造毛坯	
2	热处理	正火	
3	铣端面，钻中心孔	铣端面，钻中心孔，控制总长 872mm	专用机床
4	粗车	粗车外圆、各部留量 2.5～3mm	仿形车床
5	热处理	调质	
6	半精车	车大头各台阶面	卧式车床
7	半精车	车小头各部外圆，留余量 1.2～1.5mm，	仿形车床
8	钻	钻 $\phi48$ 通孔	深孔钻床
9	车	车小头 1∶20 锥孔及端面(配锥堵)	卧式车床
10	车	车大头莫氏 6 号孔、外短锥及端面(配锥堵)	卧式车床
11	钻	钻大端端面各孔	钻床
12	热处理	短锥及莫氏 6 号锥孔、$\phi75h5$、$\phi90g6$、$\phi100h6$ 进行高频淬火	
13	精车	仿形精车各外圆，留余量 0.4～0.5mm，并切槽	数控车床
14	粗磨	粗磨 $\phi75h5$、$\phi90g6$、$\phi100h6$ 外圆	万能外圆磨床

（续）

工序	工序名称	工序内容	设备及主要工艺装备
15	粗磨	粗磨小头工艺内锥孔（重配锥堵）	内圆磨床
16	粗磨	粗磨大头莫氏 6 号内锥孔（重配锥堵）	内圆磨床
17	铣	粗精铣花键	花键铣床
18	铣	铣 12f9 键槽	铣床
19	车	车三处螺纹 M115×1.5、M100×1.5、M74×1.5	卧式车床
20	精磨	精磨外圆至尺寸	万能外圆磨床
21	精磨	精圆锥面及端面 D	专用组合磨床
22	精磨	精磨莫氏 6 号锥孔	主轴锥孔磨床
23	检验	按图样要求检验	

2. 套类零件

在机器中，套类零件应用十分广泛，一般起支承或导向作用，如图 5.69 所示。套类零件工作时主要承受径向力或轴向力。由于功用的不同，其结构和尺寸有很大的差别，但套类零件的共同点是结构简单，主要工作表面为形状精度和位置精度要求较高的内、外回转面，零件的壁厚较薄，加工中极易变形，长径比较大。

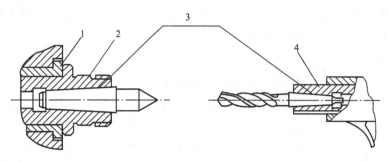

图 5.69　套类零件示例

1—轴套；2—主轴；3—圆锥表面；4—锥套

1）套类零件的技术要求与材料

套类零件一般由内、外圆表面组成。技术要求要符合第 5 章所讲的内、外圆表面加工的通用技术要求，在这里不再赘述。

套类零件常用材料是钢、铸铁、青铜或黄铜等。对于要求较高的滑动轴承，采用双金属结构，即用离心铸造法在钢或铸铁套筒的内壁上浇注一层巴氏合金等材料，在提高轴承寿命的同时，也节省了贵重材料。

套类零件毛坯的选择与材料、结构尺寸、批量等因素有关。直径较小（如 $d<20$mm）的套筒一般选择热轧或冷拉棒料或实心铸件。直径较大的套筒，常选用无缝钢管或带孔的铸、锻件。大批量生产时可采用冷挤压和粉末冶金等先进的毛坯制造工艺。

2）套类零件的工艺分析

套类零件的加工主要考虑如何保证内圆表面与外圆表面的同轴度、端面与其轴线的垂直度、相应的尺寸精度、形状精度，同时兼顾其壁薄、易变形的工艺特点。所以套类零件的加工工艺过程常用的有两种。一是当内圆表面是最重要表面时，采用备料→热处理→粗车内圆表面及端面→粗、精加工外圆表面→热处理→划线（键槽及油孔线）→精加工内圆表面。二是当外圆表面是最重要表面时，采用备料→热处理→粗加工外圆表面及端面→粗、精加工内圆表面→热处理→划线（键槽及油孔线）→精加工外圆表面。

图 5.70 所示为液压缸缸体，毛坯选用无缝钢管，其加工工艺过程见表 5-16。

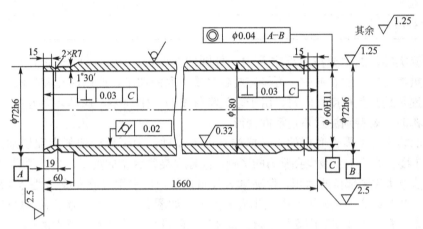

图 5.70 液压缸简图

表 5-16 液压缸加工工艺过程

序号	工序名称	工序内容	定位与夹紧
1	备料	无缝钢管切断	
2	热处理	调质 HB241～285	
3	车削	车一头外圆到 ϕ78 mm，并车工艺螺纹 M78×1.5	三爪自定心卡盘，一夹一顶
		车端面及倒角	三爪自定心卡盘夹一端，搭中心架
		调头车另一头外圆到 ϕ74mm	三爪自定心卡盘，一夹一顶
		车端面及倒角，取总长 1661mm，留加工余量 1mm	三爪自定心卡盘夹一端，搭中心架
4	粗镗、半精镗内孔	粗镗内孔到 ϕ58mm	一端用 M88×1.5 工艺螺纹固定在夹具上，另一端用中心架
		半精镗内孔到 ϕ59.85mm	
		精铰（浮动镗刀镗孔）到 ϕ60±0.02mm，$Ra=1.6\mu m$	
5	滚压孔	用滚压头滚压到 $\phi60_0^{+0.19}$mm，$Ra=0.2\mu m$	一端用 M88×1.5 工艺螺纹固定在夹具上，另一端用中心架

（续）

序号	工序名称	工序内容	定位与夹紧
6	车	车去工艺螺孔，车 $\phi72h6$ 到尺寸，割 $R7$ 槽	软爪夹一端，以孔定位，顶另一端
		镗内锥孔 $1°30'$ 及车端面，取总长 $1660mm$	软爪夹一端，以孔定位，顶另一端，用百分表找正
		调头，车 $\phi72h6$ 到尺寸，割 $R7$ 槽	软爪夹一端，顶另一端夹工艺圆
7	清洗		
8	终检		

由于套类零件的主要技术要求是内、外圆的同轴度，因此选择定位基准和装夹方法时，应着重考虑在一次装夹中尽可能完成各主要表面的加工，或以内孔和外圆互为基准反复加工以逐步提高其精度。同时，由于套类零件壁薄、刚性差，选择装夹方法、定位元件和夹紧机构时，要特别注意防止零件变形。

常用的防止套类零件变形的工艺措施有以下几种：为了减少切削力和切削热的影响，粗、精加工要分开；为了减少夹紧力的影响，改径向夹紧为轴向夹紧，当必须采用径向夹紧时，尽可能增大夹紧部位的面积，使夹紧力分布均匀，可采用过渡套或弹性套及扇形夹爪，或者制造工艺凸边或工艺螺纹等以减小夹紧变形，如图 5.71 所示。为了减少热处理的变形引起的误差，常把热处理工序安排在粗、精加工之间进行，并且要适当地放大精加工余量。

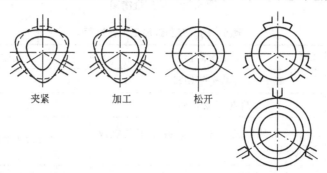

夹紧　　　加工　　　松开

图 5.71　套类零件夹紧变形示意及减少夹紧力的方法

3. 箱体类零件

箱体零件是将箱体内部的轴、齿轮等有关零件和机构连接为一个有机整体的基础零件，如机床的床头箱、进给箱，汽车、拖拉机的发动机机体、变速箱，农机具的传动箱等。它们的尺寸大小、结构形式、外观和用途虽然各有不同，但是有共同的结构特点：结构复杂，一般是中空、多孔的薄壁铸件，刚性较差，在结构上常设有加强肋、内腔凸边、凸台等；箱体壁上既有尺寸精度和形位公差要求较高的轴承支承孔和平面，又有许多小的光孔、螺纹孔以及用于安装定位的销孔。因此，箱体类零件加工部位多且加工难度较大。

1) 箱体类零件的技术要求与材料

图 5.72 所示为 CA6140 型车床主轴箱体，以它为例来说明箱体零件的主要技术要求。

（1）支承孔本身的精度。轴承支承孔要求有较高的尺寸精度、形状精度和较小的表面

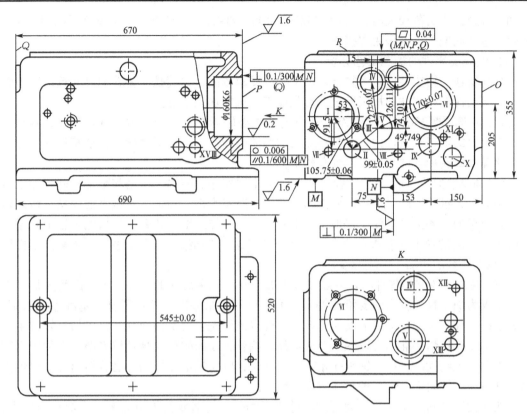

图 5.72　CA6140 型车床主轴箱简图

粗糙度值。在 CA6140 型车床主轴箱体上主轴孔的尺寸公差等级为 IT6，其余孔为 IT7～
IT6；主轴孔的圆度为 0.006～0.008mm，其余孔的几何形状精度未作规定，一般控制在
尺寸公差范围内即可；一般主轴孔的表面粗糙度值 $Ra=0.4\mu m$，其他轴承孔 $Ra=1.6\mu m$，
孔的内端面 $Ra=3.2\mu m$。

(2) 孔与孔的相互位置精度。在箱体类零件中，同一轴线上各孔的同轴度要求较高，
若同轴度超差，会使轴和轴承装配到箱体内出现歪斜，造成主轴径向跳动和轴的跳动，加
剧轴承磨损。所以主轴轴承孔的同轴度为 0.012mm，其他支承孔的同轴度为 0.02mm。

箱体类零件中齿轮啮合关系的相邻孔系之间的平行度误差，会影响齿轮的啮合精度，工作
时会产生噪声和振动，降低齿轮的使用寿命，因此，要求较高的平行度。在 CA6140 型车床主
轴箱体各支承孔轴心线平行度为 0.04～0.06mm /400mm，中心距之差为±(0.05～0.07)mm。

(3) 主要平面的精度。箱体类零件的主要平面 M 是装配基准或加工中的定位基面，它
的平面度和表面粗糙度将影响主轴箱与床身连接时的接触刚度，加工过程中作为定位基面
则会影响主要孔的加工精度。因此有较高的平面度和较小的表面粗糙度值要求。在
CA6140 型车床主轴箱体中平面度要求为 0.04mm，表面粗糙度 Ra 值为 0.63～2.5μm，而
其他平面的 Ra 为 2.5～10μm，主要平面间的垂直度为 0.1/300mm。

(4) 支承孔与主要平面间的相互位置精度。一般都规定主轴孔和主轴箱安装基面的平行
度要求，它们决定了主轴与床身导轨的相互位置关系，同时各支承也对端面要有一定的垂
直度要求。因此在 CA6140 型车床主轴箱体中主轴孔对装配基准的平行度为 0.1/600mm。

箱体类零件最常用的材料是 HT200～400 灰铸铁，在航天航空、电动工具中也有采用

铝和轻合金；当负荷较大时，可用 ZG200～400、ZG230～450 铸钢；在单件小批生产时，为缩短生产周期，也可采用焊接件。

2) 箱体类零件的加工工艺分析

如前所述，箱体零件结构复杂，加工精度要求较高，尤其是主要孔的尺寸精度和位置精度。要确保箱体零件的加工质量，首先要正确选择加工基准。

(1) 在选择粗基准时，要求定位平面与各主要轴承孔有一定位置精度，以保证各轴承孔都有足够的加工余量，并要求与不加工的箱体内壁有一定位置精度以保证箱体的壁厚均匀、避免内部装配零件与箱体内壁互相干扰。

(2) 箱体类零件加工工艺过程的特点。箱体类零件的结构、功用和精度不同，加工方案也不同。大批量生产时，箱体零件的一般工艺路线为粗、精加工定位平面→钻、铰两定位销孔→粗加工各主要平面→精加工各主要平面→粗加工轴承孔系→半精加工轴承孔系→各次要小平面的加工→各次要小孔的加工→重要表面的精加工(本工序视具体箱体零件而定)→轴承孔系的精加工→攻螺纹。

(3) 在加工箱体类零件时，一般按照先面后孔、先主后次的顺序加工。因为先加工平面，不仅为加工精度较高的支承孔提供了稳定可靠的精基准，而且还符合基准重合原则，有利于提高加工精度。加工平面或孔系时，也应遵循先主后次的原则，以先加工好的主要平面或主要孔作精基准，可以保证装夹可靠，调整各表面的加工余量较方便，有利于提高各表面的加工精度。当有与轴承孔相交的油孔时，应在轴承孔精加工之后钻出油孔以免先钻油孔造成断续切削，影响轴承孔的加工精度。

箱体类零件的结构一般较为复杂，壁厚不均匀，铸造残留内应力大。为消除内应力，减少箱体在使用过程中的变形以保持精度稳定，铸造后一般均需进行时效处理。对于精密机床的箱体或形状特别复杂的箱体，在粗加工后还要再安排一次人工时效，以促进铸造和粗加工造成的内应力释放。

箱体零件上各轴承孔之间，轴承孔与平面之间，具有一定的位置要求，工艺上将这些具有一定位置要求的一组孔称为"孔系"。孔系有平行孔系、同轴孔系、交叉孔系。孔系加工是箱体零件加工中最关键的工序。根据生产规模，生产条件以及加工要求的不同，孔系加工可采用不同的加工方法。

CA6140 型车床主轴箱体的加工工艺见表 5-17，主轴箱装配基面和孔系的加工是其加工的核心和关键。

表 5-17　CA6140 主轴箱机械加工工艺过程

工序	工序名称	工序内容	设备及主要工艺装备
1	铸造	铸造毛坯	
2	热处理	人工时效	
3	涂装	上底漆	
4	划线	兼顾各部划全线	
5	刨	① 按线找正，粗刨顶面 R，留量为 2～2.5mm； ② 以顶面 R 为基准，粗刨底面 M 及导向面 N，各部留量为 2～2.5mm； ③ 以底面 M 和导向面 N 为基准，粗刨侧面 O 及两端面 P、Q，留量为 2～2.5mm	龙门刨床

（续）

工序	工序名称	工序内容	设备及主要工艺装备
6	划	划各纵向孔镗孔线	
7	镗	以底面 M 和导向面 N 为基准，粗镗各纵向孔，各部留量为 2～2.5mm	卧式镗床
8	时效		
9	刨	① 以底面 M 和导向面 N 为基准精刨顶面 R 至尺寸； ② 以顶面 R 为基准精刨底面 M 及导向面 N，留刮研量为 0.1mm	龙门刨床
10	钳	刮研底面 M 及导向 N 至尺寸	
11	刨	以底面 M 和导向面 N 为基准精刨侧面 O 及两端面 P、Q 至尺寸	龙门刨床
12	镗	以底面 M 和导向面 N 为基准： ① 半精镗和精镗各纵向孔，主轴孔留精细镗余量为 0.05～0.1mm，其余镗好，小孔可用铰刀加工； ② 用浮动镗刀块精细镗主轴孔至尺寸	卧式镗床
13	划	划各螺纹孔、紧固孔及油孔线	
14	钻	钻螺纹底孔、紧固孔及油孔	摇臂钻床
15	钳	攻螺纹、去毛刺	
16	检验		

5.9.3　零件切削加工结构工艺性

机械零件在保证功能的前提下，要有好的机械加工工艺性，即能够保证加工质量，同时使加工量最小，这也是衡量机械零件设计质量的重要标准。

1. 切削加工对零件结构的要求

零件的结构工艺性是指零件所具有的结构是否便于制造、装配和拆卸。它是评价零件结构设计好坏的一个重要指标。结构工艺性良好的零件，能够在一定的生产条件下，高效低耗地制造生产。因此机械零件的结构工艺性包括零件本身结构的合理性与制造工艺的可能性两个方面的内容。

机械产品设计在满足产品使用要求外，还必须满足制造工艺的要求，否则就有可能影响产品的生产效率和产品成本，严重时甚至无法生产。

由于加工、装配自动化程度的不断提高，机器人、机械手的推广应用，以及新材料、新工艺的出现，出现了不少适合于新条件的新结构，与传统的机械加工有较大的差别，这些在设计中应该充分地予以注意与研究。因此，评价机械产品(零件)工艺性的优劣是相对的，它随着科学技术的发展和具体生产条件(如生产类型、设计条件、经济性等)的不同而变化。

切削加工对零件结构的一般要求如下。

(1) 加工表面的几何形状应尽量简单，尽量布置在同一平面上、同一母线上或同一轴线上，减少机床的调整次数。

（2）尽量减少加工表面面积，不需要加工的表面，不要设计成加工面，要求不高的面不要设计成高精度、低粗糙度的表面，以便降低加工成本。

（3）零件上必要的位置应设有退刀槽、越程槽，便于进刀和退刀，保证加工和装配质量。

（4）避免在曲面和斜面上钻孔，避免钻斜孔，避免在箱体内设计加工表面，以免造成加工困难。

（5）零件上的配合表面不宜过长，轴头要有导向用倒角，便于装配。

（6）零件上需用成形和标准刀具加工的表面，应尽可能设计成同一尺寸，减少刀具的种类。

2. 机械零件结构加工工艺性典型实例

零件的结构工艺性直接影响着机械加工工艺过程，使用性能相同而结构不同的两个零件，它们的加工方法和制造成本有较大的差别。在拟定机械零件的工艺规程时，应该充分地研究零件工作图，对其进行认真分析，审查零件的结构工艺是否良好、合理，并提出相应的修改意见。表 5-18 中列举了机械零件结构加工工艺性的典型实例，供设计时参考。

表 5-18　零件结构工艺性的比较实例

序号	结构工艺性差（A）	结构工艺性好（B）	说明
1	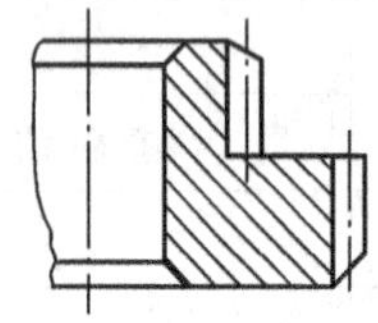	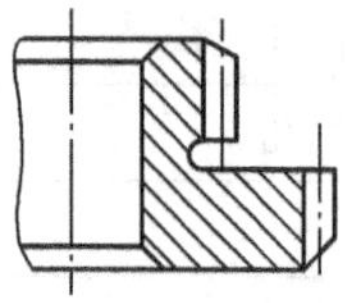	双联齿轮中间必须设计有越程槽，保证小齿轮可以插削
2	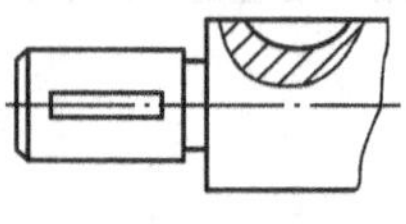	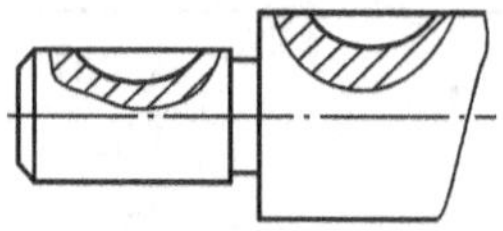	原设计的两个键槽，需要在轴用虎钳上装夹两次，改进后只需要装夹一次
3	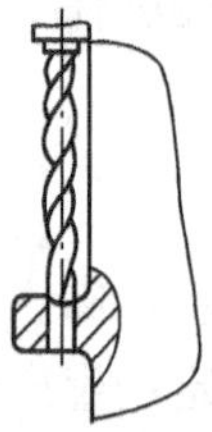	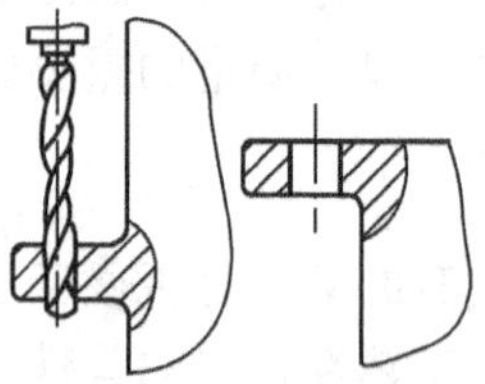	结构 A 底座上的小孔离箱壁太近，钻头向下引进时，钻床主轴碰到箱壁。改进后底板上的小孔与箱壁留有适当的距离
4	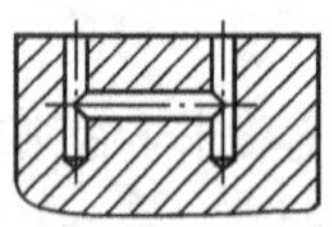	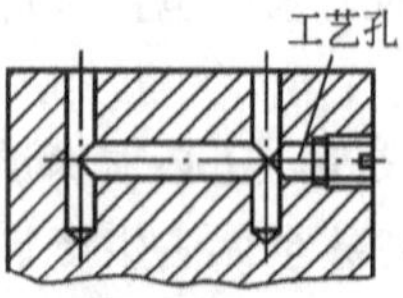	当从功能需要出发设计如图所示的水平孔时，必须增加工艺孔才能加工，打通后再堵上
5	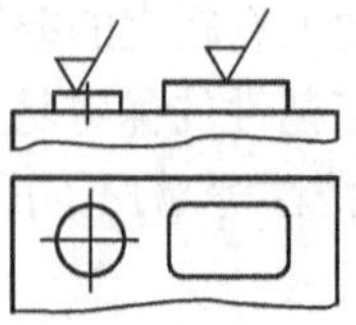	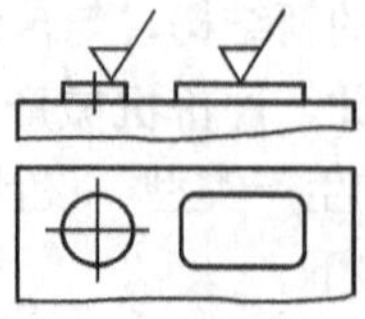	结构凸台表面尽可能在一次走刀中加工完毕，以减少机床的调整次数

（续）

序号	结构工艺性差(A)	结构工艺性好(B)	说明
6	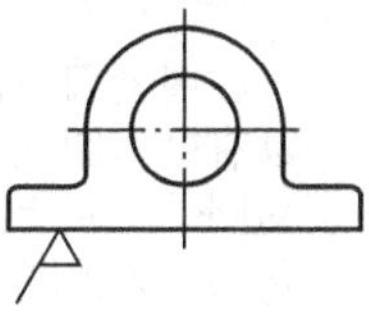	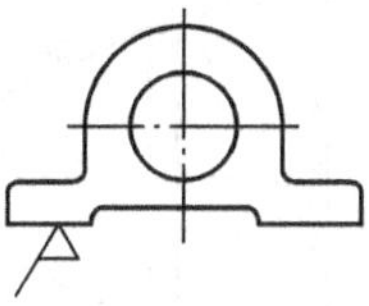	加工面减少，减少材料和切削刀具的消耗，节省工时，且易保证平面度要求
7	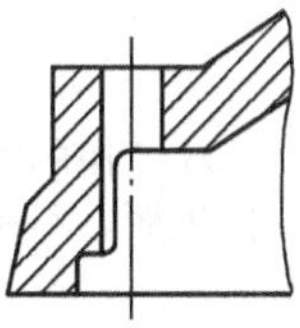	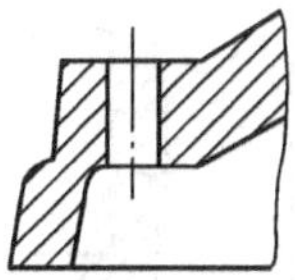	加工结构 A 上的孔时，钻头容易引偏
8	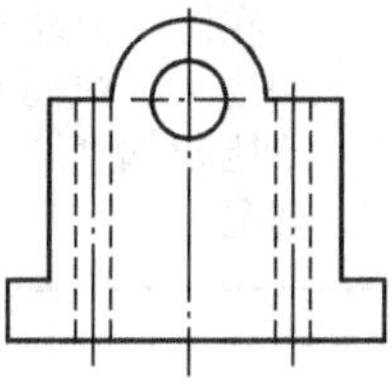	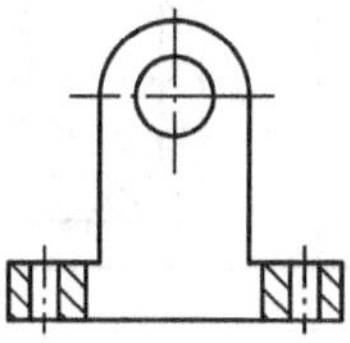	减少孔的加工深度，避免深孔加工，同时也节约了材料
9	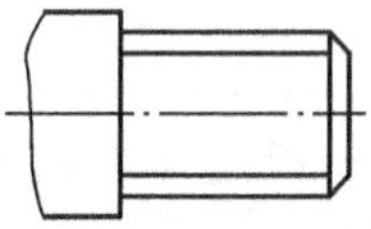	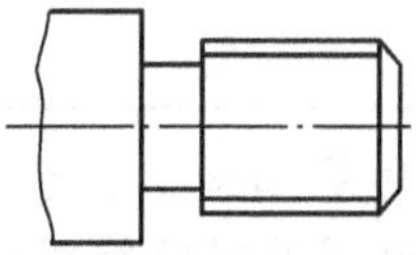	为方便加工，螺纹应有退刀槽
10	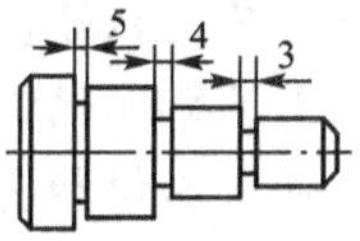	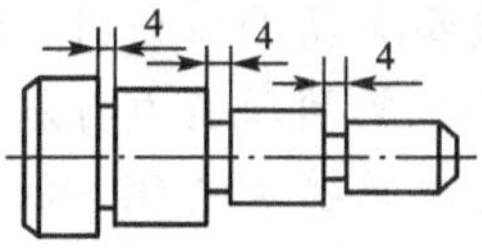	为了减少刀具种类，轴上的砂轮退刀槽宽度尽可能分别一致
11	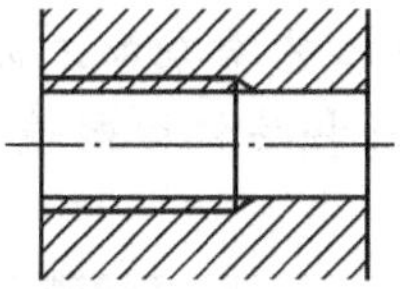	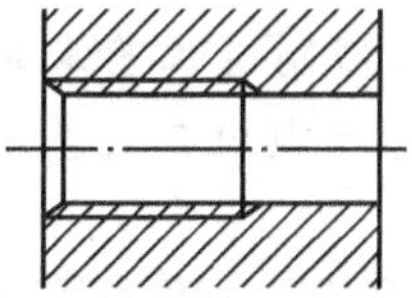	内螺纹的孔口应有倒角，以便顺利引入螺纹刀具
12	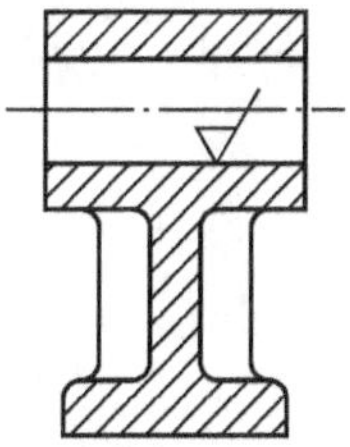	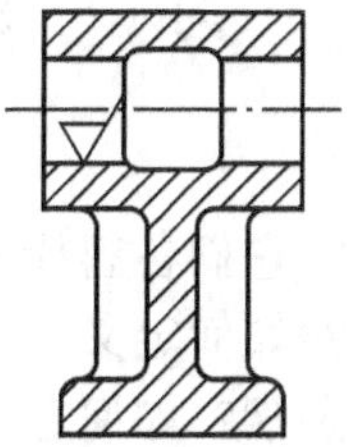	B 结构可以减少加工面积，同时也容易保证加工精度，而 A 结构则不行

（续）

序号	结构工艺性差(A)	结构工艺性好(B)	说明
13			在磨削圆锥面时，A 结构容易有碰伤圆柱面，同时也不能对圆锥全长上进行磨削，B 结构则可方便磨削
14			A 结构的加工表面设计在箱体里面，不易加工
15			在同一轴线上的孔、孔径要两边大、中间小或依次递减，不能出现两边小、中间大的情况

小　结

　　本章主要介绍了金属切削的基础知识。重点应掌握切削运动及切削用量概念，切削刀具及其材料基本知识，切削过程的物理现象及控制，切削加工的主要技术经济指标，材料切削加工性的概念，金属切削机床，常用加工方法及工艺特点及应用，精密加工和特种加工，典型表面加工分析，机械加工工艺过程等。掌握本章内容是，为初步具备分析、解决工艺问题能力打基础，为学生了解现代机械制造技术和模式及其发展打基础。学习本章要注意理论联系生产实践，以便加深理解。可通过课堂讨论、作业练习、实验、校内外参观等及采用多媒体、网络等现代教学手段学习，以取得良好的教学效益。为学好本章内容，可参阅邓文英主编的《金属工艺学》第 4 版、傅水根主编的《机械制造工艺基础》（金属工艺学冷加工部分）、李爱菊等主编的《现代工程材料成形与制造工艺基础》下册及相关机械制造方面的教材和期刊。

习　题

1. 简答题

（1）切削加工由哪些运动组成？它们各起什么作用？

（2）切削用量三要素是指什么？如何定义？

（3）刀具切削部分有哪些结构要素？如何定义？

（4）刀具切削部分材料必须具备哪些性能？为什么？

（5）普通高速钢的常用牌号有哪几种？其性能特点是什么？

（6）常用的硬质合金有哪几种？它们的性能如何？

（7）粗、精加工钢件和铸铁时，应选用什么牌号的硬质合金？

（8）如何划分金属切削变形区？各变形区有何特点？

（9）积屑瘤对切削过程有哪些影响？如何避免积屑瘤的产生？

（10）车削时切削力如何分解？影响切削力的主要因素有哪些？

（11）切削热是如何产生与传散的？影响切削温度的主要因素有哪些？

（12）刀具的正常磨损形式及刀具磨损原因有哪些？

（13）什么是刀具耐用度？影响刀具耐用度的主要因素有哪些？

（14）切削加工的技术经济指标主要包括哪些？如何合理选择切削用量？

（15）切削液有哪些作用？如何合理选用？

（16）什么是材料的切削加工性？改善材料切削加工性的主要途径有哪些？

（17）普通车床上采用了哪些传动副？它们在机床上各起什么作用？

（18）一般机床主要由哪几部分组成？它们各起什么作用？

（19）机床液压传动有什么特点？

（20）简述数控机床的工作原理及基本组成。

（21）与普通机床相比，数控机床有何特点？主要适用于何种类型零件的加工？

（22）什么是开环、闭环、半闭环伺服系统？各适用于什么场合？

（23）何谓加工中心？主要适用于何种类型零件的加工？

2. 计算题

（1）试写出 C6132（图 5.73）的主运动传动系统图，试列出其传动链，并求：主轴 V 有几级转速？主轴 V 的最高转速和最低转速各为多少？

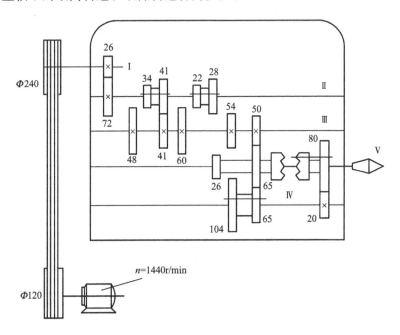

图 5.73　C6132 传动示意图

（2）图 5.74 所示为 CA6140 普通车床纵向快速移动传动系统图。试问床鞍不同移动方向是如何实现的？写出此传动链的传动结构式；计算床鞍的移动速度。

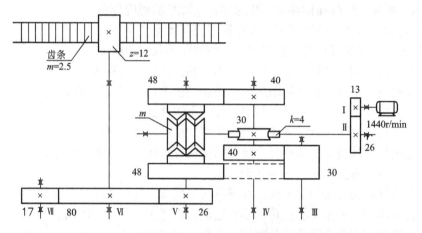

图 5.74 CA6140 普通车床纵向快速移动传动系统图

参 考 文 献

[1] 严绍华. 工程材料及机械制造基础(Ⅱ)热加工工艺基础 [M]. 2 版. 北京：高等教育出版社，2004.
[2] 鞠鲁粤. 机械制造基础 [M]. 2 版. 上海：上海交通大学出版社，2005.
[3] 应宗荣. 材料成形原理与工艺 [M]. 哈尔滨：哈尔滨工业大学出版社，2005.
[4] 卢志文. 工程材料及成形工艺 [M]. 北京：机械工业出版社，2005.
[5] 王新洪，邹增大. 表面熔融凝固强化技术(热喷涂与堆焊技术) [M]. 北京：化学工业出版社，2005.
[6] 李爱菊. 现代工程材料成形与机械制造基础 [M]. 北京：高等教育出版社，2005.
[7] 翟封祥，尹志华. 材料成形工艺基础 [M]. 哈尔滨：哈尔滨工业大学出版社，2003.
[8] 孙康宁. 现代工程材料成形与机械制造基础 [M]. 北京：高等教育出版社，2005.
[9] 颜银标. 工程材料及热成型工艺 [M]. 北京：化学工业出版社，2004.
[10] 柳秉毅. 材料成形工艺基础 [M]. 北京：高等教育出版社，2005.
[11] 沈其文. 材料成形工艺基础 [M]. 3 版. 武汉：华中科技大学出版社，2003.
[12] 邓明. 材料成形新技术及模具 [M]. 北京：化学工业出版社，2005.
[13] 蔡珣. 表面工程技术工艺方法 400 种 [M]. 北京：机械工业出版社，2006.
[14] 孙希泰. 材料表面强化技术 [M]. 北京：化学工业出版社，2005.
[15] 姜银方. 现代表面工程技术 [M]. 北京：化学工业出版社，2006.
[16] 张政兴. 机械制造基础(上册) [M]. 3 版. 北京：中国农业出版社，2000.
[17] 侯书林，朱海. 机械制造基础(上册) [M]. 北京：北京大学出版社，2006.
[18] 侯书林，徐杨. 机械制造基础(上册) [M]. 北京：中国农业出版社，2010.
[19] 邓文英. 金属工艺学(上册) [M]. 北京：高等教育出版社，2000.
[20] 傅水根. 机械制造工艺基础 [M]. 北京：清华大学出版社，1998.
[21] 侯书林，朱海. 机械制造基础(下册) [M]. 北京：北京大学出版社，2006.
[22] 侯书林. 机械制造基础(下册) [M]. 北京：中国农业出版社，2010.
[23] 黄观尧，刘保河. 机械制造工艺基础 [M]. 天津：天津大学出版社，1999.
[24] 陈君达. 机械制造基础(下册) [M]. 北京：中国农业出版社，2000.
[25] 任家隆. 机械制造基础 [M]. 北京：高等教育出版社，2003.
[26] 严霜元. 机械制造基础 [M]. 北京：中国农业出版社，2004.
[27] 蒋建强. 机械制造技术 [M]. 北京：北京师范大学出版社，2005.
[28] 肖华，王国顺. 机械制造基础 [M]. 北京：中国水利水电出版社，2005.
[29] 龚庆寿. 机械制造基础 [M]. 北京：高等教育出版社，2006.
[30] 王先逵. 机械制造工艺学 [M]. 北京：机械工业出版社，2002.
[31] 刘镇昌. 制造工艺实训教程 [M]. 北京：机械工业出版社，2005.
[32] 张世昌. 机械制造技术基础 [M]. 北京：高等教育出版社，2001.
[33] 邓文英. 金属工艺学(下册) [M]. 北京：高等教育出版社，2000.
[34] 司乃钧. 机械加工工艺基础 [M]. 北京：高等教育出版社，1992.
[35] 吴桓文. 机械加工工艺基础 [M]. 北京：高等教育出版社，2004.
[36] 张世昌，李旦，高航. 机械制造技术基础 [M]. 北京：高等教育出版社，2003.
[37] 张福润. 机械制造技术基础 [M]. 武汉：华中科技大学出版社，2000.

［38］王丽英. 机械制造技术［M］. 北京：中国计量出版社，2003.

［39］李爱菊. 现代工程材料成形与机械制造基础［M］. 北京：高等教育出版社，2005.

［40］傅水根. 机械制造工艺基础［M］. 北京：清华大学出版社，1998.

［41］崔明铎. 制造工艺基础［M］. 哈尔滨：哈尔滨工业大学出版社，2004.

［42］杨继全，朱玉芳. 先进制造技术［M］. 北京：化学工业出版社，2004.

［43］王贵成，王树林，董广强. 高速加工工具系统［M］. 北京：国防工业出版社，2005.

［44］甘永立. 几何量公差与检测［M］. 上海：上海科学技术出版社，2003.

［45］韩进宏. 互换性与技术测量［M］. 北京：机械工业出版社，2004.

［46］王伯平. 互换性与技术测量基础［M］. 北京：机械工业出版社，2004.

［47］宾鸿赞，王润孝. 先进制造技术［M］. 北京：高等教育出版社，2006.

［48］戴庆辉. 先进制造系统［M］. 北京：机械工业出版社，2006.

［49］庄品，周根然，张宝明. 现代制造系统［M］. 北京：科学出版社，2005.

［50］庄万玉，丁杰雄，凌丹，秦东兴. 制造技术［M］. 北京：国防工业出版社，2005.

［51］赵万生. 特种加工技术［M］. 北京：高等教育出版社，2003.

［52］刘晋春，赵家齐，赵万生. 特种加工［M］. 3版. 北京：机械工业出版社，2003.

［53］张建华. 精密与特种加工技术［M］. 北京：机械工业出版社，2004.

［54］邓文英，宋力宏. 金属工艺学（下册）［M］. 5版. 北京：高等教育出版社，2008.

［55］侯书林，朱海. 机械制造基础（下册）［M］. 2版. 北京：北京大学出版社，2011.

［56］中国机械工业教育协会组编. 金属工艺学［M］. 北京：机械工业出版社，2001.

［57］陈立德. 机械制造技术基础［M］. 北京：高等教育出版社，2009.

［58］邓志平. 机械制造技术基础［M］. 2版. 成都：西南交通大学出版社，2008.

［59］郭永环，姜银方. 金工实习［M］. 2版. 北京：北京大学出版社，2010.

［60］王健民. 金属工艺学［M］. 2版. 北京：中国电力出版社，2009.

北京大学出版社教材书目

❖ 欢迎访问教学服务网站 www.pup6.com，免费查阅已出版教材的电子书(PDF 版)、电子课件和相关教学资源。

❖ 欢迎征订投稿。联系方式：010-62750667，童编辑，13426433315@163.com，pup_6@163.com，欢迎联系。

序号	书 名	标准书号	主 编	定价	出版日期
1	机械设计	978-7-5038-4448-5	郑 江，许 瑛	33	2007.8
2	机械设计	978-7-301-15699-5	吕 宏	32	2013.1
3	机械设计	978-7-301-17599-6	门艳忠	40	2010.8
4	机械设计	978-7-301-21139-7	王贤民，霍仕武	49	2014.1
5	机械设计	978-7-301-21742-9	师素娟，张秀花	48	2012.12
6	机械原理	978-7-301-11488-9	常治斌，张京辉	29	2008.6
7	机械原理	978-7-301-15425-0	王跃进	26	2013.9
8	机械原理	978-7-301-19088-3	郭宏亮，孙志宏	36	2011.6
9	机械原理	978-7-301-19429-4	杨松华	34	2011.8
10	机械设计基础	978-7-5038-4444-2	曲玉峰，关晓平	27	2008.1
11	机械设计基础	978-7-301-22011-5	苗淑杰，刘喜平	49	2013.6
12	机械设计基础	978-7-301-22957-6	朱 玉	38	2013.8
13	机械设计课程设计	978-7-301-12357-7	许 瑛	35	2012.7
14	机械设计课程设计	978-7-301-18894-1	王 慧，吕 宏	30	2014.1
15	机械设计辅导与习题解答	978-7-301-23291-0	王 慧，吕 宏	26	2014.1
16	机械原理、机械设计学习指导与综合强化	978-7-301-23195-1	张占国	63	2014.1
17	机电一体化课程设计指导书	978-7-301-19736-3	王金娥　罗生梅	35	2013.5
18	机械工程专业毕业设计指导书	978-7-301-18805-7	张黎骅，吕小荣	22	2012.5
19	机械创新设计	978-7-301-12403-1	丛晓霞	32	2012.8
20	机械系统设计	978-7-301-20847-2	孙月华	32	2012.7
21	机械设计基础实验及机构创新设计	978-7-301-20653-9	邹旻	28	2014.1
22	TRIZ 理论机械创新设计工程训练教程	978-7-301-18945-0	删苏苏，马履中	45	2011.6
23	TRIZ 理论及应用	978-7-301-19390-7	刘训涛，曹 贺等	35	2013.7
24	创新的方法——TRIZ 理论概述	978-7-301-19453-9	沈萌红	28	2011.9
25	机械工程基础	978-7-301-21853-2	潘玉良，周建军	34	2013.2
26	机械 CAD 基础	978-7-301-20023-0	徐云杰	34	2012.2
27	AutoCAD 工程制图	978-7-5038-4446-9	杨巧绒，张克义	20	2011.4
28	AutoCAD 工程制图	978-7-301-21419-0	刘善淑，胡爱萍	38	2013.4
29	工程制图	978-7-5038-4442-6	戴立玲，杨世平	27	2012.2
30	工程制图	978-7-301-19428-7	孙晓娟，徐丽娟	30	2012.5
31	工程制图习题集	978-7-5038-4443-4	杨世平，戴立玲	20	2008.1
32	机械制图(机类)	978-7-301-12171-9	张绍群，孙晓娟	32	2009.1
33	机械制图习题集(机类)	978-7-301-12172-6	张绍群，王慧敏	29	2007.8
34	机械制图(第 2 版)	978-7-301-19332-7	孙晓娟，王慧敏	38	2014.1
35	机械制图	978-7-301-21480-0	李凤云，张 凯等	36	2013.1
36	机械制图习题集(第 2 版)	978-7-301-19370-7	孙晓娟，王慧敏	22	2011.8
37	机械制图	978-7-301-21138-0	张 艳，杨晨升	37	2012.8
38	机械制图习题集	978-7-301-21339-1	张 艳，杨晨升	24	2012.10
39	机械制图	978-7-301-22896-8	臧福伦，杨晓冬等	60	2013.8
40	机械制图与 AutoCAD 基础教程	978-7-301-13122-0	张爱梅	35	2013.1
41	机械制图与 AutoCAD 基础教程习题集	978-7-301-13120-6	鲁 杰，张爱梅	22	2013.1
42	AutoCAD 2008 工程绘图	978-7-301-14478-7	赵润平，宗荣珍	35	2009.1
43	AutoCAD 实例绘图教程	978-7-301-20764-2	李庆华，刘晓杰	32	2012.6
44	工程制图案例教程	978-7-301-15369-7	宗荣珍	28	2009.6
45	工程制图案例教程习题集	978-7-301-15285-0	宗荣珍	24	2009.6
46	理论力学（第 2 版）	978-7-301-23125-8	盛冬发，刘 军	38	2013.9
47	材料力学	978-7-301-14462-6	陈忠安，王 静	30	2013.4

48	工程力学(上册)	978-7-301-11487-2	毕勤胜，李纪刚	29	2008.6
49	工程力学(下册)	978-7-301-11565-7	毕勤胜，李纪刚	28	2008.6
50	液压传动（第2版）	978-7-301-19507-9	王守城，容一鸣	38	2013.7
51	液压与气压传动	978-7-301-13179-4	王守城，容一鸣	32	2013.7
52	液压与液力传动	978-7-301-17579-8	周长城等	34	2011.11
53	液压传动与控制实用技术	978-7-301-15647-6	刘忠	36	2009.8
54	金工实习指导教程	978-7-301-21885-3	周哲波	30	2014.1
55	金工实习(第2版)	978-7-301-16558-4	郭永环，姜银方	30	2013.2
56	机械制造基础实习教程	978-7-301-15848-7	邱兵，杨明金	34	2010.2
57	公差与测量技术	978-7-301-15455-7	孔晓玲	25	2012.9
58	互换性与测量技术基础(第2版)	978-7-301-17567-5	王长春	28	2014.1
59	互换性与技术测量	978-7-301-20848-9	周哲波	35	2012.6
60	机械制造技术基础	978-7-301-14474-9	张鹏，孙有亮	28	2011.6
61	机械制造技术基础	978-7-301-16284-2	侯书林，张建国	32	2012.8
62	机械制造技术基础	978-7-301-22010-8	李菊丽，何绍华	42	2014.1
63	先进制造技术基础	978-7-301-15499-1	冯宪章	30	2011.11
64	先进制造技术	978-7-301-22283-6	朱林，杨春杰	30	2013.4
65	先进制造技术	978-7-301-20914-1	刘璇，冯凭	28	2012.8
66	先进制造与工程仿真技术	978-7-301-22541-7	李彬	35	2013.5
67	机械精度设计与测量技术	978-7-301-13580-8	于峰	25	2013.7
68	机械制造工艺学	978-7-301-13758-1	郭艳玲，李彦蓉	30	2008.8
69	机械制造工艺学	978-7-301-17403-6	陈红霞	38	2010.7
70	机械制造工艺学	978-7-301-19903-9	周哲波，姜志明	49	2012.1
71	机械制造基础(上)——工程材料及热加工工艺基础(第2版)	978-7-301-18474-5	侯书林，朱海	40	2013.2
72	机械制造基础(下)——机械加工工艺基础(第2版)	978-7-301-18638-1	侯书林，朱海	32	2012.5
73	金属材料及工艺	978-7-301-19522-2	于文强	44	2013.2
74	金属工艺学	978-7-301-21082-6	侯书林，于文强	46	2012.8
75	工程材料及其成形技术基础（第2版）	978-7-301-22367-3	申荣华	58	2013.5
76	工程材料及其成形技术基础学习指导与习题详解	978-7-301-14972-0	申荣华	20	2013.1
77	机械工程材料及成形基础	978-7-301-15433-5	侯俊英，王兴源	30	2012.5
78	机械工程材料（第2版）	978-7-301-22552-3	戈晓岚，招玉春	36	2013.6
79	机械工程材料	978-7-301-18522-3	张铁军	36	2012.5
80	工程材料与机械制造基础	978-7-301-15899-9	苏子林	32	2011.5
81	控制工程基础	978-7-301-12169-6	杨振中，韩致信	29	2007.8
82	机械工程控制基础	978-7-301-12354-6	韩致信	25	2008.1
83	机电工程专业英语(第2版)	978-7-301-16518-8	朱林	24	2013.7
84	机械制造专业英语	978-7-301-21319-3	王中任	28	2012.10
85	机械工程专业英语	978-7-301-23173-9	余兴波，姜波等	30	2013.9
86	机床电气控制技术	978-7-5038-4433-7	张万奎	26	2007.9
87	机床数控技术(第2版)	978-7-301-16519-5	杜国臣，王士军	35	2014.1
88	自动化制造系统	978-7-301-21026-0	辛宗生，魏国丰	37	2014.1
89	数控机床与编程	978-7-301-15900-2	张洪江，侯书林	25	2012.10
90	数控铣床编程与操作	978-7-301-21347-6	王志斌	35	2012.10
91	数控技术	978-7-301-21144-1	吴瑞明	28	2012.9
92	数控技术	978-7-301-22073-3	唐友亮 余勃	56	2014.1
93	数控技术及应用	978-7-301-23262-0	刘军	49	2013.10
94	数控加工技术	978-7-5038-4450-7	王彪，张兰	29	2011.7
95	数控加工与编程技术	978-7-301-18475-2	李体仁	34	2012.5
96	数控编程与加工实习教程	978-7-301-17387-9	张春雨，于雷	37	2011.9
97	数控加工技术及实训	978-7-301-19508-6	姜永成，夏广岚	33	2011.9
98	数控编程与操作	978-7-301-20903-5	李英平	26	2012.8
99	现代数控机床调试及维护	978-7-301-18033-4	邓三鹏等	32	2010.11

100	金属切削原理与刀具	978-7-5038-4447-7	陈锡渠，彭晓南	29	2012.5
101	金属切削机床	978-7-301-13180-0	夏广岚，冯凭	28	2012.7
102	典型零件工艺设计	978-7-301-21013-0	白海清	34	2012.8
103	工程机械检测与维修	978-7-301-21185-4	卢彦群	45	2012.9
104	特种加工	978-7-301-21447-3	刘志东	50	2014.1
105	精密与特种加工技术	978-7-301-12167-2	袁根福，祝锡晶	29	2011.12
106	逆向建模技术与产品创新设计	978-7-301-15670-4	张学昌	28	2013.1
107	CAD/CAM 技术基础	978-7-301-17742-6	刘军	28	2012.5
108	CAD/CAM 技术案例教程	978-7-301-17732-7	汤修映	42	2010.9
109	Pro/ENGINEER Wildfire 2.0 实用教程	978-7-5038-4437-X	黄卫东，任国栋	32	2007.7
110	Pro/ENGINEER Wildfire 3.0 实例教程	978-7-301-12359-1	张选民	45	2008.2
111	Pro/ENGINEER Wildfire 3.0 曲面设计实例教程	978-7-301-13182-4	张选民	45	2008.2
112	Pro/ENGINEER Wildfire 5.0 实用教程	978-7-301-16841-7	黄卫东，郝用兴	43	2011.10
113	Pro/ENGINEER Wildfire 5.0 实例教程	978-7-301-20133-6	张选民，徐超辉	52	2012.2
114	SolidWorks 三维建模及实例教程	978-7-301-15149-5	上官林建	30	2012.8
115	UG NX6.0 计算机辅助设计与制造实用教程	978-7-301-14449-7	张黎骅，吕小荣	26	2011.11
116	CATIA 实例应用教程	978-7-301-23037-4	于志新	45	2013.8
117	Cimatron E9.0 产品设计与数控自动编程技术	978-7-301-17802-7	孙树峰	36	2010.9
118	Mastercam 数控加工案例教程	978-7-301-19315-0	刘文，姜永梅	45	2011.8
119	应用创造学	978-7-301-17533-0	王成军，沈豫浙	26	2012.5
120	机电产品学	978-7-301-15579-0	张亮峰等	24	2013.5
121	品质工程学基础	978-7-301-16745-8	丁燕	30	2011.5
122	设计心理学	978-7-301-11567-1	张成忠	48	2011.6
123	计算机辅助设计与制造	978-7-5038-4439-6	仲梁维，张国全	29	2007.9
124	产品造型计算机辅助设计	978-7-5038-4474-4	张慧姝，刘永翔	27	2006.8
125	产品设计原理	978-7-301-12355-3	刘美华	30	2008.2
126	产品设计表现技法	978-7-301-15434-2	张慧姝	42	2012.5
127	CorelDRAW X5 经典案例教程解析	978-7-301-21950-8	杜秋磊	40	2013.1
128	产品创意设计	978-7-301-17977-2	虞世鸣	38	2012.5
129	工业产品造型设计	978-7-301-18313-7	袁涛	39	2011.1
130	化工工艺学	978-7-301-15283-6	邓建强	42	2013.7
131	构成设计	978-7-301-21466-4	袁涛	58	2013.1
132	过程装备机械基础（第 2 版）	978-301-22627-8	于新奇	38	2013.7
133	过程装备测试技术	978-7-301-17290-2	王毅	45	2010.6
134	过程控制装置及系统设计	978-7-301-17635-1	张早校	30	2010.8
135	质量管理与工程	978-7-301-15643-8	陈宝江	34	2009.8
136	质量管理统计技术	978-7-301-16465-5	周友苏，杨飒	30	2010.1
137	人因工程	978-7-301-19291-7	马如宏	39	2011.8
138	工程系统概论——系统论在工程技术中的应用	978-7-301-17142-4	黄志坚	32	2010.6
139	测试技术基础(第 2 版)	978-7-301-16530-0	江征风	30	2014.1
140	测试技术实验教程	978-7-301-13489-4	封士彩	22	2008.8
141	测试技术学习指导与习题详解	978-7-301-14457-2	封士彩	34	2009.3
142	可编程控制器原理与应用(第 2 版)	978-7-301-16922-3	赵燕，周新建	33	2011.11
143	工程光学	978-7-301-15629-2	王红敏	28	2012.5
144	精密机械设计	978-7-301-16947-6	田明，冯进良等	38	2011.9
145	传感器原理及应用	978-7-301-16503-4	赵燕	35	2014.1
146	测控技术与仪器专业导论	978-7-301-17200-1	陈毅静	29	2013.6
147	现代测试技术	978-7-301-19316-7	陈科山，王燕	43	2011.8
148	风力发电原理	978-7-301-19631-1	吴双群，赵丹平	33	2011.10
149	风力机空气动力学	978-7-301-19555-0	吴双群	32	2011.10
150	风力机设计理论及方法	978-7-301-20006-3	赵丹平	32	2012.1
151	计算机辅助工程	978-7-301-22977-4	许承东	38	2013.8

　　如您需要免费纸质样书用于教学，欢迎登陆第六事业部门户网(www.pup6.com)填表申请，并欢迎在线登记选题以到北京大学出版社来出版您的大作，也可下载相关表格填写后发到我们的邮箱，我们将及时与您取得联系并做好全方位的服务。